入門 電磁気学

東京電機大学 編

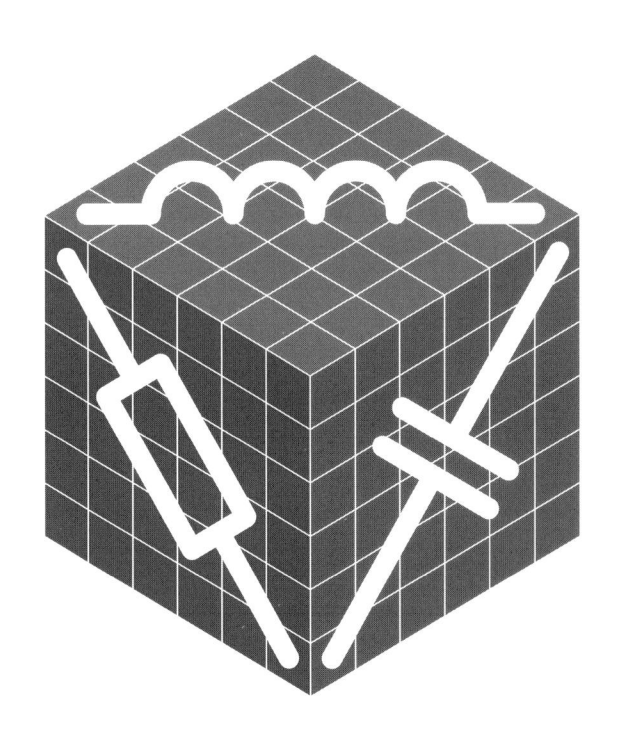

TDU 東京電機大学出版局

はじめに

　電気および電子工学の学習分野は，電気計測をはじめとして電気機器，発変電，送配電，照明，電子回路，通信と分野はきわめて広く，応用技術も多岐にわたる．これらの電気・電子技術を学び，理解をし，活用していくためには，その基礎となる「電磁気学」，「回路理論」の理論をしっかりと身につけていく必要がある．

　本書は，電磁気学を初めて学ぶ人のための入門書としたものであり，姉妹書の「入門回路理論」とあわせて学習することにより，電気技術の基礎理論をひととおり習得することができる．

　本書の配列は電流・電圧の働きから始めて直流回路，回路網の計算（キルヒホッフの法則），抵抗の性質，電気化学，磁気，電磁力，電磁誘導，静電気を学ぶようになっている．各章を通じて次のような点に重点をおいて編集している．

1. 読んでわかるように，解説することを柱としている．
2. 初めて電気を学ぶ人のために専門用語の意味を説明してから用いるようにしている．
3. 例題，問，章末問題をできるだけ多くし，問題を解いて知識の確認をできるように配慮している．
4. 詳しい説明および補足説明が必要な場合，あるいは微分積分を使用する計算の解説は（参考）という形で記してある．

　本書を利用することで，初めて電磁気学を学ぶ学生や独学者，あるいは第3種電気主任技術者取得を志す受験生が増え，今後の電気・電子技術が発展していくことを願っている．

目 次

第1章 電流と電圧 ……………………………………1

1・1 電荷 ……………………………………………1
1・2 電気と物質 ……………………………………2
1・3 電荷の発生 ……………………………………4
1・4 電気量 …………………………………………5
1・5 電流と絶縁物 …………………………………6
1・6 電流の作用 ……………………………………9
1・7 電位と電位差 …………………………………9
1・8 起電力 …………………………………………11
1・9 電気回路 ………………………………………12
　　 章末問題 ………………………………………13

第2章 直流回路 ……………………………………14

2・1 電気抵抗とコンダクタンス …………………14
2・2 オームの法則 …………………………………16
2・3 抵抗の接続法 …………………………………18
2・4 直列接続の計算法 ……………………………19
2・5 並列接続の計算法 ……………………………22
2・6 直並列接続の計算法 …………………………25
2・7 電圧降下 ………………………………………28
2・8 端子電圧と内部降下 …………………………30

2・9	電圧計と電流計のつなぎ方	31
2・10	倍率器と分流器	32
	章末問題	35

第3章　キルヒホッフの法則と回路網の計算 ……………36

3・1	起電力と電圧降下の代数的な考え方	36
3・2	キルヒホッフの法則	39
3・3	キルヒホッフの法則による回路網の解き方	41
3・4	電池の接続法	47
3・5	ホイートストンブリッジ	53
3・6	電位差計の原理	55
	章末問題	58

第4章　電気エネルギーと発熱作用 ……………60

4・1	電気のする仕事	60
4・2	電力	60
4・3	電力量	63
4・4	電力計と電力量計	64
4・5	効率	65
4・6	ジュールの法則	67
4・7	電線の許容電流とヒューズ	69
4・8	熱電気現象	70
	章末問題	73

目　次

第5章　抵抗の性質 …………………………………………74

5・1　電気抵抗と抵抗率 …………………………………74
5・2　導体の形状と抵抗の変化 …………………………78
5・3　電気抵抗は温度によって変化する ………………79
5・4　抵抗器 ………………………………………………84
5・5　特殊抵抗 ……………………………………………86
5・6　超伝導と半導体 ……………………………………89
　　　章末問題 ……………………………………………90

第6章　電流の化学作用 ……………………………………91

6・1　イオンと電流の化学作用 …………………………91
6・2　ファラデーの電気分解の法則 ……………………93
6・3　電気分解の応用 ……………………………………95
6・4　電池 …………………………………………………97
6・5　その他の電池 ……………………………………102
6・6　電池の放電率と容量 ……………………………105
　　　章末問題 …………………………………………106

第7章　磁気の性質 ………………………………………107

7・1　磁石の性質 ………………………………………107
7・2　磁気誘導と磁性体 ………………………………108
7・3　磁極の強さと磁気力に関するクーロンの法則 …109
7・4　磁界と磁界の強さ ………………………………112
7・5　磁力線 ……………………………………………115
7・6　磁力線密度と磁界の強さ ………………………117

目　次

 7・7 磁気モーメント ……………………………………118
 7・8 地球の磁界 …………………………………………119
 7・9 物質の磁性 …………………………………………120
 7・10 磁化の強さ ………………………………………122
 7・11 磁束と磁束密度 …………………………………123
 7・12 磁化された鉄の磁束密度 ………………………125
 7・13 透磁率と比透磁率 ………………………………128
 7・14 磁気シールド ……………………………………129
   章末問題 ………………………………………………130

第8章　電流と磁気 ……………………………………………132

 8・1 電流のつくる磁界 …………………………………132
 8・2 磁力線の方向 ………………………………………135
 8・3 電流の磁気作用と物質の磁性 ……………………138
 8・4 ビオ・サバールの法則と円形コイルの磁界 ……139
 8・5 アンペアの周回路の法則 …………………………144
 8・6 無限長直線電線のつくる磁界 ……………………146
 8・7 無限長コイルのつくる磁界 ………………………147
 8・8 環状コイルのつくる磁界 …………………………150
   章末問題 ………………………………………………152

第9章　磁性体と磁気回路 ……………………………………154

 9・1 磁化曲線と透磁率 …………………………………154
 9・2 磁気ヒステリシス …………………………………157
 9・3 磁気ひずみ …………………………………………160
 9・4 磁気回路におけるオームの法則 …………………161

v

目　次

9・5　磁気回路中の漏れ磁束 …………………………………………167
9・6　磁気回路の計算 …………………………………………………169
　　　章末問題 ……………………………………………………………173

第10章　電磁力 ………………………………………………………175

10・1　電磁力 …………………………………………………………175
10・2　電磁力の大きさ ………………………………………………177
10・3　磁界中のコイルに働く力 ……………………………………179
10・4　電流相互間に働く力 …………………………………………181
10・5　平行な直線電流に働く力 ……………………………………183
10・6　ピンチ効果 ……………………………………………………185
10・7　ホール効果 ……………………………………………………186
10・8　電磁力による仕事 ……………………………………………187
10・9　アンペアの周回路の法則の証明 ……………………………189
　　　章末問題 ……………………………………………………………190

第11章　電磁誘導 ……………………………………………………192

11・1　電磁誘導 ………………………………………………………192
11・2　誘導起電力の方向 ……………………………………………194
11・3　誘導起電力の大きさ …………………………………………198
11・4　平等磁界中を運動する導体の誘導起電力 …………………201
11・5　発電機の原理 …………………………………………………204
11・6　相互誘導と相互インダクタンス ……………………………206
11・7　自己誘導と自己インダクタンス ……………………………208
11・8　相互および自己インダクタンスの計算 ……………………211
11・9　磁気的に結合した相互および自己インダクタンス ………216

目　次

- 11・10　自己インダクタンスに蓄えられるエネルギー …………220
- 11・11　磁界に蓄えられるエネルギーと吸引力 ……………222
- 11・12　変圧器と誘導コイルの原理 ……………………………225
- 11・13　うず電流 …………………………………………………227
- 11・14　表皮効果 …………………………………………………230
- 　　　　章末問題 …………………………………………………231

第12章　静電気の性質 …………………………………………233

- 12・1　静電力に関するクーロンの法則 ……………………233
- 12・2　静電誘導 ……………………………………………………235
- 12・3　電界と電界の強さ …………………………………………236
- 12・4　電気力線 ……………………………………………………239
- 12・5　電束 …………………………………………………………242
- 12・6　ガウスの定理 ………………………………………………244
- 12・7　電位と電位差 ………………………………………………248
- 12・8　等電位面 ……………………………………………………252
- 12・9　電界の強さと電位の傾き …………………………………254
- 12・10　導体内の電界と電荷 ………………………………………257
- 12・11　静電シールド ………………………………………………259
- 　　　　章末問題 …………………………………………………261

第13章　静電容量とコンデンサ …………………………………262

- 13・1　静電容量 ……………………………………………………262
- 13・2　静電容量の計算 ……………………………………………265
- 13・3　誘電体と誘電率 ……………………………………………269
- 13・4　電解中の誘電体の働き ……………………………………270

目 次

13・5 コンデンサ ……………………………………………274
13・6 コンデンサの種類と構造 ……………………………275
13・7 コンデンサの接続法 …………………………………278
13・8 コンデンサに流れる電流 ……………………………282
13・9 コンデンサに蓄えられるエネルギー ………………286
13・10 静電吸引力 ……………………………………………288
13・11 圧電効果 ………………………………………………289
13・12 放電現象 ………………………………………………290
　　　 章末問題 ………………………………………………295

問と章末問題の解答 ……………………………………………297
索引 ………………………………………………………………336

第1章

電流と電圧

　電圧や電流，導体や絶縁体などの基本的な性質は，中学校の理科や高校の物理で簡単に学んできたわけであるが，電気をさらに深く研究していくためには，いままで学んできた知識では不十分なので，ここで改めて，一歩進んで学んでいくことにしよう．

1・1　電　荷

　よく乾いたガラス棒を絹布で摩擦すると，小さい紙片や木片などの軽いものを吸引することは，よく知っていることであろう．これは摩擦によってそれぞれに電気が発生したためで，このような電気を**摩擦電気**（frictional electricity）という．このとき，われわれはガラス棒または絹布に**電荷**（electric charge）を生じたとか，あるいは**帯電**（charge）したという．

　次に絹布とガラス棒を2本用意して摩擦電気の実験をしてみよう．ガラス棒を絹布で摩擦すると，ガラス棒には常に同じ種類の摩擦電気ができる．このような同じ電気を帯電した2本のガラス棒を別々に糸で水平につるし，静かに接近させると互いに反発する．しかし，次に絹布でガラス棒を摩擦してから，ガラス棒と絹布を接近させると吸引するのを知ることができる．これによって，ガラス棒に生じる電荷と絹布に生じる電荷は種類が違うことがわかる．

　この場合，ガラス棒にできた電気を**正電荷**⊕（positive charge），絹布にできた電気を**負電荷**⊖（negative charge）という．そして以上の実験から，電荷には正電荷⊕と負電荷⊖の2種類があり，同種の電荷は互いに反発しあい，異種の電荷は互いに吸引するということがわかる．

1

第1章　電流と電圧

　この摩擦によって生ずる電気の種類は，こすり合わせる物質の組み合わせによって異なるもので，これについては次のような帯電順位というものがある．
　　1：毛皮，2：ガラス，3：雲母，4：絹，5：綿布，6：木材，
　　7：プラスチック，8：金属（Fe，Cu，Ag），9：硫黄，10：エボナイト
　以上のうち任意の二つを取って摩擦をすれば，上位のものが正電荷⊕を下位のものが負電荷⊖に帯電する．したがって，ガラス棒と絹布を摩擦すると，上位であるガラス棒は正電荷⊕，絹布は負電荷⊖に帯電する．しかし，これは表面の状況，温度，湿度などによって少し順位が異なる場合もある．

1・2　電気と物質

　前節で摩擦によって発生する電気について調べてみたが，いったい電気とは何か．これについては昔から多くの学者によって研究され，現在では簡単にいうと次のように説明されている．

　すべての物質は極めて微小な分子または原子の集合体であることは，すでに中学で学んでいる．これらの原子はさらに正電荷⊕をもった**原子核**（atomic nucleus）と，負電荷⊖をもった**電子**（electorn）という微粒子から成り立っていて，原子核の構造や電子の組み合わせによって，異なる原子になることが知られている．そして，原子はちょうど太陽の周りを地球などの惑星が公転しているのと同じように，原子核を中心として図1・1のように，いくつかの電子が一定の軌道上を自転しながら回っている．このうち水素原子は最も簡単な組み合わせ

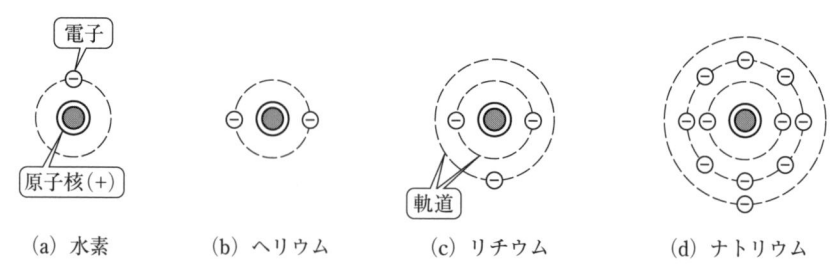

　(a) 水素　　(b) ヘリウム　　(c) リチウム　　(d) ナトリウム

図1・1　原子の構造

(a) 水素　　(b) ヘリウム　　(c) リチウム

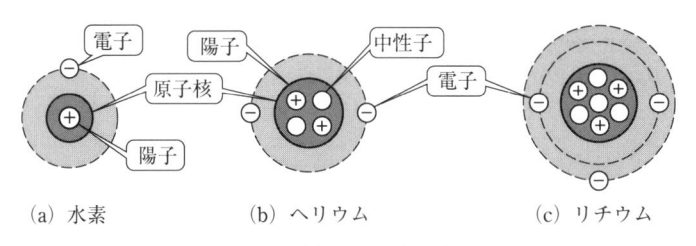

図1・2　原子核と電子の組み合わせ

で，図1・2(a)のように単純な原子核と外側を回る1個の電子から構成されている．この水素の原子核を特に**陽子**（proton）という．

ところが他の原子核の構造はこのように簡単ではなく，図1・2(b)，(c)のように外側を回る電子と等しい数の陽子と，全く電気をもたない**中性子**（neutorn）から成り立っているものと考えられている．

現在では，これらの陽子や中性子などは，さらに基本的な構成子である**クォーク**（quark）という微粒子から成り立っていると考えられているが，これから電気を学んでいく上で最も重要なのは，正電荷⊕をもった陽子と，負電荷⊖をもった電子である．これについては次のようなことが知られている．

1. 陽子は正電荷⊕，電子は負電荷⊖をもっており，同種の電荷をもったものは互いに反発し，異種の電荷をもったものは互いに吸引する．
2. 1個の電子のもつ質量は 9.109×10^{-31} kg で極めて小さく，陽子は 1.673×10^{-27} kg で，電子の約1840倍の質量をもっている．
3. 1個の電子のもつ負電荷⊖と陽子のもつ正電荷⊕の絶対量は等しく，1.602×10^{-19} C（クーロン）の電気量をもつ（電気量についてはこの後述べる）．

そして，普通の状態の物質は電子と陽子の数が全く等しく，性質が反対な等しい量の電気が吸引しあって堅く結合しているため，外部に電気的性質が現れない．このような状態を**中性**（neutral）の状態という．しかし，原子核を回っている電子のうち，一番外側を回っている電子は，原子核との結びつきが弱く，原子核を離れて物質の中を自由に動き回る性質がある．このような電子を**自由電子**（free electron）という．電気のさまざまな現象は，ほとんどこの自由電子の働

きによるもので，温度が高くなると物質の中の自由電子の数が増し，運動が激しくなることが知られている．

1・3 電荷の発生

原子やその集合体である物質は，普通の状態では電子と陽子の数は等しくつりあって中性の状態になっている．したがって，このつりあいが崩れると，正⊕・負⊖どちらかの電気的性質を表すようになる．図1・3(a)は一般の物質の中の正電荷⊕をもった原子核と負電荷⊖をもった電子が堅く結合して，中性の状態になっているのを代表させたものである．

ところが物質の中の自由電子は他のものに移りやすいので，何かの原因で図(b)のように自由電子が物質の外に飛び出したときは，物質の中では正電荷⊕が余分になり，全体として正の電気的性質をもつようになる．また，もし図(c)のように外部から自由電子が飛び込んだとすれば，その電子のもつ負電荷⊖が余分になり，負の電気的性質をもつようになる．すなわち，物質は中性の状態から電子が不足すれば，陽子が過剰となり正電荷⊕をもち，逆に電子が過剰になれば負電荷⊖をもつようになる．

したがって，この過剰の割合が多くなればなるほど強い電荷をもつようになる．この考えを摩擦電気について適用してみると，ガラス棒を絹布で摩擦するこ

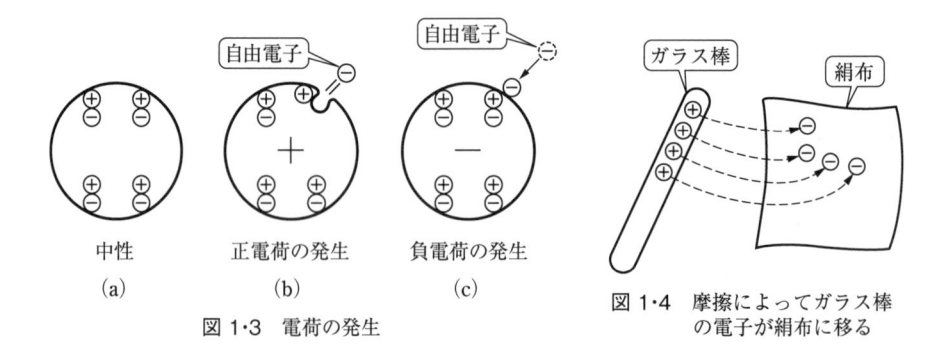

中性　　　正電荷の発生　　　負電荷の発生
(a)　　　　　(b)　　　　　　(c)

図 1・3　電荷の発生

図 1・4　摩擦によってガラス棒の電子が絹布に移る

とによって図1・4のようにガラス棒の中の電子が絹布に移動し，絹布が負電荷⊖をもつようなると同時に，ガラス棒のなかでは正電荷⊕が余分になったものと考えることができる．

1・4 電気量

電荷のもっている電気の量のことを**電気量**（quantity of electricity）という．電気量の単位には**クーロン**（coulomb／単位記号：C）が用いられる．

したがって，電子の過不足によって電荷が現れた場合の電気量は，中性の物質から1個の電子が余分になれば，1個の電子は 1.602×10^{-19} C の負の電気量をもっているから，1.602×10^{-19} C の負電荷⊖が現れ，10個の電子が余分になればこの10倍の 16.02×10^{-19} C の負電荷⊖が現れる．また反対に10個の電子が不足すれば，同じ量の正電荷⊕が現れることになる．

このような考え方をすると1Cの電気量というのは，$1/(1.602 \times 10^{-19}) \fallingdotseq 0.624 \times 10^{19}$ 個の電子の過不足によって現れる電荷であるということがわかる．

例題 1・1

0.312×10^{19} 個の電子の過不足で生じる電気量は何Cか．

解答 1Cの電気量は 0.624×10^{19} 個の電子の過不足で生じる．

したがって，比の値を使って計算すると．

$$1\,\text{C} : 0.624 \times 10^{19} \text{個} = x\,[\text{C}] : 0.312 \times 10^{19} \text{個}$$

内項と外項の積は等しいので，

$$(0.624 \times 10^{19}) \cdot x = 0.312 \times 10^{19}$$

$$x = \frac{0.312 \times 10^{19}}{0.624 \times 10^{19}} = 0.5\,[\text{C}]$$

問 1・1 2Cの電気量は何個の電子の過不足によって生じるか．

1・5　電流と絶縁物

(1) 電荷の移動と電流

　図1・5のように正電荷⊕をもった物質Aと，負電荷⊖をもった物質Bとを金属線Cで直接つなぐと，両電荷間の吸引力によってBの負電荷（自由電子）は，Aの正電荷⊕に引かれ金属線Cを通して移動し，両者が結びついて中和する．すなわち，BからAに向かって電子の流れが生ずる．このとき，われわれは金属線に電流が流れたという．

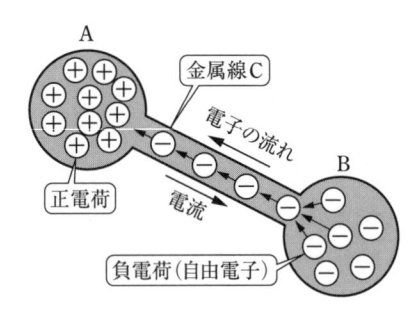

図1・5　電流の方向と電子の流れの方向

　したがって，電流は電子が負電荷⊖のほうから正電荷⊕のほうに流れると考えるのがよさそうであるが，実際は図1・5のように正電荷⊕が負電荷⊖のほうに向かって流れていると考え，この方向を電流の流れる向きと約束している．これは電気の研究を初めた頃，電気の性質がわからなかったためこのように仮定したもので，今日でも習慣上このように取り扱っている．

　すなわち，電流は電子の流れる方向と反対方向に流れるものと約束している．

(2) 電流の大きさ

　導体の中の電荷（自由電子）の移動が電流である．この電流の大きさは，1秒間にある断面を通過する電気量で表し，**アンペア**（ampere／単位記号：A）という単位を用いる．すなわち，

　　「導体中のある断面を毎秒1クーロンの割合で電荷が通過するときの電流の大きさを1アンペアと定める」

　したがって，導体中のある断面を t 秒間に Q [C] の電気量が一様な割合で通過するとき，その断面の電流の大きさ I は次式で表される．

1・5 電流と絶縁物

$$I = \frac{Q}{t} \text{ [A]} \tag{1・1}$$

また逆に，I アンペアが t 秒間流れれば，ある断面を通過した電気量は，

$$Q = It \text{ [C]} \tag{1・2}$$

として知ることができる．

電荷が図1・6のように1本の導体中を移動するときは，どの断面を考えても同一時間に同一電気量が通過する性質をもっている．したがって，図1・6のように電流はA地点でもB地点でも同一の大きさの電流が流れている．これを，**電流の連続性**（continuity of current）という．

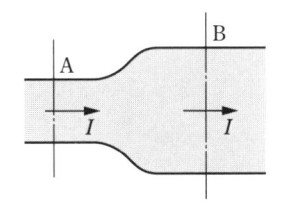

図1・6 電流の連続性

われわれが実際に利用する電流には，その大きさと流れる方向が常に一定な**直流**（direct current : **DC**）と，大きさと流れる方向が規則正しく変化する**交流**（alternating current : **AC**）とがある．本書では直流を中心に学んでいくこととする．

参考 式(1・1)，(1・2)を微分積分の形式で表す．

一般に，導体のある断面を微小時間 dt の間に，微小電荷 dQ が通過するとき，

$$I = \frac{dQ}{dt} \text{ [A]} \quad \text{(式(1・1)の微分積分の形式)} \tag{1・3}$$

となり，Q については次式（上式を Q について解く）のようになる．

$$Q = \int I dt \text{ [C]} \quad \text{(式(1・2)の微分積分の形式)} \tag{1・4}$$

例題 1・2

ある導体内の断面を一様な速さで2秒間に10Cの電荷が通過したとき，その電流の大きさはいくらか．

解答 式(1・1)より，

$$I = \frac{Q}{t} = \frac{10}{2} = 5 \text{ [A]}$$

第1章　電流と電圧

例題 1・3

導体内に 5 A の電流が 1 分間流れた．このとき導体内のある断面を通過した電気量はいくらか．

解答　式(1・2)を使えば簡単に計算はできるが，この問題に関しては時間に関して注意が必要である．電流の定義は，「導体中のある断面を毎秒 1 クーロンの割合で電荷が通過するときの電流の大きさを 1 アンペアと定める」となっているので，時間は秒の単位に換算してから公式に代入しなければならない．

したがって，

$$Q = It = 5 \times (1 \times 60) = 300 \text{ [C]}$$

問 1・2　　4 秒間に 60 C の電気量が導体の断面を一様な割合で通過したとき，電流の大きさはいくらか．

問 1・3　　ある導体中を 20 分間，2.5 A の電流を流したとすれば，いくらの電気量に相当するか．

（3）導体と絶縁物

図 1・5 の場合，金属線 C を取り除いて A，B 両電荷を空気中に向かい合わせておいたり，また，両者の間をエボナイトやビニルの棒でつないだとしても，両電荷は長い間変化せず，電流はほとんど流れない．これは，金属線は電荷を通すが，空気やエボナイトなどは，ほとんど電荷を通さないからである．金属のように電荷（電流）の通りやすい物質を**導体**（conductor），空気やエボナイトのように電荷（電流）の通りにくいものを**不導体**（non-conductor），あるいは**絶縁物**（in-sulator）という．

例えば，金属・塩類・酸類・アルカリ類の水溶液や人体などは導体で，空気・エボナイト・ガラス・ゴム・ビニルなどは絶縁物である．

導体は自由電子を多くもっているので電荷（電流）をよく通しやすく，絶縁物は自由電子がほとんどないので電荷（電流）を通しにくいことが知られている．

一般の物質には電荷（電流）の通しやすさには極端な差があるので，このように大別することができるのである．

しかし，ゲルマニウム（Ge）・シリコン（Si）などの物質は，導体と絶縁体の中間ぐらいに電荷（電流）を通しやすく，また特殊な性質をもっているので**半導体**（semiconductor）といわれている．

1・6 電流の作用

電流が導体の中を通ると，電子は通路にある原子につきあたり，また電子相互間で反発したりするため導体が発熱する．また電子が移動するときには，その周囲に磁石と同じような働きをしたり，電気分解などの化学作用もする．

したがって，電流の作用を大きく分けると発熱作用，磁気作用，化学作用に分けることができる．

1. 発熱作用

電流によって発生する熱は，白熱電球や電熱器などに利用されている．

2. 磁気作用

電流が流れるとその周囲に磁界をつくる．この作用は電磁石，電動機（モータ）・発電機などに利用されている．

3. 化学作用

希硫酸その他の電解質に電流が流れると，電気分解や電気めっきなどの電気化学作用を生じ，電気化学工業に広く利用されている．

これらの作用については順を追って解説していくが，その前にまず電流を流すもとになる電圧の基本的な考え方を調べておくことにしよう．

1・7 電位と電位差

図1・7のようなA，Bの水槽の底部を水管でつなぐと，水管の中に水が流れる．すなわち，水流が生じる．この水流は，A，Bの水位の差により水位の高い

第1章　電流と電圧

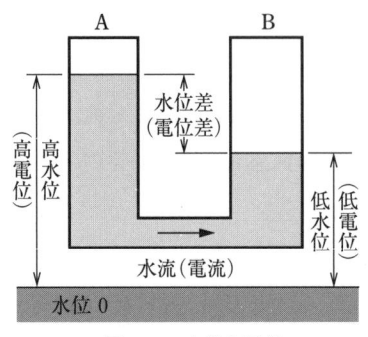

図1・7　水位と電位

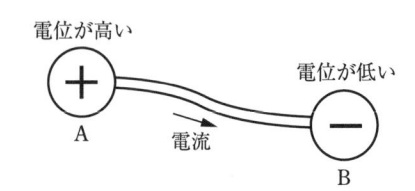

図1・8　電流は電位の高い方から低い方に流れる

ほうから低いほうに向かって生じ，水位の差がなくなれば，水流がなくなってしまうことはよく知られている．

電荷の流れ，すなわち電流についてもこれと同じような考え方をしている．すなわち，図1・8のように，正電荷をもったAと，負電荷をもったBを導体でつなげば，すでに学んだようにAからBに向かって電流が流れる．この場合，水のときの水位と同じように，**電位**（electric potential）というものを考え，電流は電位の高いAから電位の低いBに向かって流れるとしている．そして，AとBの電位の差を**電位差**（potential difference）または**電圧**（voltage）という．このことから，

「電流は電位差により電位の高いほうから低いほうに向かって流れる」

ということができる．

　水の場合は，水位の基準は海水面をとる場合が多いが，電位の基準としては大地，すなわち地球をとり，これをゼロ電位と約束している．これは地球が大きな導体で，電荷が入っても出ても電位変動がないものと考えられるからである．この場合，図1・9のように大地上にただ一つの正電荷Aをおき，これに導体で大地につなげば，大地の中の電子はAに引かれて流れ，電流はAから大地に流れ

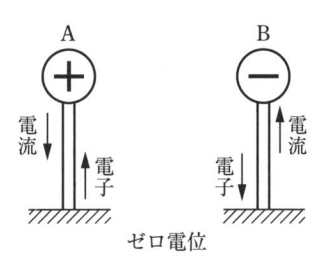

図1・9　電位の考え方

10

る．またBのような負電荷をもったものは，電子が大地に移動するので電流は大地からBに流れる．

したがって，Aの電位は大地よりも高く，Bの電位は大地よりも低いということができる．そして，大地はゼロ電位であるから，このような場合は正電荷をもつものは⊕の電位をもち，負電荷をもつものは⊖の電位をもつということができる．

電位には**ボルト**（volt／単位記号：V）という単位を用いる．したがって，電位差すなわち電圧もやはりボルトという単位で表される．電位について詳しくは静電気のところで学ぶが，

「1クーロンの電気量が2点間を移動して1ジュールの仕事をするとき，この2点間の電位差を1ボルトとする」

と定めている．

なお，1ジュールはこれからよく用いる仕事の単位で，物体に1ニュートンの力が働いて1m移動したときの仕事である．

例題1・4

正電荷をもった2つの導体球がある．Aの導体球が70V，Bの導体球が30Vのとき，この2つの導体を金属線でつなぐと電流が流れるか．

解答 まず導体球AとBの電位差 V_{AB} を求めると，

$$V_{AB} = 70 - 30 = 40 \text{ [V]}$$

2つの導体球間には40Vの電位差がある．したがって，電流は流れる．

問1・4 図1・8から，Aの電位が90V，Bの電位が30VであればAB間の電位差はいくらか．

1・8 起電力

図1・10(a)のように，高電位の導体球Aと低電位の導体球Bを導体でつなぐと，その電位差によって電流が流れることは学んだ．しかし，電流が流れるに

第1章 電流と電圧

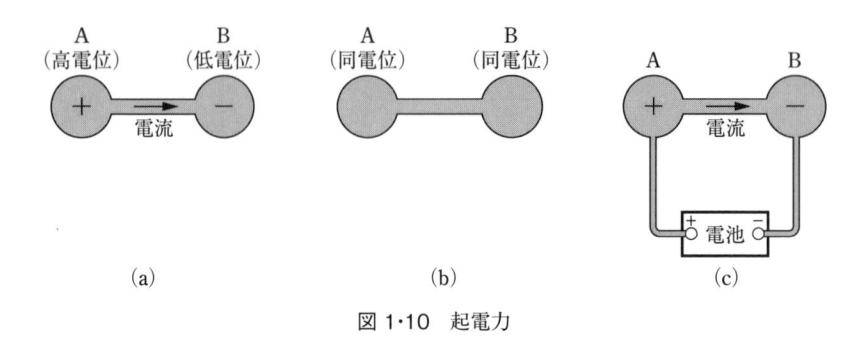

A (高電位)	B (低電位)	A (同電位)	B (同電位)	A	B

(a) (b) (c)

図1·10 起電力

つれて，高電位の導体球 A の電位はしだいに降下し，逆に導体球 B の低電位の方の電位はしだいに電位が上昇して，ついに，図(b)のように A と B は同電位となり，電流は流れなくなってしまう．このとき図(c)のように AB 間に電池をつなぐと，電池によって電位差がつくられ，引き続いて電流を流すことができる．この電池のように電位差をつくる力を **起電力**（electromotive force 略してe. m. f.）という．

この起電力の大きさを表すには，起電力によってつくられる電位差すなわち電圧で表す．したがって，起電力は電圧と同じボルトの単位で表される．

一般に，電池のように引き続いて起電力をもっていて電流を流すもとになるものを **電源**（power source）という．電源には電池のほかに発電機などがある．なお電池は，これを簡単に表すため，図1·11(a)のような記号で表す．これは図(b)のように長い線が正極⊕，短い線が負極⊖を表し，矢印の方向に起電力 E があることを意味している．

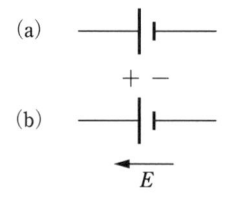

図1·11 電池の記号

1·9 電気回路

図1·12のように，電池に電線を通じて豆電球をつなげれば，豆電球は明るく点灯し，電流が引き続いて流れる．このように電源から電気エネルギーの供給を

受けて他のエネルギーに変換する装置（図1・12の場合は豆電球）を，一般に電気工学の分野では**負荷**（load）という．この場合，電流は電源（電池）の⊕から出て負荷を通り，電池の⊖に戻り，電池内では⊖から⊕側に向かって1周して流れる．

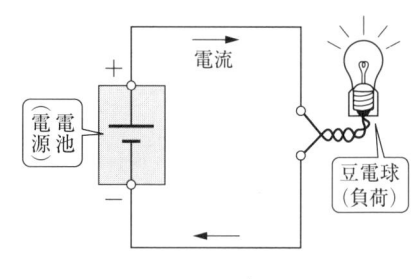

図1・12　電気回路

われわれが電気を利用するとすれば，常にこのように電源と負荷を通じて，導体を環状にして電流の通路をつくらなければならない．このような電流の通る道を**電気回路**（electric circuit）あるいは単に**回路**（circuit）という．電気回路は一般に閉じた回路をつくらなければならない．

章末問題

1. 物質は正電荷をもった原子核と負電荷をもった電子でできているのに，なぜ電気的性質が現れないのか，その理由を述べなさい．
2. 次の文章の□□□の中に適当な言葉を入れなさい．
   中性の物質において，電子が不足すると　①　電荷をもち，電子が過剰になると　②　電荷をもつようになる．
3. 3秒間に，ある導体の断面を一様な割合で27Cの電気量が通過したとすれば，電流は何A流れたことになるか．
4. ある電源を用いて3Aの電流を30分間流したとすると，電源の出した電気量は何Cになるか．
5. 電流の3つの作用を挙げなさい．
6. 正電荷をもった2つの物質を導体でつなぐと電流が流れる場合がある．どんな場合か説明しなさい．

第2章

直流回路

　電気回路の簡単な計算については，すでに中学，高校の理科や物理でオームの法則として学んだ．しかし，このオームの法則は電気回路の計算全体の基礎となることなので，ここで改めてオームの法則とその応用について，さらに詳しく調べていくことにする．

2・1　電気抵抗とコンダクタンス

(1) 電気抵抗

　水管の中を水が流れる場合は，管の形や大小によって管内の摩擦抵抗などが変わり，水の流れやすい管と流れにくい管とがある．電気の場合もこれと同じように，電気回路の導体や負荷などの種類によって，電流の通りやすいものと通りにくいものとがある．この電流の通りにくさを表したものを**電気抵抗**（electric resistance），あるいは単に**抵抗**（resistance）といい，**オーム**（ohm／単位記号：Ω）という単位で表す．これは，1アンペアの電流を流すのに1ボルトの電圧を要する抵抗を1オームと定めている．

　なお抵抗が小さい場合には，1/1 000倍の**ミリオーム**（単位記号：mΩ），1/1 000 000倍の**マイクロオーム**（単位記号：μΩ）の単位を用い，また抵抗が極めて大きいときは，1 000 000倍の**メグ（メガ）オーム**（単位記号：MΩ）の単位を用いる．これらの単位の間には次の関係がある．

$$1\,\mu\Omega = 1/1\,000\,000\,\Omega = 10^{-6}\,\Omega \qquad 1\,m\Omega = 1/1\,000\,\Omega = 10^{-3}\,\Omega$$
$$1\,k\Omega = 1\,000\,\Omega = 10^{3}\,\Omega \qquad 1\,M\Omega = 1\,000\,000\,\Omega = 10^{6}\,\Omega$$

　一般に電気抵抗は R あるいは r の量記号で表し，図記号で表すときは図2・1

のような記号で表している．

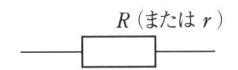

図 2・1　抵抗の表し方

例題 2・1

次の抵抗値を [ ] 内の単位に変換しなさい．

(1) 450 Ω [mΩ]　　(2) 5 kΩ [Ω]

解答　表 2・1 を参考にして考える．

(1) m（ミリ）＝10^{-3} 倍だから，ある抵抗値に 10^{-3} をかけたときに 450 Ω になる値を見つければよい．したがって，

$$450\ \Omega = x \times 10^{-3} \quad x = 450\,000\ \text{mΩ}$$

(2) k（キロ）＝10^3 倍だから，5 kΩ を式で表すと，

$$5\ \text{kΩ} = 5 \times 10^3 = 5\,000\ \Omega \quad \text{となる．}$$

表 2・1　単位の 10 の整数乗倍の接頭語

名　称	記号	倍　数	名　称	記号	倍　数
テ ラ (tera)	T	10^{12}	セ ン チ (centi)	c	$10^{-2} = 1/10^2$
ギ ガ (giga)	G	10^9	ミ リ (milli)	m	$10^{-3} = 1/10^3$
メ ガ (mega)	M	10^6	マイクロ (micro)	μ	$10^{-6} = 1/10^6$
キ ロ (kilo)	K	10^3	ナ ノ (nano)	n	$10^{-9} = 1/10^9$
ヘクト (hecto)	h	10^2	ピ コ (pico)	p	$10^{-12} = 1/10^{12}$
デ カ (deca)	da	10	フェムト (femto)	f	$10^{-15} = 1/10^{15}$
デ シ (deci)	d	$10^{-1} = 1/10$	ア ト (atto)	a	$10^{-18} = 1/10^{18}$

問 2・1　次の抵抗値を [ ] 内の単位に変換しなさい．

(1) 30 Ω [mΩ]　　(2) 45 MΩ [Ω]

(3) 9 kΩ [Ω]　　(4) 2.4 mΩ [Ω]

(2) コンダクタンス

電気抵抗は電流の通りにくさを表すものであったが，**コンダクタンス**（conductance）とは，電気抵抗とは逆で電流の通しやすさを表すもので，**ジーメンス**（siemens／単位記号：S）という単位を用い，G という量記号で表す．

一般に，R〔Ω〕の抵抗のコンダクタンス G は，

$$G = \frac{1}{R} \text{〔S〕} \tag{2・1}$$

という関係がある．しかしながら，電気回路を取り扱う場合は，抵抗の方を主として取り扱うことが多い．

2・2 オームの法則

電気回路の電圧・電流・抵抗の関係については，1827年にドイツの物理学者オーム（Georg Simon Ohm，1787〜1854年，ドイツ）が実験の結果，次のようなことが確認された．

「電気回路に流れる電流は電圧に正比例し，抵抗に反比例する」

これを**オームの法則**（Ohm's law）といい，電気回路の計算の基本となる大切な法則である．

このオームの法則は図2・2のように抵抗 R〔Ω〕の抵抗に，電池などによって V〔V〕の電圧を加えたとき，流れる電流を I〔A〕とすれば，

$$I = \frac{V}{R} \tag{2・2}$$

の式で表すことができる．この式は変形すると，

$$V = IR \tag{2・3}$$

$$R = \frac{V}{I} \tag{2・4}$$

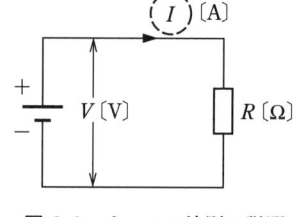

図 2・2　オームの法則の説明

となる．式(2・3)は図2・3(a)のように，R〔Ω〕の抵抗に I〔A〕が流れているとき，抵抗の両端 ab の間の電圧 V は $V = IR$〔V〕で知ることができるのを意味し，また式(2・4)は図2・3(b)のように，ある抵抗の両端 ab の電圧が V〔V〕のとき，I〔A〕が流れれば，抵抗は $R = V/I$〔Ω〕として計算できることを意味し

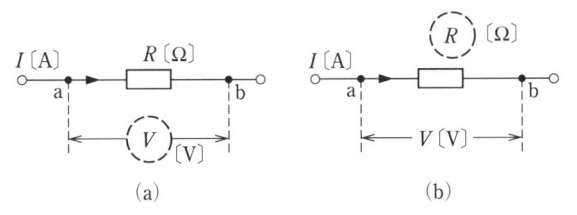

図 2·3　オームの法則の意味

ている．

　ここで，注意してほしいのは，オームの法則が三つの式で構成されているということではなく，あくまで式(2・2)という基本の式を変形して式(2・3)，式(2・4)を導き出しているということを理解する．

> **参考**　コンダクタンスを用いて表したときのオームの法則
> コンダクタンスは $G=1/R$ で表されるので，式(2・2)〜式(2・4)は次のように表すことができる．
> $$I=GV \qquad V=\frac{I}{G} \qquad R=\frac{1}{G}$$

例題 2・2

20 Ω の電熱線に 100 V の電圧を加えると電熱線にはいくらの電流が流れるか．

解答　オームの法則（式(2・2)）を用いて求めることができる．
$$I=\frac{V}{R}=\frac{100}{20}=5 \text{ [A]}$$

例題 2・3

50 MΩ の抵抗に 6 kV の電圧を加えたらいくらの電流が流れるか．

解答　例題 2・2 と同様にしてオームの法則（式(2・2)）を用いて求めることができる．
$$I=\frac{V}{R}=\frac{6\times 10^3}{50\times 10^6}=0.00012=120\times 10^{-6}=120 \text{ [}\mu\text{A]}$$

　ここで，公式に数値を代入するときは，数値の接頭語をはずしてから代

入するということに注意しなければならない．今後，問題を解いていくときも同様である．

問 2・2　　25 Ω の電熱線に 120 V の電圧を加えると，電熱線にはいくらの電流が流れるか．

問 2・3　　500 kΩ の抵抗に 1 mA の電流を流したら，抵抗の両端の電圧はいくらか．

問 2・4　　0.5 S のコンダクタンスをもつ抵抗に 30 A の電流を流すには，抵抗の両端にいくらの電圧を加えればよいか．

2・3　抵抗の接続法

多くの抵抗や負荷などのつなぎ方にはいろいろな方法がある．図 2・4 は L_1，L_2，L_3 などの負荷や R_1，R_2，R_3 などの抵抗をつぎつぎに一列につなぐ方法で，これを**直列接続**（series connection）という．

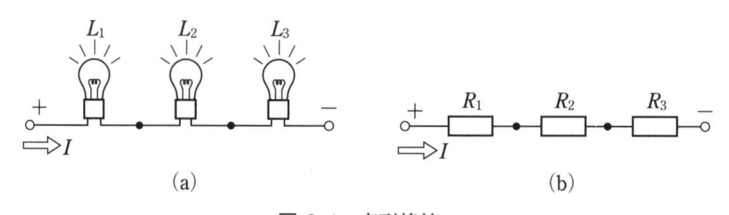

図 2・4　直列接続

これに対し，図 2・5 はそれぞれの負荷や抵抗の両端を一緒につなぐ方法で，これを**並列接続**（parallel connection）という．

以上の二つの接続を組み合わせたものを**直並列接続**（series-parallel connection）といい，組み合わせによっていろいろな接続ができる．

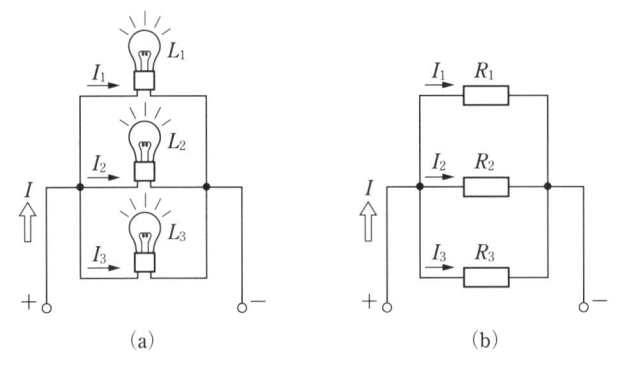

図 2・5 並列接続

2・4 直列接続の計算法

抵抗を直列に接続したときの計算の仕方や扱い方について調べてみよう.

(1) 合成抵抗

図 2・6(a) のように R_1, R_2, R_3〔Ω〕の抵抗を直列接続し, V_0〔V〕の電圧を加えたとき, I〔A〕の電流が流れたとする. このとき電流の通路は 1 本しかないので, 回路中を流れる電流はどの点をとって考えても同じ大きさの電流が流れている.

この場合, 電流が流れることによって, それぞれの抵抗の両端には電圧を生ず

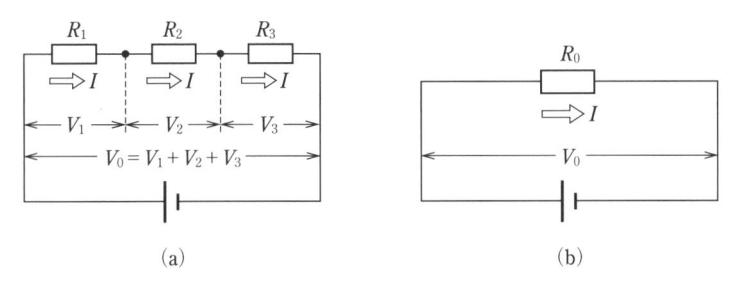

図 2・6 直列接続と合成抵抗の考え方

る．いま，それぞれの抵抗の両端の電圧を図2・6(a)のように V_1, V_2, V_3 とすれば，それぞれの抵抗と流れる電流との間にはオームの法則によって次のような関係がある．

$$V_1 = IR_1 \qquad V_2 = IR_2 \qquad V_3 = IR_3 \tag{2・5}$$

ゆえに，全体の電圧 V_0 〔V〕は，

$$V_0 = V_1 + V_2 + V_3 = IR_1 + IR_2 + IR_3 = I(R_1 + R_2 + R_3) \tag{2・6}$$

また，図2・6(b)のように同じ V_0 の電圧を加えて，同じ I の電流が流れる一つの抵抗 R_0 を考えるとオームの法則より次のような関係がある．

$$V_0 = IR_0 \tag{2・7}$$

式(2・6)および式(2・7)の関係から，R_1, R_2, R_3 の抵抗を直列接続にしたときの全体の抵抗は，

$$V_0 = IR_0 = I(R_1 + R_2 + R_3)$$

$$R_0 = R_1 + R_2 + R_3 \tag{2・8}$$

で表され，一つの抵抗 R_0 で置き換えることができる．このように多くの抵抗が接続された回路の抵抗を，同じ働きをする等価な一つの抵抗で表したものを**合成抵抗**（combined resistance）という．また，図2・6(b)のような回路を**等価回路**（equivalent circuit）という．

したがって，一般に R_1, R_2, R_3, …, R_n の n 個の抵抗を直列に接続したときの合成抵抗 R_0 は各抵抗の和に等しい．すなわち，

$$R_0 = R_1 + R_2 + R_3 + \cdots + R_n \tag{2・9}$$

となり，合成抵抗は各抵抗のどれよりも大きい．また，もし n 個の各抵抗が等しく R〔Ω〕であるとすれば，合成抵抗 R_0 は次のようになる．

$$R_0 = nR \tag{2・10}$$

(2) 電圧の分圧

次に図2・6(a)で，それぞれの抵抗の両端の電圧の分布の割合を調べてみると，式(2・5)と式(2・7)の関係から，

$$V_1 : V_2 : V_3 : V_0 = IR_1 : IR_2 : IR_3 : IR_0$$

$$\therefore \quad V_1 : V_2 : V_3 : V_0 = R_1 : R_2 : R_3 : R_0 \qquad (2 \cdot 11)$$

となる．すなわち，抵抗を直列接続にしたときの電圧は，それぞれの抵抗に比例して分圧する．この関係から，一般に抵抗の直列接続のときのそれぞれの抵抗の両端の電圧は次のように計算することもできる．

$$V_1 = \frac{R_1}{R_0} V_0 \qquad V_2 = \frac{R_2}{R_0} V_0 \qquad V_3 = \frac{R_3}{R_0} V_0 \qquad (2 \cdot 12)$$

例題 2・4

$R_1 = 10\,\Omega$, $R_2 = 20\,\Omega$, $R_3 = 30\,\Omega$ の抵抗を直列に接続し，その両端に 100 V の電圧を加えたとき各抵抗の端子にかかる電圧をいくらか．

解答 図 2・7 のような回路に流れる電流を I [A] とし，まず回路の合成抵抗 R_0 を式 (2・9) から求める．

$$\begin{aligned} R_0 &= R_1 + R_2 + R_3 \\ &= 10 + 20 + 30 \\ &= 60\,[\Omega] \end{aligned}$$

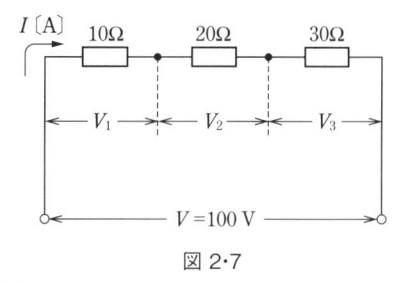

図 2・7

式 (2・2) より回路に流れる全電流 I は，

$$I = \frac{V}{R} = \frac{V}{R_0} = \frac{100}{60} \fallingdotseq 1.67\,[\mathrm{A}]$$

したがって，各抵抗に流れ込む電流はすべて全電流 I に等しいので，各抵抗の端子にかかる電圧 V_1, V_2, V_3 は，

$$V_1 = IR_1 = 1.67 \times 10 = 16.7\,[\mathrm{V}]$$
$$V_2 = IR_2 = 1.67 \times 20 = 33.4\,[\mathrm{V}]$$
$$V_3 = IR_3 = 1.67 \times 30 = 50.1\,[\mathrm{V}]$$

問 2・5 2 Ω，3 Ω，5 Ω の三つの抵抗を直列に接続して，その両端に 20 V の電圧を加えたとき，いくらの電流が流れるか．またこのときの各抵抗の端子にかかる電圧はいくらか．

問 2・6 4 Ω と 6 Ω の抵抗を直列にして，ある電圧 V を加えたら 4 Ω の

抵抗の両端の電圧が12 Vになったという．供給した電圧 V はいくらか．

2・5 並列接続の計算法

図2・8のように，R_1, R_2, R_3 の抵抗を並列に接続した場合の計算の仕方や扱い方について調べてみよう．

(1) 合成抵抗

抵抗を並列に接続したときは，それぞれの抵抗の両端には同じ電圧 V が加わっており，それぞれ抵抗は単独に回路をつくっている．したがって，回路中の抵抗のどれが切断しても，あるいはなくなっても，他の抵抗の電圧は変化することがない．このため一般の家庭電気配線や電気機器などは並列に接続して用いられている．

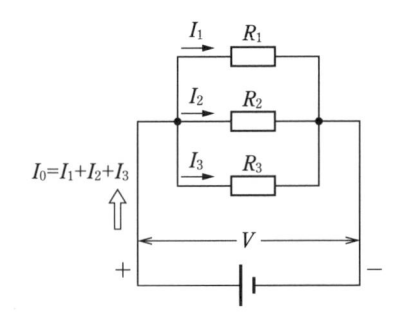

図2・8 抵抗の並列接続

このような関係から，図2・8のそれぞれの抵抗に流れる電流を I_1, I_2, I_3 とすれば，オームの法則から，

$$I_1 = \frac{V}{R_1} \quad I_2 = \frac{V}{R_2} \quad I_3 = \frac{V}{R_3} \tag{2・13}$$

全電流 I_0 は，この電流の総和となるから，

$$I_0 = I_1 + I_2 + I_3 = \frac{V}{R_1} + \frac{V}{R_2} + \frac{V}{R_3}$$

$$= \left(\frac{1}{R_1} + \frac{1}{R_2} + \frac{1}{R_3}\right)V \tag{2・14}$$

この場合の合成抵抗を R_0 として図2・9のような回路を考えると $R_0 = V/I_0$ であるから，式(2・14)から，

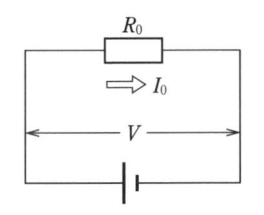

図2・9 図2・8の合成抵抗の考え方

$$R_0 = \frac{V}{I_0} = \frac{V}{\left(\frac{1}{R_1} + \frac{1}{R_2} + \frac{1}{R_3}\right)V} = \frac{1}{\frac{1}{R_1} + \frac{1}{R_2} + \frac{1}{R_3}} \quad (2・15)$$

となる．このことからわかるように，一般に R_1，R_2，R_3，…，R_n の n 個の抵抗を並列接続したときの合成抵抗 R_0 は，それぞれの抵抗の逆数の和の逆数で表される．すなわち，

$$R_0 = \frac{1}{\frac{1}{R_1} + \frac{1}{R_2} + \frac{1}{R_3} + \cdots + \frac{1}{R_n}} \quad (2・16)$$

となり，並列接続の場合の合成抵抗は各抵抗のどれよりも小さい．

また，もし n 個の抵抗がみな等しく R であったとすれば，合成抵抗は次のようになる．

$$R_0 = \frac{R}{n} \quad (2・17)$$

なお，図 2・10 のように R_1，R_2 の抵抗が二つ並列になっていると，その合成抵抗の式は式 (2・16) から，

$$R_0 = \frac{1}{\frac{1}{R_1} + \frac{1}{R_2}} = \frac{R_1 R_2}{R_1 + R_2} \quad (和分の積) \quad (2・18)$$

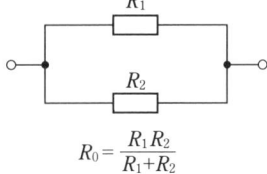

図 2・10　二つの並列抵抗の合成抵抗

になる．これは二つの抵抗の合成抵抗を求めるときによく用いられる式である．

（2）電流の分流

次に抵抗の並列接続回路に流れている電流が，各抵抗にどのように分流するかを調べてみよう．図 2・8 の場合のそれぞれの電流の比を求めると，式 (2・13) と式 (2・15) の関係から，

$$I_1 : I_2 : I_3 : I_0 = \frac{V}{R_1} : \frac{V}{R_2} : \frac{V}{R_3} : \frac{V}{R_0} \quad (2・19)$$

$$\therefore \quad I_1 : I_2 : I_3 : I_0 = \frac{1}{R_1} : \frac{1}{R_2} : \frac{1}{R_3} : \frac{1}{R_0} \quad (2・20)$$

すなわち，抵抗の並列接続の各分路に流れる電流は，それぞれの抵抗に反比例

して分流する．

したがって，一般に各分路に流れる電流は，式(2・20)の関係から，

$$I_1 : I_0 = \frac{1}{R_1} : \frac{1}{R_0} \tag{2・21}$$

であるから，内項と外項の積は等しいという関係から，

同様に，
$$\left. \begin{array}{ll} \dfrac{I_0}{R_1} = \dfrac{I_1}{R_0} & I_1 = \dfrac{R_0}{R_1} I_0 \\[6pt] I_2 = \dfrac{R_0}{R_2} I_0 & I_3 = \dfrac{R_0}{R_3} I_0 \end{array} \right\} \tag{2・22}$$

として計算することができる．ただし R_0 は並列接続の合成抵抗である．

なお，図2・11のように I_0 の全電流が，R_1，R_2 の二つの抵抗に分流する場合は，式(2・18)を用いると，式(2・22)は，

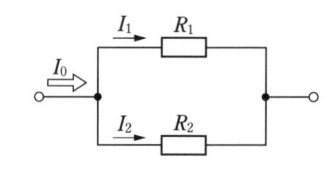

図2・11　電流の分流

$$\left. \begin{array}{l} I_1 = \dfrac{R_0}{R_1} I_0 = \dfrac{\frac{R_1 R_2}{R_1 + R_2}}{R_1} I_0 = \dfrac{R_2}{R_1 + R_2} I_0 \\[10pt] I_2 = \dfrac{R_0}{R_2} I_0 = \dfrac{\frac{R_1 R_2}{R_1 + R_2}}{R_2} I_0 = \dfrac{R_1}{R_1 + R_2} I_0 \end{array} \right\} \tag{2・23}$$

として計算できる．これは二つの抵抗に分流する電流を求めるときによく用いられる式である．

例題 2・5

$R_1 = 100\ \Omega$，$R_2 = 200\ \Omega$，$R_3 = 300\ \Omega$ の抵抗を並列に接続し，その両端に 100 V の電圧を加えたとき，各抵抗に流れる電流と回路の全電流はいくらか．

解答　図2・12のように流れる電流をそれぞれ I_1，I_2，I_3 とする．また，各抵抗にかかる電圧は電源電圧に等しい．

したがって，オームの法則から，各電流の値は，

$$I_1 = \frac{V}{R_1} = \frac{100}{100} = 1 \text{〔A〕}$$

$$I_2 = \frac{V}{R_2} = \frac{100}{200} = 0.5 \, [\text{A}]$$

$$I_3 = \frac{V}{R_3} = \frac{100}{300} \fallingdotseq 0.33 \, [\text{A}]$$

全電流 I は，

$$I = I_1 + I_2 + I_3$$
$$= 1 + 0.5 + 0.33 = 1.83 \, [\text{A}]$$

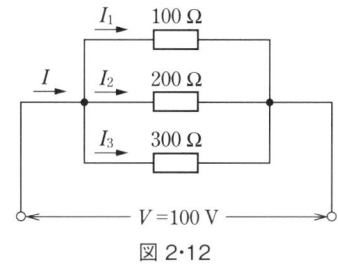

図 2・12

別解 全電流の求め方

図 2・12 の合成抵抗を求める．式 (2・16) より，

$$R_0 = \frac{1}{\frac{1}{R_1} + \frac{1}{R_2} + \frac{1}{R_3}} = \frac{1}{\frac{1}{100} + \frac{1}{200} + \frac{1}{300}} \fallingdotseq 54.54 \, [\Omega]$$

式 (2・2) より，全電流 I は，

$$I = \frac{V}{R_0} = \frac{100}{54.54} \fallingdotseq 1.83 \, [\text{A}]$$

問 2・7 $10\,\Omega$，$15\,\Omega$ および $30\,\Omega$ の三つの抵抗を並列接続をしたときの合成抵抗はいくらか．

問 2・8 $4\,\Omega$ と $6\,\Omega$ の抵抗の並列接続回路に，$48\,\text{V}$ の電圧を加えるとそれぞれの抵抗に分流する電流はそれぞれいくらか．また，全電流はいくらか．

2・6 直並列接続の計算法

抵抗の直列接続と並列接続を組み合わせた直並列接続回路は，その組み合わせによってさまざまな形の回路ができるが，いずれもいままで学んだ計算方法の知識を使って計算することができる．

次に図 2・13 のように $10\,\Omega$ と $15\,\Omega$ の抵抗を並列に接続し，これに $4\,\Omega$ の抵抗を直列に接続した直並列接続回路に $100\,\text{V}$ の電圧を加えた場合を例にとり，合

成抵抗，各抵抗の電圧および電流について調べていこう．

一般に直並列接続回路の合成抵抗は，並列部分を一つの合成抵抗に置き換えて，図2・14のような直列接続回路として取り扱うと容易に求めることができる．すなわち，bc間の抵抗R_{bc}は式(2・18)から，

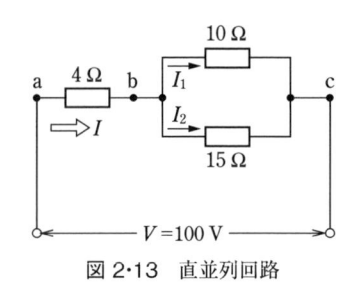

図2・13　直並列回路

図2・14　直並列回路の扱い方

$$R_{bc}=\frac{10\times 15}{10+15}=\frac{150}{25}=6\,[\Omega] \tag{2・24}$$

したがって，ac間の合成抵抗R_{ac}は，

$$R_{ac}=4+R_{bc}=4+6=10\,[\Omega] \tag{2・25}$$

となり，回路に流れる全電流Iは，

$$I=\frac{V}{R_{ac}}=\frac{100}{10}=10\,[A] \tag{2・26}$$

この電流は4Ωに流れる電流であるから，実際にはこれが図2・13の10Ωと15Ωに分流することになる．この分流する電流をI_1，I_2とすれば，式(2・23)から，

$$I_1=\frac{15}{10+15}\times 10=6\,[A] \tag{2・27}$$

$$I_2=\frac{10}{10+15}\times 10=4\,[A] \tag{2・28}$$

また，それぞれ ab，bc 間の電圧を V_{ab}，V_{bc} とすれば，

$$V_{ab}=10\times 4=40 \text{ [V]}$$
$$V_{bc}=6\times 10=60 \text{ [V]} \quad (\text{または } V_{bc}=4\times 15=60 \text{ [V]})$$
(2・29)

例題 2・6

図 2・15 のような抵抗の直並列接続回路に，100 V の電圧を加えたときの回路に流れる全電流 I，および 10 Ω と 20 Ω に流れる電流 I_1，I_2 を求めなさい．

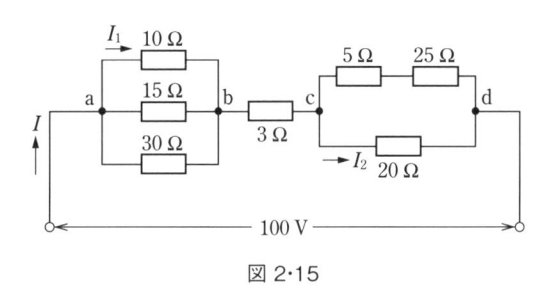

図 2・15

解答 まず，ab 間と cd 間の合成抵抗 R_{ab}，R_{cd} を求める．

ab 間の合成抵抗

$$R_{ab}=\frac{1}{\frac{1}{10}+\frac{1}{15}+\frac{1}{30}}=5 \text{ [Ω]}$$

cd 間の合成抵抗

$$R_{cd}=\frac{20\times(5+25)}{20+(5+25)}=\frac{600}{50}=12 \text{ [Ω]}$$

したがって，図 2・15 は図 2・16 のような直列接続回路に置き換えることができる．

よって，全電流 I は，

$$I=\frac{100}{5+3+12}=5 \text{ [A]}$$

ab，cd 間の電圧を V_{ab}，V_{cd} とすれば，

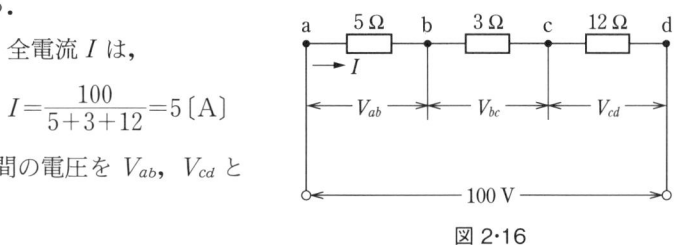

図 2・16

$$V_{ab}=IR_{ab}=5\times5=25\,[\text{V}]$$

$$V_{cd}=IR_{cd}=5\times12=60\,[\text{V}]$$

したがって，10 Ω の抵抗に流れる電流 I_1，および 20 Ω の抵抗に流れる電流 I_2 は図 2・15 から，

$$I_1=\frac{V_{ab}}{10}=\frac{25}{10}=2.5\,[\text{A}] \qquad I_2=\frac{V_{cd}}{20}=\frac{60}{20}=3\,[\text{A}]$$

問 2・9　図 2・17 のように，2.6 Ω，6 Ω，4 Ω の抵抗を接続して，50 V の電圧を加えたとき，各抵抗に流れる電流はいくらか．

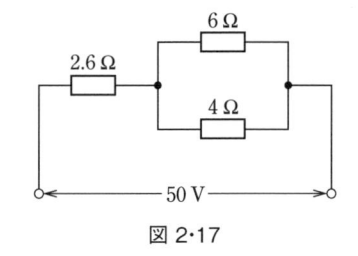

図 2・17

2・7　電圧降下

ある電源から，電灯や電動機などに電気を供給する場合，電源から負荷に至る途中に抵抗があると，その抵抗によって電圧が降下され，負荷の電圧は電源の電圧より低くなるものである．例えば，図 2・18 のように，$V\,[\text{V}]$ の電源から $R_1\,[\Omega]$ および $R_2\,[\Omega]$ の抵抗を通って電流 $I\,[\text{A}]$ が負荷に流れた場合，図 2・19(a) に示すように，R_1 および R_2 の両端の電圧は IR_1 および IR_2 になる．

したがって，負荷の電圧 V_t は R_1，R_2 の両端の電圧だけ降下して，

$$V_t=V-IR_1-IR_2=V-I(R_1+R_2) \qquad (2\cdot30)$$

の電圧になってしまう．

この電圧の変化を d 点の電位を基準にして，表してみると，図 2・19(b) のようになる．これによってもわかるように，ab 間では IR_1，bc 間では IR_2 の電圧が降下することになる．このため，この抵抗の両端の電圧のことを**電圧降下**（votage drop）と呼ぶ．しかし，電球や電熱器などの負荷の場合は，その両端の電圧は電圧降下といわず，負荷電圧というのが一般的である．

2・7 電圧降下

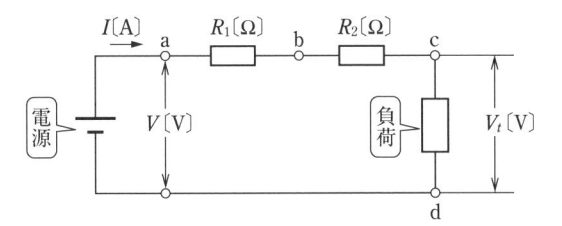

図 2・18 負荷の端子電圧

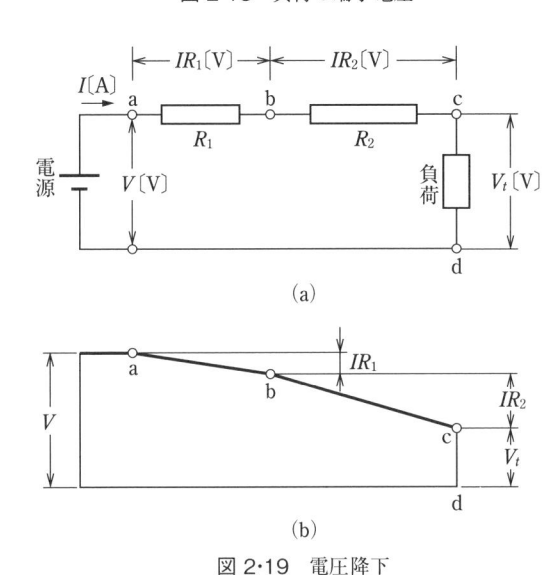

(a)

(b)

図 2・19 電圧降下

例題 2・7

図 2・20 のように 1 線の抵抗 $r=0.7\,\Omega$ の電線を通じて電熱器に 6 A の電流を供給する場合，電源電圧が 100 V であるとすると負荷電圧はいくらか．

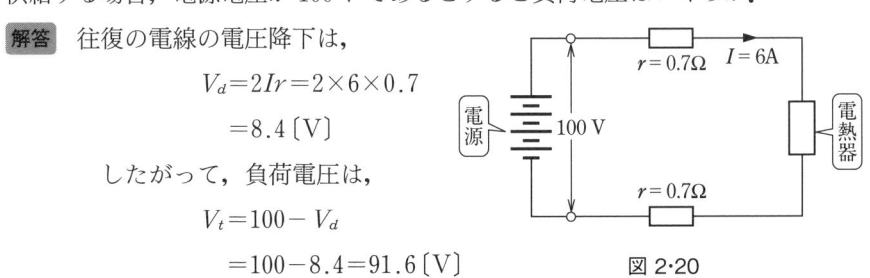

解答 往復の電線の電圧降下は，

$$V_d = 2Ir = 2 \times 6 \times 0.7$$
$$= 8.4\,[\mathrm{V}]$$

したがって，負荷電圧は，

$$V_t = 100 - V_d$$
$$= 100 - 8.4 = 91.6\,[\mathrm{V}]$$

図 2・20

問 2・10　100 V の電源と電熱器の負荷との間を 0.5 Ω の抵抗を持つ電線 2 本によって接続し，10 A の電流を流したとすれば，電線で生じる電圧降下はいくらか．また，電熱器の負荷電圧はいくらか．

2・8　端子電圧と内部降下

いままで電池などの電源の電圧は，起電力と等しく一定なものとして扱ってきた．しかし，実際には発電機や電池などの電源の内部には少しではあるが抵抗をもっている．このような抵抗を電源の **内部抵抗** (internal resistance) という．

したがって，図 2・21 のように起電力 E [V]，内部抵抗 r [Ω] の電源に R [Ω] の抵抗を接続したとき，回路に流れる電流 I [A] は r と R が直列になっている回路と全く同じであるから，

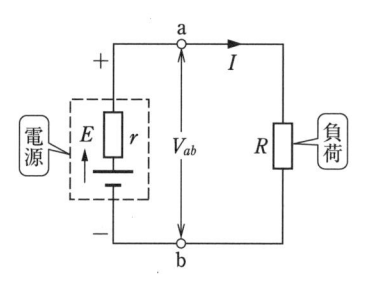

図 2・21　電池の起電力と端子電圧

$$I = \frac{E}{r+R} \text{[A]} \qquad E = I(r+R) \text{[V]} \qquad (2・31)$$

の関係がある．この場合，内部抵抗 r に対して，外に接続した抵抗 R を **外部抵抗** (external resistance) と呼んでいる．

次に，電源の ab 端子間の電圧 V_{ab} を調べてみよう．V_{ab} は ab 端子を R [Ω] の側から考えれば，R [Ω] の電圧降下 IR [V] を示し，また電源から考えれば，起電力 E [V] から電源内部の Ir の電圧降下を差し引いた $E-Ir$ でもある．したがって，

$$V_{ab} = E - Ir = IR \qquad (2・32)$$

の関係がある．この関係はまた，式(2・31)を変形しても得られる．式(2・32)で

もわかるように，起電力 E [V] の電源の端子電圧は，その内部抵抗 r [Ω] の中の電圧降下のため，Ir [V] だけ小さい $V_{ab}=E-Ir$ [V] になってしまうものである．この場合，Ir は電源内部の電圧降下という意味で**内部降下**（internal drop）といい，V_{ab} を電源の**端子電圧**（terminal voltage）という．

例題 2・8

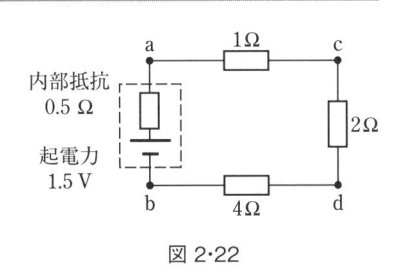

起電力 1.5 V，内部抵抗 0.5 Ω の電池に図 2・22 のように 1 Ω，2 Ω および 4 Ω の抵抗を直列に接続するときに回路に流れる電流はいくらか．また，2 Ω の抵抗の両端 cd の端子電圧はいくらか．

図 2・22

解答 回路全体は内部抵抗を含めた抵抗の直列接続回路と同じであるから，回路の合成抵抗 R_s は，

$$R_s = 0.5 + 1 + 2 + 4 = 7.5 \, [\Omega]$$

よって，回路に流れる電流は，

$$I = \frac{1.5}{R_s} = \frac{1.5}{7.5} = 0.2 \, [\text{A}]$$

また，cd 間の端子電圧 V_{cd} は，

$$V_{cd} = I \times 2 = 0.2 \times 2 = 0.4 \, [\text{V}]$$

問 2・11 例題 2・8 において，電池の内部降下および端子電圧 V_{ab} はそれぞれいくらか．

2・9 電圧計と電流計のつなぎ方

いままで，電流と電圧を扱ってきたが，実際には電圧，電流を測定するためには，**電圧計**と**電流計**を利用する．これらの計器は直流用，交流用，交直両用などのものがある．詳しい内容は電気計測という分野で学習することとして，ここで

（1）電流計

電流計は測定しようとする電流が電流計内部を流れるように，図2・23のように回路に直列に接続する．この場合，電流計の内部抵抗が大きいと電流計内部で電圧降下を起こしてしまい，負荷電流 I に影響を与えてしまうので，電流計内部での電圧降下を極めて小さくするために，できるだけ小さい抵抗でつくられている．だから，回路計算上は電流計の内部抵抗はないものとして取り扱っている．

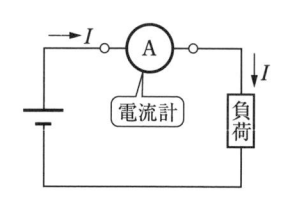

図2・23　電流計のつなぎ方

（2）電圧計

電圧計は測定しようとする端子の両端につなぐ，すなわち図2・24のように測定するものに対して**並列に接続**する．このとき電圧計の内部抵抗が小さいと電圧計に流れ込む電流 i が大きくなり，負荷電流に影響を与え，測定しようとする端子電圧にも影響を与えてしまう．電圧計に流れ込む電流 i をできるだけ小さくするように，電圧計内部の抵抗をできるだけ大きくするようにつくられている．

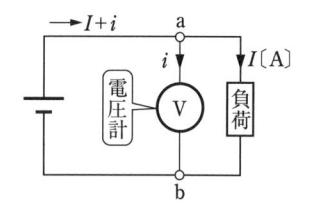

図2・24　電圧計のつなぎ方

したがって，回路計算上は電圧計に電流は流れ込まない（内部抵抗は無限大）ものとして考える．

2・10　倍率器と分流器

電圧計や電流計を用いて，最大の目盛以上の大きな電圧や電流を測定する場合には，倍率器や分流器などが用いられる．次から，今まで学んだ計算をもとにこ

れらの機器の原理を調べていく．

（1）倍率器

図 2・25 のように内部抵抗 r_v [Ω] の電圧計に直列に R [Ω] の抵抗を直列に接続する．この抵抗 R のことを**倍率器**（multiplier）という．

いま，この直列回路に V [V] の電圧を供給するとき，電圧計の振れは何 [V] を示すか．

この場合，電圧計は自己の内部抵抗による電圧降下を示すようにつくられているから，電圧計の指示する値を図 2・26 の回路図から計算すると，

$$V_v = r_v I = r_v \frac{V}{r_v + R} \text{ [V]} \tag{2・33}$$

という値を示すことになる．また，この式を変形して電源電圧 V について解いていくと，まず両辺に $(r_v + R)$ をかける．

$$r_v V = (r_v + R) V_v \tag{2・34}$$

両辺を r_v で割る．

$$V = \left(\frac{r_v + R}{r_v}\right) V_v = \left(1 + \frac{R}{r_v}\right) V_r \text{ [V]} \tag{2・35}$$

となり，加えられた電圧 V は，電圧計の振れ V_v の $(1+R/r_v)$ 倍であることがわかる．すなわち，電圧計の読みの $(1+R/r_v)$ 倍の電圧が計れることになる．この $(1+R/r_v)$ のことを**倍率器の倍率**という．

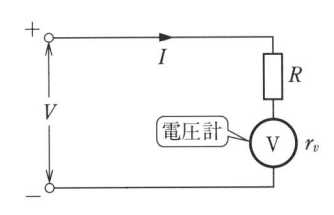

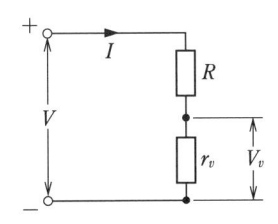

図 2·25　倍率器の原理　　　　図 2·26　倍率器の考え方

第 2 章　直流回路

(2) 分流器

図 2・27 のように内部抵抗 r_a [Ω] の電流計と並列に R [Ω] の抵抗を接続する．この抵抗 R のことを**分流器**（shunt）という．

いま，この並列回路に I [A] の電流を流したとき，電流計にはいくらの電流が流れるのであろうか．この場合，電流計はその内部に流れる電流を指示するようにつくられている．したがって，図 2・28 のような抵抗の並列回路と考えれば，電流計に流れる電流 I_a は式(2・22)の関係から，

$$I_a = \frac{R_0}{r_a} I \text{ [A]} \quad (2 \cdot 36)$$

ここで R_0 は並列回路の合成抵抗を示しているので図 2・28 の抵抗の並列回路の合成抵抗を求めると，

$$R_0 = \frac{r_a \times R}{r_a + R} \text{ [Ω]} \quad (2 \cdot 37)$$

となり，この合成抵抗を式(2・36)に代入すると，

$$I_a = \frac{r_a \times R}{r_a + R} \cdot \frac{1}{r_a} \cdot I = \frac{R}{r_a + R} I \text{ [A]} \quad (2 \cdot 38)$$

となる．また，この式を変形して，電流 I について解いていくと，まず両辺に $(r_a + R)$ をかける．

$$RI = (r_a + R) I_a \quad (2 \cdot 39)$$

両辺を R で割る．

$$I = \left(\frac{r_a + R}{R} \right) I_a = \left(1 + \frac{r_a}{R} \right) I_a \text{ [A]} \quad (2 \cdot 40)$$

となるから，流れる電流 I は，電流計の振れの $(1 + r_a/R)$ 倍であることがわか

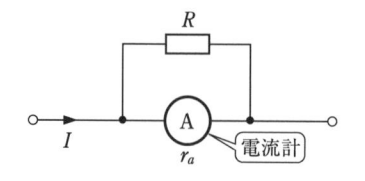

図 2·27　分流器の原理

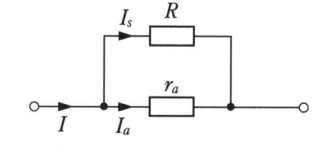

図 2·28　分流器の考え方

る．すなわち，電流計の読みの $(1+r_a/R)$ 倍の電流が計れることになる．この $(1+r_a/R)$ のことを**分流器の倍率**という．

章末問題

1. ある導体の両端に 100 V の電圧を加えたら，25 A の電流が流れたという．導体の抵抗を求めなさい．
2. $0.02\,\Omega$ の抵抗に 1.5 V の電圧を加えたとき回路に流れる電流を求めなさい．
3. $0.4\,\mathrm{M}\Omega$ の抵抗に 0.85 mA の電流を流すのに必要な電圧を求めなさい．
4. $5\,\Omega$，$3\,\Omega$ および $7\,\Omega$ の抵抗を直列に接続し，これに 150 V の電圧を加えると，回路全体に流れる電流はいくらか求めなさい．
5. $6\,\Omega$，$10\,\Omega$ および $15\,\Omega$ の抵抗を並列に接続し，これに 60 V の電圧を加えると，回路全体に流れる電流はいくらか求めなさい．
6. 起電力 24 V，内部抵抗 $0.4\,\Omega$ の電池から，図 2・29 のように 2 本の $0.2\,\Omega$ の導体を通じて $4\,\Omega$ の負荷に電流を供給するとき，ab および bc 間の電圧はいくらか．

   図 2・29
7. ある電池に 2 A の電流を通じたときには，その端子電圧が 1.4 V になり，また 3 A の電流が流れるときは 1.1 V になるという．この電池の起電力および内部抵抗はいくらか．
8. 内部抵抗 12 kΩ，最大目盛 150 V の直流電圧計を使用して，最大 600 V の電圧を測定できるようにしたい．必要な倍率器の抵抗の値を求めなさい．
9. 内部抵抗 $10\,\Omega$，最大目盛 50 mA の直流電流計を使用して，最大 150 A の電流を測定できるようにしたい．必要な分流器の抵抗の値を求めなさい．

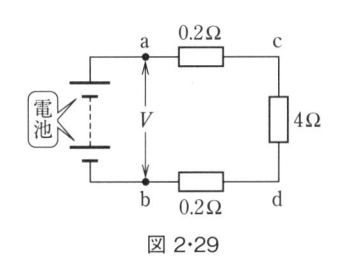

第 3 章

キルヒホッフの法則と回路網の計算

　第 2 章でオームの法則を用いて簡単な直流回路の計算について学んだ．しかし，実際の電気回路になると電源が 1 個だけではなく，また電気回路も複雑なものになっていることが多い．ここでは複雑な直流回路を解く一つの方法として，キルヒホッフの法則とその使い方を学ぶこととする．

3・1　起電力と電圧降下の代数的な考え方

　複雑な電気回路になると，回路が網の目のようになっているので，**回路網**（network）といい，その一つひとつの閉じた回路を**網目**（mesh）あるいは**閉路**（closed circuit）と呼んでいる．このような回路網を解く一つの方法として，オームの法則をさらに発展させた**キルヒホッフの法則**（Kirchhoff's law）がある．この法則では起電力や電圧降下を代数的に扱う必要があるので，まずここでこれらの考え方や扱い方について調べておこう．

（1）起電力の正負

　図 3・1(a)のように起電力 E の電池があって，この起電力を代数的に考える

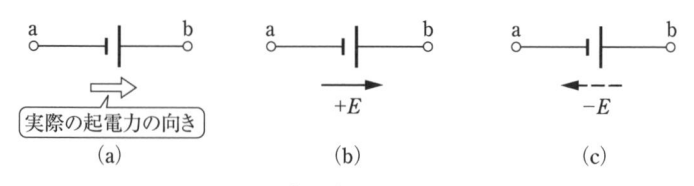

図 3・1　起電力の代数的考え方

場合，図(b)のように実線の矢印の向きの起電力を正（＋）と考えれば，この起電力は実際にその矢印の方向の起電力があって，この方向に電流を流そうとしているのであるから，当然 $+E$ の起電力を考えることができる．ところが，もし図(c)のように破線の矢印の向きの起電力を正（＋）と考えれば，電池の起電力は $-E$ になる．

すなわち，起電力はその正（＋）の方向をどちら向きにとるかによって正（＋）にも負（－）にもなる．したがって，図3・2のような回路全体の起電力は，実線の矢印の向きに abcd と1周する向きの起電力を正（＋）と考えれば，

$$E_1+(-E_2)=E_1-E_2 \tag{3・1}$$

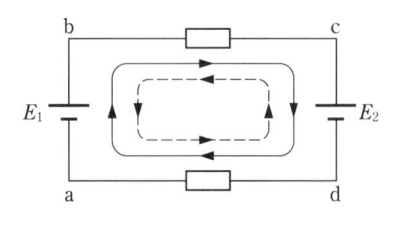

図3・2 起電力の代数和

であり，逆に破線の方向に1周する向きの起電力を考えれば，

$$-E_1+E_2=E_2-E_1 \tag{3・2}$$

と考えることができる．

この関係から一つの回路の全起電力は，その回路を一定方向に1周したとき，その方向とその実際の起電力の向きが一致したとき正（＋），反対方向のとき負（－）の起電力として，その代数和を求めればよい．

例題 3・1

電池5個を図3・3のように接続し，破線の向き（abcda）に1周して考えたときの回路の全起電力はいくらか．

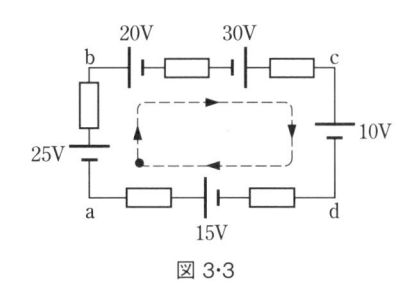

解答 破線の向きと実際の起電力の向きが一致したときは正（＋），反対方向のときは負（－）とすると，

$$E=25+(-20)+30+(-10)+15=25-20+30-10+15=40 \text{〔V〕}$$

図3・3

問 3・1　例題 3・1 の回路を破線の向きと逆向き（adcba）に回路をたどったときの回路の全起電力はいくらか．

（2）電圧降下の正負

図 3・4(a) に示すように，R [Ω] の抵抗内を I [A] の電流が a 端から b 端に向かって流れている場合，電位は電流が進むにつれ図(b)のようにだんだんと降下し，ab 間では IR [V] の電圧降下が生ずる．これに対して，電流の流れる方向と逆に破線の矢印の方向にこれを考えれば，電圧は上昇して行くので IR [V] の電圧上昇になり，代数的にいえば負（－）の電圧降下 $-IR$ [V] になる．ゆえに，電圧降下を代数的考えると，

　　回路をたどる向きと電流の向きが同じ向きのときは　　$+IR$
　　回路をたどる向きと電流の向きが反対向きのときは　　$-IR$

の電圧降下と考えることができる．

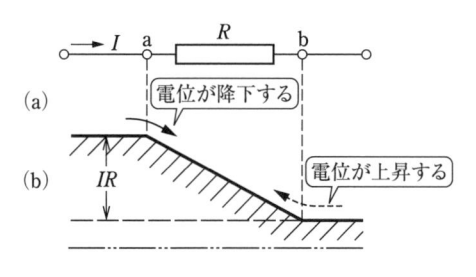

図 3・4　電圧降下の正負の考え方

例題 3・2

図 3・5 のような回路網の中の一閉路 abcd を取り出したところ R_1，R_2，R_3，R_4 [Ω] の抵抗に，電流 I_1，I_2，I_3，I_4 [A] が矢印の向きに流れていたものとする．このとき閉路（abcd）を破線の矢印の向きにたどっていったときの電圧降下の代数和

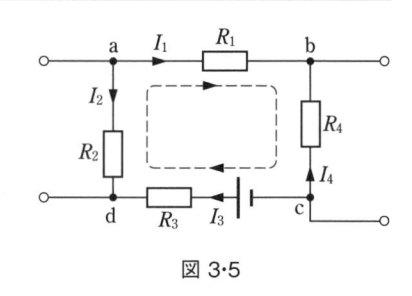

図 3・5

はいくらか.

解答 破線の矢印と同じ方向の電流は I_1, I_3, 反対方向の電流は I_2, I_4 なので, 閉路（abcd）の電圧降下 V の代数和は,

$$V = I_1 R_1 + (-I_4 R_4) + I_3 R_3 + (-I_2 R_2)$$
$$= I_1 R_1 - I_2 R_2 + I_3 R_3 - I_4 R_4 \,[\text{V}]$$

問 3・2 例題 3・2 の回路を破線の向きと逆向き（adcba）に閉路をたどったときの閉路の電圧降下の代数和はいくらか.

3・2 キルヒホッフの法則

キルヒホッフの法則には，電流に関する第 1 法則と，起電力と電圧降下に関する第 2 法則の二つがある．

（1）キルヒホッフの第 1 法則

電気回路がどのように複雑であっても，回路中のどの接続点をとって考えても，その接続点に流入する電流とその接続点から流出する電流の総和が等しいことは，電流の連続性を考えても当然のことであろう．このことは，すでに並列接続回路の電流の分流のときにも何げなく用いてきたことである．この電流の関係は次のようにいい表すことができる．

「回路網中のある接続点では，その点に流入する電流の総和と流出する電流の総和は等しい」

これを**キルヒホッフの第 1 法則**という．

この法則は図 3・6 のような分岐回路の接続点 O に適用すると，流入する電流の総和は $I_1 + I_3$ であり，流出する電流の総和は $I_2 + I_4$ であるから，

$$I_1 + I_3 = I_2 + I_4 \tag{3・3}$$

になることを意味する．この式を書き直してみると，

$$I_1 + I_3 - I_2 - I_4 = I_1 + I_3 + (-I_2) + (-I_4) = 0 \tag{3・4}$$

第3章　キルヒホッフの法則と回路網の計算

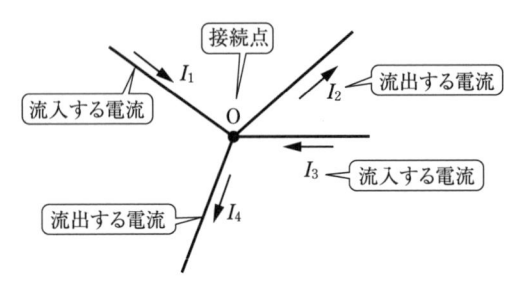

図3·6　キルヒホッフの第1法則

とも書ける．これは流入する電流を正（＋）と考えれば，流出する電流は代数的に負（－）の流入する電流と考えられるから，キルヒホッフの第1法則は次のようにいうこともできる．

「回路網中の接続点に流入する電流の代数和は0である」

（2）キルヒホッフの第2法則

図3·7のように起電力 E [V] の電源に R [Ω] の抵抗を接続したとき I [A] が流れれば，オームの法則によって $E=IR$ の関係があり，これを言葉で表すと，

$$\text{起電力}=\text{電圧降下}\quad（あるいは\quad\text{起電力}-\text{電圧降下}=0）\qquad (3\cdot5)$$

である．すなわち，回路中の起電力と電圧降下は等しい．これは回路中の電位が図3·8のようにa点を出発して，起電力 E によってab間で E [V] の電位が高められ，次に抵抗中を通るとき R の中で IR の電圧降下によって低くなり，1周

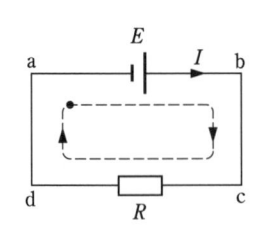

図3·7　起電力と電圧降下の関係

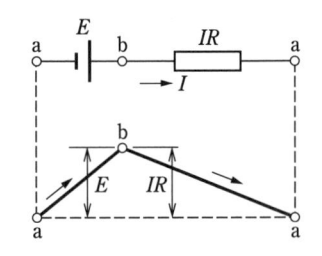

図3·8　オームの法則の別の考え方

40

して a 点に戻ったときは結局もとの電位に戻ることを意味する．

以上は，一番単純な回路について考えたのであるが，複雑な回路網であっても，そのうちの任意の 1 閉路をとって考えれば同じことである．なぜならば，ある点を出発して一定方向にその閉路を 1 周する間には，代数的に考えて起電力によって電位が高められ，また，電圧降下によって電位が降下して，電位が上がったり下がったりするが，閉路を 1 周して再びもとの出発点にもどってくるまでには，電位の上り下りは等しくなって，もとの電位に戻らなければならないからである．**キルヒホッフの第 2 法則**は，この関係を次のように表したものである．

「回路網中の任意の閉路を一定方向に一周したとき，回路の各部分の起電力の代数和と電圧降下の代数和は互いに等しい」

例えば，図 3・9 のような回路網中の abc の 1 閉路をとって考え，電流は図の矢印の方向（時計回り）に流れるものと仮定した場合，前節の起電力と電圧降下の正負で学んだように，

区　間	電圧降下	起電力
a—b	I_1R_1	E_1
b—c	I_2R_2	0
c—a	$-I_3R_3$	$-E_3$

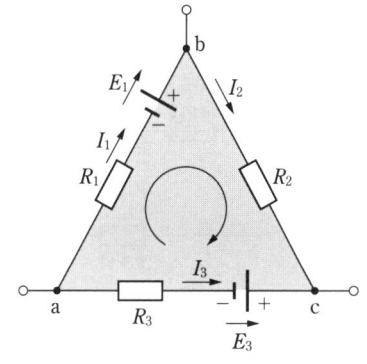

図 3・9　キルヒホッフの第 2 法則

ゆえに，電圧降下と起電力の代数和が等しいとおくと，

$$I_1R_1+I_2R_2-I_3R_3=E_1-E_3 \tag{3・6}$$

になる．これがキルヒホッフの第 2 法則の表す意味である．

3・3　キルヒホッフの法則による回路網の解き方

直流回路の回路網を計算するには，キルヒホッフの第 1 および第 2 法則によっ

て方程式を立て，これを解くことによって答えを得ることができる．次に回路網の電流を計算する順序を，図3・10のような回路網を例にとって調べてみよう．

（1）各分岐路に流れる電流の方向を仮定し記号を定める

図3・10　任意の回路網

図3・11（a）のように，電流の流れる方向を矢印で仮定し，これに I_1, I_2, I_3 のように記号をつける．電流の流れる方向は自由に定めてよい，しかし，起電力がある分路においては一般的に起電力と同じ方向に定める．

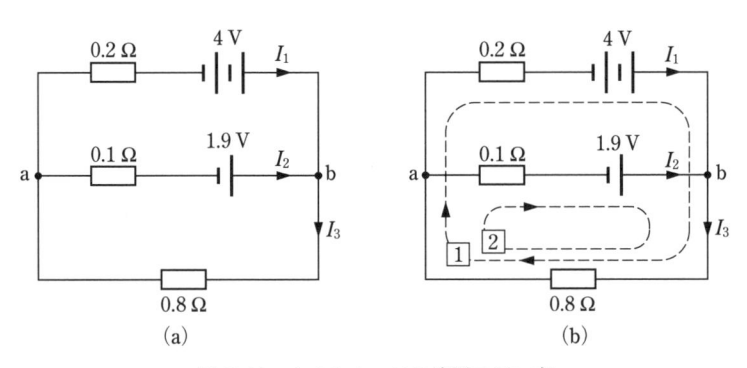

図3・11　キルヒホッフの法則の用い方

（2）キルヒホッフの第1法則によって方程式をつくる

この場合，方程式の数は回路網中の全分岐路より一つ少なくてよい．すなわち図3・11（a）では分岐点はa点とb点の二点であるから，一つの方程式をつくればよく，たとえばb点において第1法則を適用して方程式をつくると，

$$I_3 = I_1 + I_2 \tag{3・7}$$

（3）任意の閉路を1周してキルヒホッフの第2法則によって方程式をつくる

方程式の数は閉路の数だけ必要である．しかし，各方程式は独立していなけれ

ばならない．各方程式はそれぞれ他の方程式をつくるときにたどったことのない一部の分路を通ることが必要である．たとえば，図3・11(b)のように，

1の閉路から
$$0.2I_1 + 0.8I_3 = 4 \qquad (3・8)$$

2の閉路から
$$0.1I_2 + 0.8I_3 = 1.9 \qquad (3・9)$$

この場合，もちろん閉路のとり方は自由で，図3・12のような閉路1 2によって，方程式をつくってもよい．

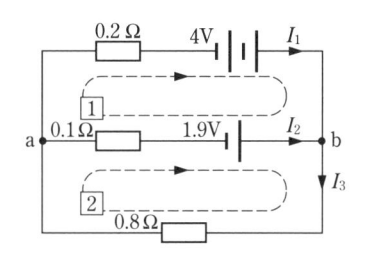

図3・12 閉路のたどり方の例

(4) 連立方程式を解く

キルヒホッフの第1および第2法則をによってつくられた式(3・7)，(3・8)，(3・9)を連立方程式で解き，回路網に流れる電流の正しい向きと値を知る．

式(3・7)を式(3・8)に代入して，
$$0.2I_1 + 0.8(I_1 + I_2) = 4$$
$$0.2I_1 + 0.8I_1 + 0.8I_2 = 4$$
$$I_1 + 0.8I_2 = 4 \qquad (3・8)'$$

式(3・7)を式(3・9)に代入して，
$$0.1I_2 + 0.8(I_1 + I_2) = 1.9$$
$$0.1I_2 + 0.8I_1 + 0.8I_2 = 1.9$$
$$0.8I_1 + 0.9I_2 = 1.9 \qquad (3・9)'$$

式(3・8)′と式(3・9)′で連立方程式を解くと，
$$\begin{cases} I_1 + 0.8I_2 = 4 \\ 0.8I_1 + 0.9I_2 = 1.9 \end{cases}$$

式(3・8)′×0.8−式(3・9)′を計算する．

第3章　キルヒホッフの法則と回路網の計算

$$\begin{array}{r}0.8I_1+0.64I_2=3.2\\-)\underline{0.8I_1+0.9\ I_2=1.9}\\-0.26I_2=1.3\end{array}$$

$$I_2=-5 \tag{3・10}$$

式(3・10)を式(3・8)′に代入する．

$$I_1+0.8\times(-5)=4$$
$$I_1-4=4$$
$$I_1=8 \tag{3・11}$$

式(3・10)と式(3・11)を式(3・7)に代入する．

$$I_3=I_1+I_2=8+(-5)=3 \tag{3・12}$$

よって結果をまとめると，

$$I_1=8〔A〕,\quad I_2=-5〔A〕,\quad I_3=3〔A〕$$

となる．この場合 I_2 は負の値となっているが，これは実際に電流が流れる向きが最初に仮定した方向と反対であることを意味する．したがって，実際の電流は図3・13のように流れる．

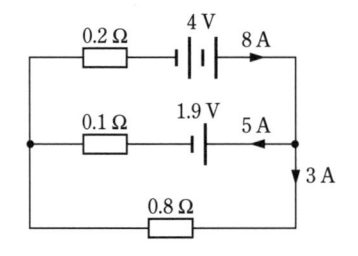

図3・13　実際に流れる電流の向きと値 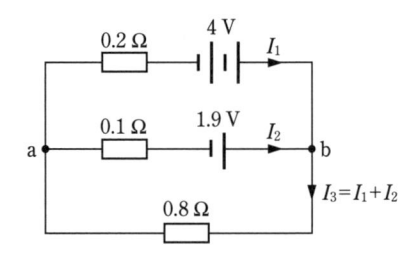　　　図3・14　分岐点での電流の考え方の工夫

以上がキルヒホッフの法則を利用して，回路網を計算する場合の順序であるが，もし最初の電流の流れる向きを定めるとき，図3・14のように電流の記号を全分岐点（あるいは閉路）の数だけ（この場合は2個）I_1，I_2 と定め，b点にキルヒホッフの第1法則を適用して，図上に $I_3=I_1+I_2$ と記し，キルヒホッフの第2法則を適用して方程式をつくれば，直ちに式(3・8)′，式(3・9)′を得ることが

できる．この方法は複雑な回路網を解く場合には方程式の数が減って計算が容易になる場合が多い．

例題 3・3

図3・15のような直流回路で，$E_1=18$ V，$E_2=12$ V，$E_3=6$ V，$R_1=8\,\Omega$，$R_2=2\,\Omega$，$R_3=8\,\Omega$，としたとき，各抵抗 R_1，R_2，R_3 を流れる電流 I_1，I_2，I_3 の値を求めなさい．

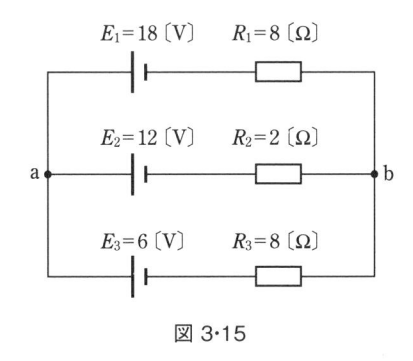

［解答］ 各抵抗 R_1，R_2，R_3 に流れる電流の方向を図3・16のように定めて，分岐点aについてキルヒホッフの第1法則を適用して方程式をつくると，

$$I_1+I_2+I_3=0$$
$$-I_1-I_2=I_3 \cdots\cdots ①$$

となる．

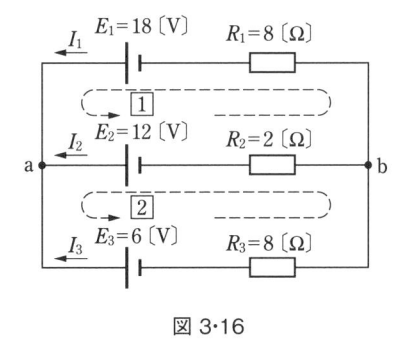

次に，図のように閉路①，②を考え，キルヒホッフの第2法則を適用して方程式をつくる．一般的には回路網中の任意の閉路にそって一定方向に一周して方程式をつくるとき，たどる方向は時計回りでも反時計回りでもどちらでもよい．今回は図のように閉路①，②ともに反時計回りでたどって方程式をつくる．

閉路①から，

$$R_1I_1-R_2I_2=E_1-E_2$$
$$8I_1-2I_2\quad =18-12$$
$$8I_1-2I_2=6 \cdots\cdots\cdots\cdots\cdots\cdots\cdots\cdots\cdots\cdots\cdots\cdots\cdots\cdots ②$$

閉路②から，

$$R_2I_2 - R_3I_3 = E_2 - E_3$$
$$2I_2 - 8I_3 = 12 - 6$$
$$2I_2 - 8I_3 = 6 \quad \cdots\cdots\cdots\cdots\cdots\cdots\cdots\cdots\cdots\cdots\cdots\cdots\cdots\cdots\cdots\cdots ③$$

式③に式①を代入すると，
$$2I_2 - 8(-I_1 - I_2) = 6$$
$$2I_2 + 8I_1 + 8I_2 = 6$$
$$8I_1 + 10I_2 = 6 \quad \cdots\cdots\cdots\cdots\cdots\cdots\cdots\cdots\cdots\cdots\cdots\cdots\cdots\cdots ④$$

式②と式④で連立方程式を解くと，
$$\begin{cases} 8I_1 - 2I_2 = 6 \\ 8I_1 + 10I_2 = 6 \end{cases}$$

式②－式④
$$\begin{array}{r} 8I_1 - 2\ I_2 = 6 \\ -)\ 8I_1 + 10I_2 = 6 \\ \hline -12I_2 = 0 \end{array} \qquad \therefore \quad I_2 = 0 \,[\mathrm{A}] \ \cdots\cdots\cdots\cdots\cdots ⑤$$

式⑤を式②に代入すると，
$$8I_1 - 2 \times 0 = 6 \qquad \therefore \quad I_1 = \frac{6}{8} = 0.75 \,[\mathrm{A}] \ \cdots\cdots\cdots ⑥$$

式⑤と式⑥を式①に代入すると，
$$I_3 = -I_1 - I_2 = -0.75 - 0 = -0.75 \,[\mathrm{A}] \ \cdots\cdots\cdots\cdots\cdots ⑦$$

I_3 の値が負（－）の値となった．これは，I_3 を最初に定めたときの方向と反対向きに流れていることを意味する．

問3・3　図3・11のような閉路によって，キルヒホッフの法則による方程式をつくる代わりに，図3・12の①, ②の閉路によって方程式をつくっても同じ結果が得られることを確かめなさい．

3・4 電池の接続法

電池の構造や原理についてはいずれ第6章で学ぶことになっているが，キルヒホッフの法則が理解できたところで，この法則を応用して電池の各種の接続方法と，その電流の計算法について調べてみよう．

電池を電源として使用するとき，1個だけでは起電力が不足したり，電流が十分に得られなかったりするので，2個以上の電池を適当に組み合わせて使用することが多い．この接続法には図3・17のように**直列接続**（series connection），**並列接続**（parallel connection），および直列接続と並列接続を合わせた**直並列接続**（series-parallel connection）の3種類がある．

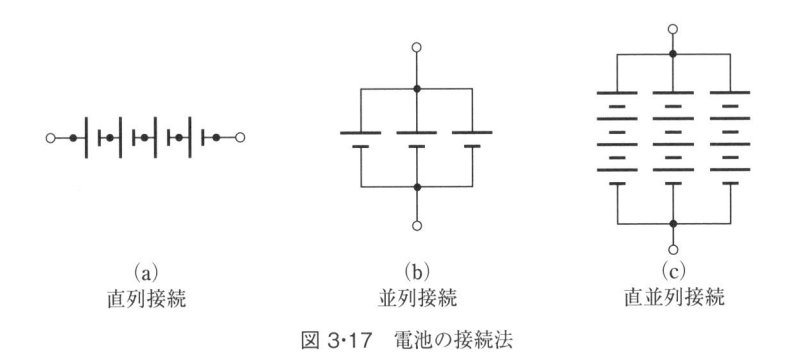

(a) 直列接続　(b) 並列接続　(c) 直並列接続

図3・17　電池の接続法

直列接続は図3・13(a)のように，一つの電池の陽極から次の電池の陰極へ，その電池の陽極からまた次の電池の陰極へというように，つぎつぎ接続していく方法で，実際に最も多く用いられている．また並列接続は図(b)のように陽極は陽極だけ，陰極は陰極だけを互いに接続し，直並列接続は図(c)のように直列接続した電池を何組かつくり，これを並列に接続する方法である．

(1) 電池の直列接続

図3・18のように起電力がそれぞれ E_1，E_2，E_3 [V] で内部抵抗が r_1，r_2，r_3

第3章　キルヒホッフの法則と回路網の計算

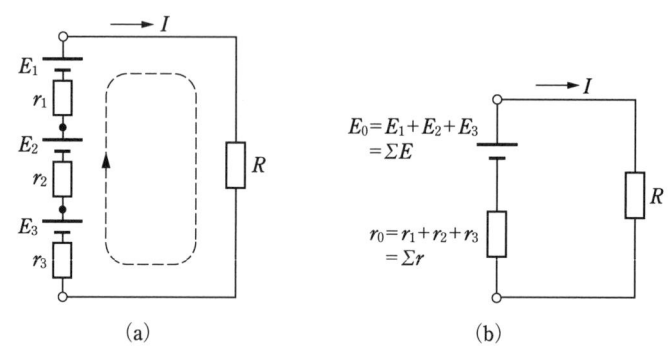

図 3·18　電池の直列接続の等価回路

$[\Omega]$ の電池を直列に接続し，これに $R [\Omega]$ の外部抵抗（負荷抵抗）を接続した場合について調べてみよう．この場合，流れる電流を $I [A]$ と仮定して，破線の矢印のように1周して考えればキルヒホッフの第2法則から，

$$Ir_1 + Ir_2 + Ir_3 + IR = E_1 + E_2 + E_3 \tag{3・13}$$

$$\therefore\ I = \frac{E_1 + E_2 + E_3}{r_1 + r_2 + r_3 + R} [A] \tag{3・14}$$

として知ることができる．この式は電池について各電池の起電力が同じ向きに加わりあっているから合成起電力 E_0 は，

$$E_0 = E_1 + E_2 + E_3 = \sum E \tag{3・15}$$

また，内部抵抗は直列になっているから内部抵抗の合成抵抗 r_0 は，

$$r_0 = r_1 + r_2 + r_3 = \sum r \tag{3・16}$$

と考えてもよい．したがって図3・18(a)は図(b)のように起電力 $\sum E$，内部抵抗 $\sum r$ の1個の電池に $R [\Omega]$ の外部抵抗が接続されている回路で代表させることもできる．このような場合，図(b)は図(a)の**等価回路** (equivalent circuit) であるという．

この関係から1個の起電力 $E [V]$，内部抵抗 $r [\Omega]$ の電池を n 個直列に用いれば，$nE [V]$ の起電力で $nr [\Omega]$ の内部抵抗をもった1個の電池と等価となるから，電流 I は，

$$I = \frac{nE}{nr + R} \text{[A]} \tag{3・17}$$

として計算することができる．このように電池の直列接続のとき合成起電力は大きくなるが，電流は1個の電池の電流より大きくとることができないので，比較的電圧の高い，小電流を用いるときに適した接続法である．

参考 Σ（シグマ）記号の意味

この記号は「つぎつぎに加え合わせていきなさい」という意味をもつ記号である．主に数学で数列の和を表すときに使用される記号である．一般的には電池および内部抵抗が n 個の場合は次のように表現する．

$$\left.\begin{array}{l} E_0 = \sum_{k=1}^{n} E_k = E_1 + E_2 + E_3 + \cdots + E_{n-1} + E_n \\ r_0 = \sum_{k=1}^{n} r_k = r_1 + r_2 + r_3 + \cdots + r_{n-1} + r_n \end{array}\right\} \tag{3・18}$$

（2） 起電力の等しい電池の並列接続

図3・19（a）のように起電力 E [V]，内部抵抗 r [Ω] の電池を N 個並列に接続した場合について調べてみよう．この場合 R に流れる電流を I [A] とすれば，起電力も内部抵抗も全く等しいのであるから，各電池にはそれぞれ I/N [A] の電流が流れることになる．この場合，破線のように①の閉路にキルヒホッフの第2

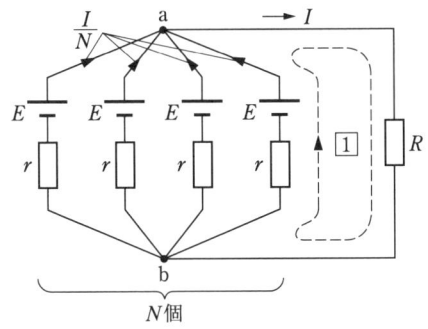

（a） 起電力 E [V]，内部抵抗 r [Ω] の電池を N 個並列にする　　（b） 等価回路

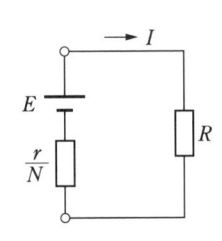

図3・19　等しい電池の並列接続の等価回路

第3章 キルヒホッフの法則と回路網の計算

法則を適用すると,

$$\frac{I}{N}r + IR = E \tag{3・19}$$

$$\therefore \quad I = \frac{E}{\frac{r}{N}+R} \tag{3・20}$$

として電流 I を知ることができる．このように N 個の等しい電池が並列に接続されている場合は，合成起電力は1個の場合と全く同じで，内部抵抗は r/N の図3・19(b)のような等価回路で置き換えることができる．したがって，負荷抵抗に対しては1個の電池の電流の N 倍の大電流が供給できるので，比較的低電圧大電流の負荷に適した接続法である．

（3）起電力の等しい電池の直並列接続

図3・20(a)に示すように，起電力 E 〔V〕，内部抵抗 r 〔Ω〕の電池を n 個直列に接続したものを N 組並列に接続し，これに R 〔Ω〕の外部抵抗を接続した場合について調べてみよう．

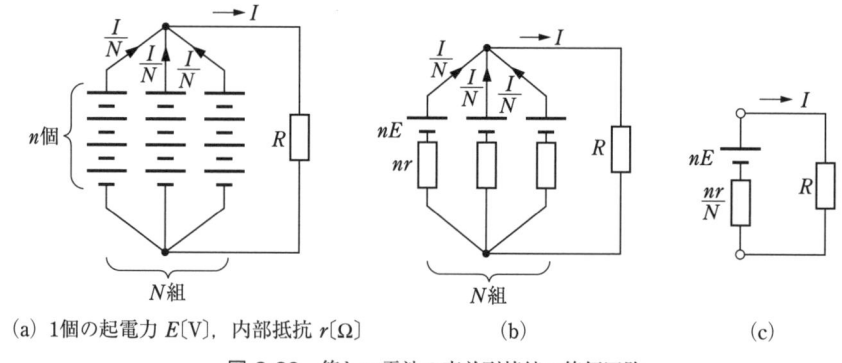

図 3・20　等しい電池の直並列接続の等価回路

これは，(1)項および(2)項で調べたように，n 個直列に接続した電池の起電力 nE 〔V〕，内部抵抗 nr 〔Ω〕の1個の電池に置き換えられるから，図(b)のように考えることができる．これはさらに，図(c)のように起電力が nE 〔V〕で内

部抵抗 nr/N 〔Ω〕の1個の電池に置き換えることができる．したがってこの場合の負荷電流 I は，

$$I = \frac{nE}{\frac{nr}{N} + R} \text{〔A〕} \tag{3・21}$$

として知ることができる．この接続法では全体の起電力を1個の電池の n 倍，全電流を N 倍にすることができるので，かなりの高い電圧で大電流が得られるが，実際には起電力や内部抵抗が不揃いになりやすく，次に学ぶような欠点が生じやすいのであまり実用的ではない．

（4）起電力の異なる電池の並列接続

一般に起電力の異なる電池などの電源は並列に接続して用いることはない．次に，この理由について調べてみよう．

図3・21のように，起電力 E_1, E_2〔V〕，内部抵抗 r_1, r_2〔Ω〕の2個の電池を並列に接続し，R〔Ω〕の外部抵抗に I〔A〕の電流を供給しているものとする．いま，各電池に流れる電流を図のように I_1, I_2 とすれば $I_2 = I - I_1$ であるから，$\boxed{1}$ の閉路から，

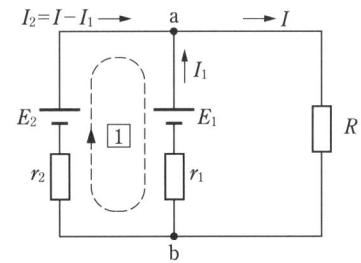

図 3・21　起電力の異なる電池の並列接続

$$(I - I_1) r_2 - I_1 r_1 = E_2 - E_1 \tag{3・22}$$

$$\therefore \quad I_1 = \frac{r_2}{r_1 + r_2} I - \frac{E_2 - E_1}{r_1 + r_2} \tag{3・23}$$

また，

$$I_2 = I - I_1 = \frac{r_1}{r_1 + r_2} I + \frac{E_2 - E_1}{r_1 + r_2} \tag{3・24}$$

として，両電池に流れる電流を知ることができる．この式(3・23)，(3・24)の右辺の第2項は，負荷電流 $I = 0$ のときでも流れる電流で，図3・22のように外部抵抗 R を切り放しても，電池相互間に循環して流れる．この電流を**循環電流**

(circulating current) という．この電流は $E_1 < E_2$ なら図 3・22 のように流れるが，$E_1 > E_2$ なら反対方向に流れ，$E_1 = E_2$ なら 0 になる．また，式 (3・23)，(3・24) の右辺の第 1 項は負荷電流が内部抵抗に反比例して分流することを表している．

このように起電力の異なる電池を並列に接続すると，負荷に対する分担電流のほかに循環電流が加わり，起電力の大きな電池の電流は増し，起電力の小さな電池の電流は減る．したがって，もし起電力の差がある程度大きくなれば，起電力の小さい電池の電流は逆向きに流れ，電源ではなくかえって負荷になって電気を無駄に消費する．この関係から電池に限らず，一般の発電機などの電源でも，起電力の異なる機器の並列接続（運転）は避けなければならない．

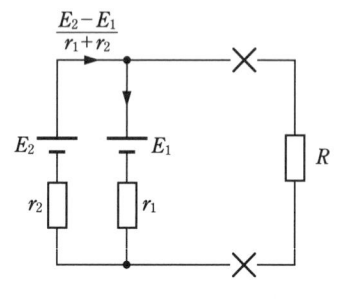

図 3・22 循環電流の考え方

例題 3・4

起電力 2 V，内部抵抗 0.15 Ω の電池 10 個を直列にして，両端にある負荷抵抗を接続したところ 1.6 A の電流が流れたという．接続した負荷抵抗の値はいくらか．

解答 式 (3・17) より $I = \dfrac{nE}{nr + R}$ を R について解く．

まず，両辺に $(nr + R)$ をかける．

$$I(nr + R) = nE \qquad \therefore \quad nrI + RI = nE$$

次に，nrI を右辺に移項し，両辺を I でわる．

$$R = \dfrac{nE}{I} - nr$$

R について解いた式を用いて各値を代入し計算する．

$$R = \dfrac{nE}{I} - nr = \dfrac{10 \times 2}{1.6} - 10 \times 0.15 = 12.5 - 1.5 = 11 \,[\Omega]$$

問 3・4 起電力 8 V，内部抵抗 0.15 Ω の同一電池 12 個を直列に接続し，

その端子間に負荷抵抗を接続したとき 2 A 流れた．この負荷抵抗はいくらか．

3・5 ホイートストンブリッジ

電気抵抗を計算するには，図 3・23 のように計ろうとする抵抗に電流を流し，電圧計Ⓥと電流計Ⓐを接続して，その指示値から，電圧 V [V] と電流 I [A] を知れば，オームの法則によって，$R=V/I$ [Ω] として知ることができる．このような抵抗の計り方を**電圧降下法**（voltage drop method）という．

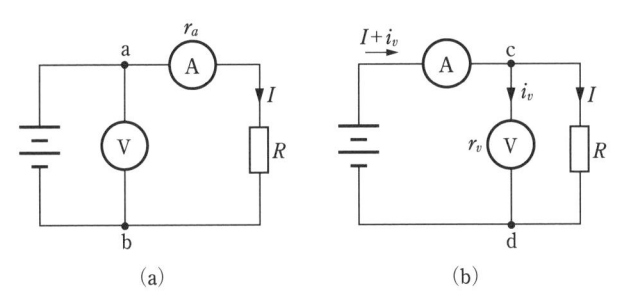

図 3・23 電圧降下法による抵抗の計り方

この方法は抵抗をあまり正確に計ることはできない．なぜなら，図 (a) では電流計Ⓐには小さい内部抵抗 r_a があり，Ir_a の電圧降下を生じ電圧計は正確な R の両端の電圧を示すことができない．また，図 (b) では電圧計にはかなり大きな内部抵抗 r_v があるが，$i_v=V/r_v$ の電流が流れるので，電流計は I の電流を正確には示すことができないからである．したがって，この抵抗測定法は実用上かなり使われているが，精密に抵抗を計るには次のような回路が用いられる．

図 3・24 のような回路を**ホイートストンブリ**

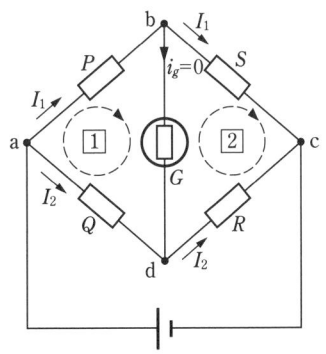

図 3・24 ホイートストンブリッジ

53

ッジ（Wheatstone bridge）という．図の P, Q, R, S の抵抗を適当に加減し，b, d 点の電位を等しくすれば，検流計 G に流れる電流 i_g を 0 にすることができる．この状態をブリッジが**平衡**（balance）したという．

このとき流れる電流を図のように I_1, I_2 と定めると，P と S を流れる電流は等しく I_1, Q と R を流れる電流は等しく I_2 である．するとキルヒホッフの第2法則から，

閉路$\boxed{1}$から

$$PI_1 + G \times 0 - QI_2 = 0 \quad \therefore \quad PI_1 = QI_2 \tag{3・25}$$

閉路$\boxed{2}$から

$$SI_1 - RI_2 - G \times 0 = 0 \quad \therefore \quad SI_1 = RI_2 \tag{3・26}$$

また，式(3・25), (3・26)から，

$$\frac{I_1}{I_2} = \frac{Q}{P} = \frac{R}{S} \tag{3・27}$$

$$\therefore \quad \frac{Q}{P} = \frac{R}{S} \quad \text{または} \quad PR = QS \tag{3・28}$$

の関係がある．これはブリッジが平衡したときは「対辺の抵抗の積がそれぞれ等しい」ということを意味し，**ブリッジの平衡条件**という．

この原理を応用して抵抗を計ることができる．すなわち，未知抵抗 S と可変抵抗 P, Q および R とでブリッジをつくり，G のところに微小電流の計れる検流計という計器を入れておく．そして P, Q, R を加減して G に流れる電流が 0 になったことがわかれば式(3・28)から，

$$S = \frac{P}{Q} R \tag{3・29}$$

として未知抵抗を計ることができる．これがホイートストンブリッジで抵抗を測定する原理である．

例題 3・5

図 3・25 のホイートストンブリッジにおいて，抵抗 R_3 を調整して 955 Ω にしたとき，スイッチ S を閉じても検流計 G に電流が流れなくなったという．未知抵抗 R_4 は何 Ω になるか．

解答 検流計 G に電流が流れないということはブリッジが平衡したということである．したがって，ブリッジの平衡条件（対辺の抵抗の積が等しい）から，

$$R_1 R_3 = R_2 R_4$$

$$\therefore R_4 = \frac{R_1}{R_2} R_3 = \frac{1 \times 10^3}{10} \times 955$$

$$= 95\,500$$

$$= 95.5 \times 10^3 \,[\Omega]$$

$$= 95.5 \,[\mathrm{k}\Omega]$$

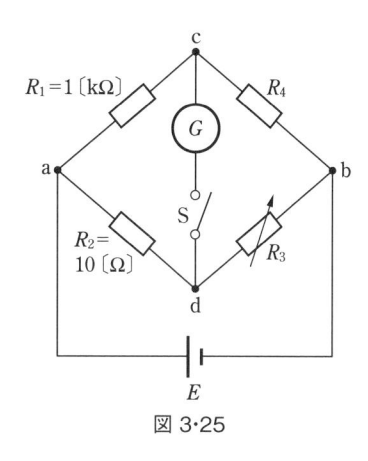

図 3·25

問 3・5 図 3・26 のブリッジ回路の検流計 G の振れが 0 になったとき，抵抗 X は何 Ω になるか．

図 3·26

3・6 電位差計の原理

図 3・27 (a) のように起電力 $E\,[\mathrm{V}]$，内部抵抗 $r\,[\Omega]$ の電池があった場合，この起電力を計ろうとして図 (b) のように r_v の抵抗をもった電圧計をつなげば，流れる電流 i は $E/(r+r_v)$ となる．ゆえに，このときの電圧計はその両端の電圧降下を指示するから，その値を V_v とすれば，

$$V_v = i r_v = \frac{r_v}{r + r_v} E \,[\mathrm{V}]$$

(3・30)

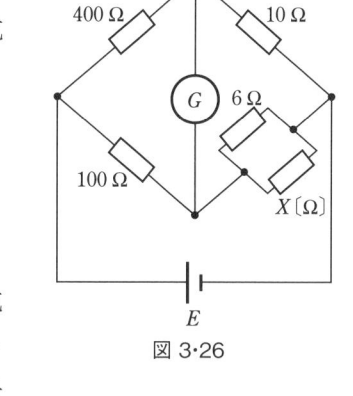

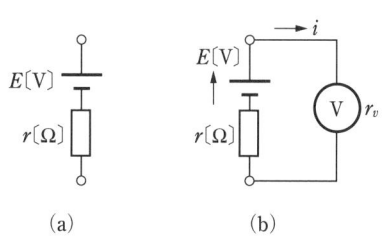

(a)　　(b)

図 3·27 電圧計では起電力を正確に計れない

となって，電池の内部抵抗 r があるので正確に起電力を知ることができない．

このため，電池の起電力を正確に計るには，電池に電流を流さないで計る方法でなくてはならない．この方法を用いたものが**電位差計**（potentiometer）である．次にこの原理を調べてみよう．

図3・28のような aOb の長い抵抗に起電力 E [V] の電源を接続し，I [A] の電流を流しておく．このとき電位は（＋）端子 a から（－）端子 b に向かってしだいに降下している．

次に，起電力 E_t [V]，内部抵抗 r_t [Ω]（$E > E_t$）の計ろうとする電池を持ってきて，その（＋）端子の

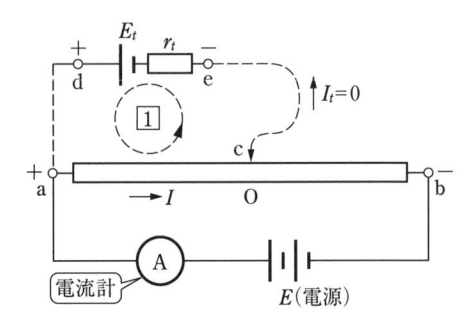

図3・28 起電力の測定回路

d と a 端子を接続すれば a と d は同電位となる．したがって，（－）端子の e に取り付けた接触端子 c を ab 線上ですべらせ，c の電位が ab 線上の O 点の電位と等しくなると，E_t に流れる電流は I_t は 0 になる．このときの aO 間の抵抗を R_{ao} として，閉路①にキルヒホッフの第2法則を適用すると，

$$0 \times r_t + IR_{ao} = E_t \quad \therefore \quad E_t = IR_{ao} \tag{3・31}$$

として知ることができる．この場合，E_t に電流が流れていないから，IR_{ao} は正確な E_t の起電力を示す．しかし電流 I は電流計Ⓐによって知るので電流計が正確でなければ，せっかくの正確さが欠けてしまう．このため実際には標準電池を用いて，一定起電力と比べて，次のように測定している．

図3・29のように接続し一定電流 I を流しておく．まずスイッチ K を起電力 E_s の標準電池側に入れる．c を移動させて，s 点で検流計 G の電流が0になったとき as 間の抵抗を R_{as} とすれば，式(3・31)と同じように，次の関係が成り立つ．

$$E_s = IR_{as} \tag{3・32}$$

次に，スイッチ K を試験電池 E_t 側にいれ，c を移動させて，t 点で検流計 G

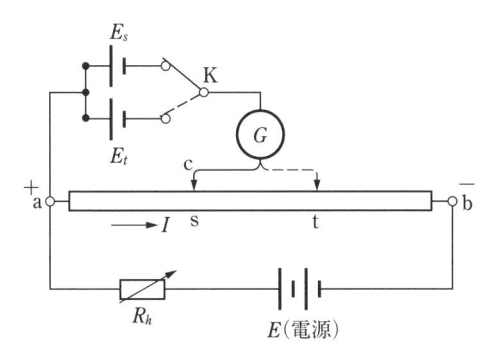

図 3·29 電位差計の原理

に流れる電流が0になったとすれば，at 間の抵抗を R_{at} として，
$$E_t = IR_{at} \tag{3·33}$$
になる．したがって，式(3·32)，(3·33)から次の関係がある．
$$E_t = \frac{R_{at}}{R_{as}} E_s \tag{3·34}$$

この場合，E_t は電流 I に関係なく，標準電池の電圧と直接比較するので極めて正確である．これが電位差計の原理である．

この原理を応用して，電気の実験や測定をする場合に負荷に流れる電流を，0から最大まで滑らかに加減したいことがある．このとき図3·30のような接続では摺動抵抗 R_h を用いても R_h が無限大の抵抗でないかぎり，電流 I が0付近の加減ができない．このような場合，図3·31のabのように摺動抵抗を用いて電位差計と同じような形に接続すると，図3·31のac間の電圧は0から最大まで

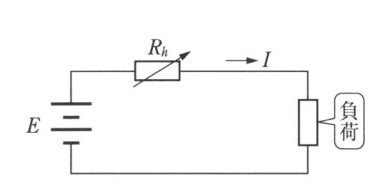

図 3·30 摺動抵抗 R_h を直列に接続

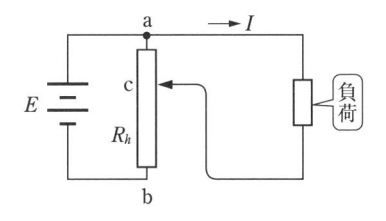

図 3·31 摺動抵抗 R_h の電位差計式の接続

変えることができる．したがって，負荷電流を0から最大までなめらかに加減することができる．このように摺動抵抗を接続することを電位差計式の接続という．

=== 章末問題 ===

1. 図3・32のような直流回路において，各抵抗 R_1, R_2, R_3 を流れる電流 I_1, I_2, I_3 の値を求めなさい．ただし，電池の内部抵抗は無視するものとし，$E_1=6$ V，$E_2=4$ V，$E_3=2$ V，$R_1=10$ Ω，$R_2=2$ Ω，$R_3=5$ Ω とする（閉路をたどる向き，I_1, I_2, I_3 の向きは各自で定めることとする）．

図3・32

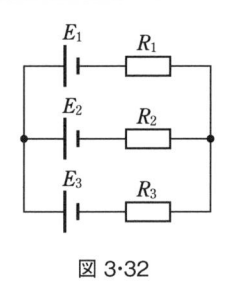

2. 次の文章の ☐ の中に適当な語句を埋めなさい．
   (1) ホイートストンブリッジの検流計の ① がゼロのとき，ブリッジが ② したといい，このときブリッジの ③ の抵抗の ④ は等しくなる．
   (2) 起電力の異なる電池を並列に接続すると ⑤ が流れ，電気をむだに消費する．

3. 図3・33に示すようなブリッジ回路で，スイッチKを閉じても開いても，電流計Ⓐは15 mAを示すという．
   (1) R の値を求めなさい．
   (2) 電池 E から見た合成抵抗 R_{ab} の値を求めなさい．

4. 起電力1.5 V，内部抵抗0.5 Ωの乾電池が10個ある．これを直列に接続し，これにある外部抵抗を接続したら，1.5 Aの電流が流れた．外部抵抗の値はいくら

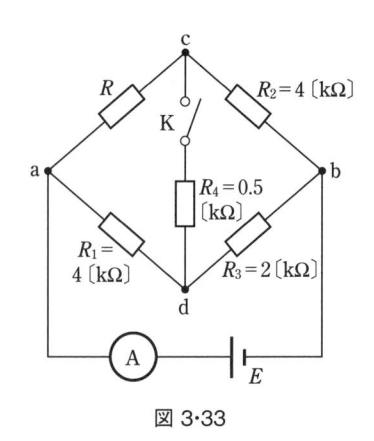

図3・33

か．

5. 起電力 1.4 V，内部抵抗 1 Ω の乾電池が 5 個ある．これをすべて並列に接続して 0.2 Ω の外部抵抗を接続したとき，これに流れる電流はいくらか．

6. 起電力 2 V の等しい乾電池 6 個を直列に接続したものを 5 組並列に接続して，7.82 Ω の外部抵抗を接続したところ，これに 1.5 A の電流が流れた．乾電池の内部抵抗はいくらか．

7. 図 3・34 のように 5 個の抵抗からできている回路がある．抵抗 ab 間＝bc 間＝5 Ω，抵抗 ad 間＝dc 間＝10 Ω，抵抗 bd 間＝5 Ω である．この回路の合成抵抗を求めなさい．

図 3・34

8. 図 3・35 のような P, Q, R のホイートストンブリッジの一辺に未知抵抗 X を接続して R を加減して検流計Ⓖに流れる電流を 0 にした．このときの X はいくらか．また全電流 I に対する Q に流れる電流 I_1 の比を求めなさい．

図 3・35

9. 図 3・36 の接続において AB，AEB，AE'B 間の抵抗をそれぞれ 20，100，80 Ω とし，電池 E, E' の起電力をそれぞれ 2 V，4 V とすると，AEB に流れる電流の大きさ，および方向を求めなさい．

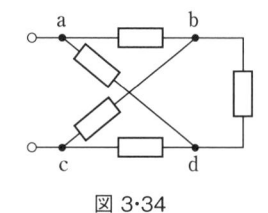

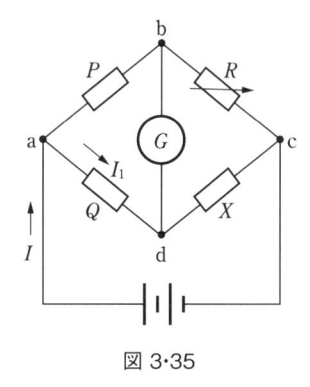

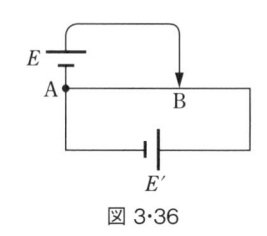

図 3・36

第4章
電気エネルギーと発熱作用

電気回路に電圧を加えて電流が流れると，電灯をつけたり，モータを回したりして，いろいろな仕事をする．ここで，この電気のなす仕事，すなわちエネルギーを表す電力や電力量について学び，さらに電気と熱との関係を調べることにする．

4・1 電気のする仕事

電気機器や器具に電圧を加えて，電流を流してやると発熱作用，磁気作用，化学作用などによって仕事をする．この仕事は電気エネルギーによってなされたものである．これは第1章で学んだ電圧の定義から，逆に「2点間に1ボルトの電圧を加え，1クーロンの電荷が移動すると1ジュールの仕事をする」ということができる．したがって，V [V] の電圧を加えて Q [C] の電荷が移動すれば VQ ジュールの仕事をする．ゆえに，電気エネルギーを**ジュール**（Joule／単位記号：J）の単位で表せば，一般に次の式で知ることができる．

$$\text{電気エネルギー} = VQ \text{ [J]} \qquad (4\cdot 1)$$

また電流 I [A] が t 秒間に流れると，電荷は $Q = It$ [C] になるから，電気エネルギーは次のようにも表すことができる．

$$\text{電気エネルギー} = VQ = VIt \text{ [J]} \qquad (4\cdot 1)'$$

4・2 電 力

電気回路において行われる仕事の量，すなわち電気エネルギーは式(4・1)で与

えられるが，この場合，1秒間当たりに行われる仕事の量を**電力**（electric power）または**消費電力**という．電力の単位は**ワット**（watt／単位記号：W）が用いられる．1ワットは1秒間当たりに1ジュールの仕事をする量である．したがってワットはジュール毎秒（J/s）の単位と同じである．

この関係から V〔V〕の電圧を加え，t 秒間に Q〔C〕の電荷が移動したときの電力 P は，

$$P = \frac{VQ}{t} \text{ 〔W〕} \tag{4・2}$$

になる．この場合 Q/t は1秒間に通過する電荷（電気量）であり，式(1・1)で学んだように電流 I〔A〕を表すから，

$$P = VI \text{ 〔W〕} \tag{4・3}$$

で表すこともできる．すなわち，電力 P は電圧 V と電流 I の積である．

したがって，図4・1のように R〔Ω〕の抵抗に V〔V〕の電圧を加えたとき I〔A〕の電流が流れたとすれば，$V = IR$，$I = V/R$ の関係があるから，電力は，

$$P = VI = IR \cdot I = I^2 R \text{ 〔W〕} \tag{4・4}$$

$$P = VI = V \cdot \frac{V}{R} = \frac{V^2}{R} \text{ 〔W〕} \tag{4・5}$$

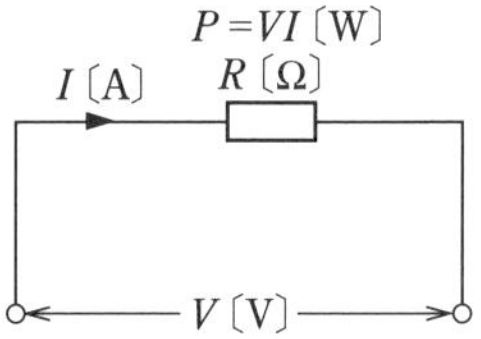

図4・1 電力

の形で表すこともできる．

なお，これらの電力を表すワットの単位は，極めて小さいときは**ミリワット**（milliwatt／単位記号：mW），また，大きい電力のときは**キロワット**（kilowatt／単位記号：kW），**メガワット**（megawatt／単位記号：MW）の単位が用いられる．これらの単位には次のような関係がある．

$$\left. \begin{array}{l} 1 \text{ mW} = \dfrac{1}{1\,000} \text{ W} \\ 1 \text{ kW} = 1\,000 \text{ W} \\ 1 \text{ MW} = 1\,000\,000 \text{ W} \end{array} \right\} \tag{4・6}$$

第4章　電気エネルギーと発熱作用

例題 4・1

ある電灯に 100 V の電圧を加えると 0.2 A の電流が流れる．この電灯の消費電力はいくらか．

解答　式(4・3)より電力 P は，
$$P = VI = 100 \times 0.2 = 20 \text{ [W]}$$

例題 4・2

100 V の電圧を加えたとき，100 W の電力を消費する抵抗 R_1 と 400 W の電力を消費する抵抗 R_2 を直列に接続して，その両端に 200 V の電圧を加えたらいくらの電力を消費するか．

解答　まず R_1 と R_2 の抵抗値を求める．式(4・5)より，

$V = 100$ V，$P = 100$ W の抵抗 R_1 は，
$$R_1 = \frac{V^2}{P} = \frac{100^2}{100} = 100 \text{ [}\Omega\text{]}$$

$V = 100$ V，$P = 400$ W の抵抗 R_2 は，
$$R_2 = \frac{V^2}{P} = \frac{100^2}{400} = 25 \text{ [}\Omega\text{]}$$

となる．次にこの R_1 と R_2 を直列に接続した，両端に 200 V の電圧を加えたときの消費電力 P は式(4・5)より，

$$P = \frac{V^2}{R} = \frac{V^2}{R_1 + R_2} = \frac{200^2}{100 + 25} = \frac{40\,000}{125} = 320 \text{ [W]}$$

問 4・1　　20 [Ω] の負荷に 5 A の電流が流れているとき，その負荷の消費電力はいくらか．

問 4・2　　100 V 用 80 W の電球の抵抗と定格電圧時に流れる電流を求めよ．

問 4・3　　ある抵抗に 50 V の電圧を加えたとき，2.5 A の電流が流れたという．この抵抗で消費された電力はいくらか．

4・3　電力量

電気の仕事，すなわち電気エネルギーが VQ [J]（ジュール）で表されることは，すでに式(4・1)で学んだが，この電気エネルギーを**電力量**（electric energy）という．すなわち，ある電力で一定時間内になされた電気的な仕事量のことを電力量というのである．

電力量を W とすると，

$$W = VQ \text{ [J]} \tag{4・7}$$

で表される．また式(1・1)より，I [A] が t 秒間流れれば $Q = It$ [C] であり，電力 $P = VI$ [W] であるから，

$$W = VIt \text{ [J]} \quad \text{または} \quad W = Pt \text{ [J]} \tag{4・8}$$

と表してもよいわけである．そして，P はワット，t は秒の単位であるから，ジュールはワット秒 [W・s] の単位と同じことを表している．

なお，式(4・8)で，時間に [秒] の単位を用いたジュールの単位は，実用的には比較的小さな単位なので，時間に [時] の単位を用いた**ワット時**（watt-hour／単位記号：W・h）あるいは，この1 000倍の**キロワット時**（kilowatt-hour／単位記号：kW・h）の単位を用いる．これらの単位の間には次のような関係がある．

$$\left.\begin{array}{l} 1 \text{ [W・h]} = 3\,600 \text{ [W・s]} \quad (\text{あるいは [J]}) \\ 1 \text{ [kW・h]} = 1\,000 \text{ [W・h]} \end{array}\right\} \tag{4・9}$$

この関係から，V [V] の電圧を加えて I [A] の電流を T 時間通じたときの電力量 W_0 は，次式で計算することができる．

$$\left.\begin{array}{l} W_0 = VIT \text{ [W・h]} \\ W_0 = \dfrac{VIT}{1\,000} \text{ [kW・h]} \end{array}\right\} \tag{4・10}$$

例題 4・3

ある電灯に100 Vの電圧を加えると0.6 Aの電流が流れた．この電灯を100 Vの電圧で連続して10時間点灯したときに消費する電力量を求めなさい．

解答　電力量 W（W・sまたはJ）は式(4・8)から，

第4章 電気エネルギーと発熱作用

$$W = VIt = 100 \times 0.6 \times 10 \times 60 \times 60$$
$$= 2\,160\,000\,[\text{W·s}] \quad (\text{あるいは}\,[\text{J}])$$

となる．これでは，だいぶ大きな数となるので，〔W·h〕あるいは，〔kW·h〕を用いて表すのが一般的である．式(4・10)から，

$$W_0 = VIT = 100 \times 0.6 \times 10 = 600\,[\text{W·h}] = 0.6\,[\text{kW·h}]$$

問 4・4　ある抵抗に 100 V の電圧を加え，0.2 A の電流を 10 分間流したときの電力量は何 W·h か．

問 4・5　25 Ω の抵抗に 100 V の電圧を 5 時間加えたときの電力量を J，W·h，kW·h で示せ．

問 4・6　120 Ω の抵抗線を 6 本並列に接続し，その端子間に 100 V の電圧を加え，2 時間連続して電流を流せば，電力量は何 J か．

4・4　電力計と電力量計

負荷の電力を測定するには，電圧計と電流計を用いて，負荷の両端の電圧 V と負荷の電流 I を知れば，電力は VI として知ることができるが，これを直接測定するには，**電力計**（wattmeter）を用いる．電力計は電圧コイルと電流コイルの二つのコイルをもち，これを図 4・2 のように電圧コイルに電圧が加わり，電流コイルに電流が流れるように接続すると，指針が負荷電力 VI を示すようになっているものである．

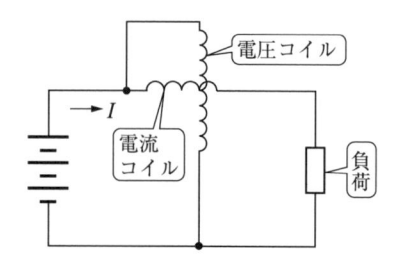

図 4·2　電力計のつなぎ方

また，電力量を積算するには**電力量計**（watthour meter）を用いる．これには電力計と同じように電圧コイルと電流コイルがあり，電力量を全部計量する計量装置がついていて，電力量を目盛りから読み取るようにできている．詳細な原理は電気計測の分野で学んでいただきたい．

4・5 効 率

　ある回路に電圧を加えて電流が流れている場合は，その電気エネルギーを消費して，いろいろな仕事をする．この電気エネルギーは起電力を持つ電源や発電機，電池などによって供給される．

　図4・3で示すように起電力 E〔V〕，内部抵抗 r〔Ω〕の電源から，R〔Ω〕の抵抗に電力を供給する場合の電力について考えてみよう．

　この場合，電池は E〔V〕の起電力で I〔A〕の電流を供給しているから，電池で発生した電力 P_0 は，

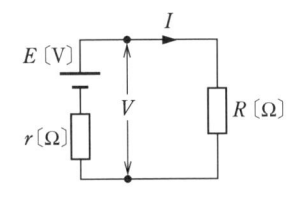

$$P_0 = EI \text{〔W〕} \qquad (4・11)$$

図4・3　損失電力（抵抗損）

である．いま電池の端子電圧 V とすれば，式(2・32)から $E = V + Ir$ になるから上式は，

$$P_0 = VI + I^2 r = P + I^2 r \qquad (4・12)$$

になる．この式で $P = VI$ は，電池が外部の R〔Ω〕の抵抗に供給している電力であるから，これを電池の**出力**（output）という．また $I^2 r$ は電池の内部で消費される電力で，結局次節で学ぶように熱損失になってしまうものである．このように抵抗 r 中の損失を**抵抗損**あるいは**損失電力**という．したがって，式(4・12)を言葉でいい表すと，

$$\text{発生電力} = \text{出力} + \text{内部抵抗中の損失} \qquad (4・13)$$

ということになる．このことからわかるように，電池の出力 P は発生電力 P_0 よりも電池内部の損失だけ小さい．この場合 P/P_0 は電力が有効に使われる率という意味で，電池の**電気効率**（electric efficiency）あるいは単に**効率**（efficiency）という．

　以上は，電池のような電源の効率について考えたのであるが，発電機などの場合は，このような抵抗損のほかに，回転する場合の機械的損失やその他の損失も生ずるので，単に電気効率だけを考えたのでは全体の効率を考えることができない．このため，一般には機械全体の損失などを考慮に入れて，**出力**（output）と

第4章 電気エネルギーと発熱作用

供給された電力, すなわち**入力**(input)の比を効率といっている. すなわち,

$$\text{効率} = \frac{\text{出力}}{\text{入力}} = \frac{P}{P_0} \tag{4・14}$$

そして, その機器全体の総損失を考えると, 次の関係がある.

$$\text{入力} = \text{出力} + \text{総損失} \quad , \quad \text{出力} = \text{入力} - \text{総損失} \tag{4・15}$$

したがって, 式(4・14)は次のようにして表すことができる.

$$\text{効率} = \frac{\text{出力}}{\text{出力} + \text{総損失}} = \frac{\text{入力} - \text{総損失}}{\text{入力}} \tag{4・16}$$

一般的に効率を表すときは百分率で表す. したがって式(4・16)は次のようにも表せる.

$$\text{効率} = \frac{\text{出力}}{\text{出力} + \text{総損失}} \times 100 = \frac{\text{入力} - \text{総損失}}{\text{入力}} \times 100 \, [\%] \tag{4・16}'$$

また, 図4・3において, P を出力, P_0 を入力(供給電力), $I^2 r$ を総損失とすると効率 η(イータ)は次のようになる.

$$\eta = \frac{P}{P_0} \times 100 = \frac{P_0 - I^2 r}{P_0} \times 100 = \frac{P}{P + I^2 r} \times 100 \, [\%] \tag{4・17}$$

例題 4・4

図4・4において, 起電力 $E = 2\,\mathrm{V}$, 内部抵抗 $r = 0.2\,\Omega$ の電池に $3.8\,\Omega$ の外部抵抗 R を接続したとき, 電池の供給電力, 出力, および効率はいくらになるか.

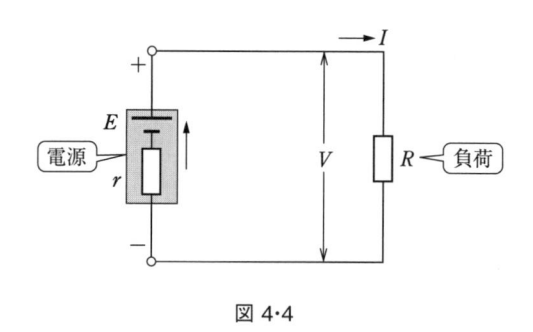

図 4・4

解答 まず, 回路に流れる電流 $I\,[\mathrm{A}]$ を求めると,

$$I=\frac{E}{r+R}=\frac{2}{0.2+3.8}=0.5\,[\mathrm{A}]$$

したがって,

供給電力　　　$P_0=EI=2\times0.5=1\,[\mathrm{W}]$

負荷の端子電圧　$V=E-Ir=2-0.5\times0.2=1.9\,[\mathrm{V}]$

出力　　　　　$P=VI=1.9\times0.5=0.95\,[\mathrm{W}]$

効率　　　　　$\eta=\dfrac{P}{P_0}\times100=\dfrac{0.95}{1}\times100=95\,[\%]$

問 4・7　ある発電機の出力が 10 kW のとき,総損失が 1.2 kW であったとすると発電機の効率はいくらか.

4・6　ジュールの法則

電気回路に供給される電気エネルギーのうち,電気抵抗 $R\,[\Omega]$ に電流 $I\,[\mathrm{A}]$ を t 秒間流したときの電気エネルギーは,式(4・4)および式(4・8)から,

$$W=Pt=I^2Rt\,[\mathrm{J}] \quad (あるいは\,[\mathrm{W\cdot s}]) \tag{4・18}$$

で表される.このように電気抵抗に与えられたエネルギーはジュール(James Prescott Joule,1818～1889 年,イギリス)により,全部熱エネルギーに変換されることが実験的に証明された.すなわち,

「抵抗内に消費される電気エネルギーは,すべて熱エネルギーに変換される」

これを**ジュールの法則**(Joule's law)といい,このときに発生する熱を**ジュール熱**(Joule's heat)という.したがって,図 4・5 のように抵抗 $R\,[\Omega]$ に $V\,[\mathrm{V}]$ の電圧を t 秒間供給したときに発生する熱量 H は,

$$H=I^2Rt=VIt=\frac{V^2}{R}t\,[\mathrm{J}] \tag{4・19}$$

として知ることができる.

熱量の単位としては,工業的にはジュールの単位

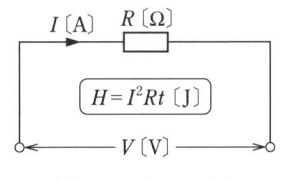

図 4・5　ジュール熱

をそのまま用いることがあるが，一般的には**カロリー**（carolie／単位記号：cal）という単位を用いる．1 cal の熱量は 4.186 J の熱エネルギーに相当するので，発生熱量をカロリーの単位で算出するには，

$$H=\frac{I^2Rt}{4.186}\fallingdotseq 0.239I^2Rt \;[\text{cal}] \tag{4・20}$$

として知ることができる．

> **参考** 1 cal の熱量の定義
> 質量 1 g の水の温度を 1℃上昇させるのに要する熱量を 1 cal という．

例題 4・5

ある抵抗中に 1 kW·h の電力量を消費したとき発生する熱量は何 kcal か．ただし，1 kcal＝1 000 cal とする．

[解答] 1 kW·h＝1 000 W·h＝1 000×60×60＝3.6×10⁶ J

したがって，1 cal＝4.186 J であるから，電気エネルギーによる発生熱量は，

$$H=\frac{3.6\times 10^6}{4.186}\fallingdotseq 0.86\times 10^6 = 860 \;[\text{kcal}]$$

すなわち，1 kW·h＝860 kcal である．

例題 4・6

抵抗 25 Ω の電熱器に 100 V の電圧を加え，電流を 30 秒間流したとき，発生する熱量は何 J か，また何 cal か．

[解答] まず，電熱器に流れる電流 I は，

$$I=\frac{V}{R}=\frac{100}{25}=4 \;[\text{A}]$$

したがって，この電流 I を 25 Ω の電熱器に 30 秒間流したときの発生熱量 H 〔J〕は式(4・19)から，

$$H=I^2Rt=4^2\times 25\times 30=12\,000 \;[\text{J}]$$

また，熱量をカロリーの単位で求めると，式(4・20)から，

$$H = 0.239 I^2 R t = 0.239 \times 12\,000 = 2\,868 \,[\text{cal}]$$

問 4・8　抵抗 40 Ω の電熱器に 5 A の電流を 20 秒間流したときに発生する熱量は何 J か．また，何 kcal か．

問 4・9　ある抵抗に流れる電流が 2 倍になると，同一時間内に発生する熱量は何倍になるか．

4・7　電線の許容電流とヒューズ

　電線などの導体に電流 I_1 を流すと，導体の抵抗 R によって 1 秒ごとに $I_1^2 R$ 〔J〕の熱量が発生し，伝導，対流，放射によって放散する．これらの放散熱量は導線の温度が上昇するに従い，ほぼ図 4・6 のようにしだいに増加する．このため時間とともに導線の温度の上がり方が少なくなり，ある時間後には 1 秒間に発生する熱量と放散熱量が等しくなって，一定温度 T_1 に落ちつくことになる．したがって，もし同じ導線に I_1 より大きな I_2 の電流を流すと，発生熱量が図 4・6 の点線のようになるので，このときの一定温度は T_1 より高い温度 T_2 に落ちつくことになる．もし，この温度が高すぎると，絶縁電線や電気機器などの絶縁を害したり，導線を劣化させたりする．このため電気設備技術基準によって，絶縁導線には安全に流すことができる最大電流がある．この電流を**許容電流**（allowable current）という．

　導体に許容電流以上の電流が流れると，電線や機器の寿命が短くなり，場合によっては火災のおそれさえ生ずる．このため導線はその許容電流以下で使用するのが当然である．しかし，図 4・7 のようにコードなどの 2 線が直接接触する

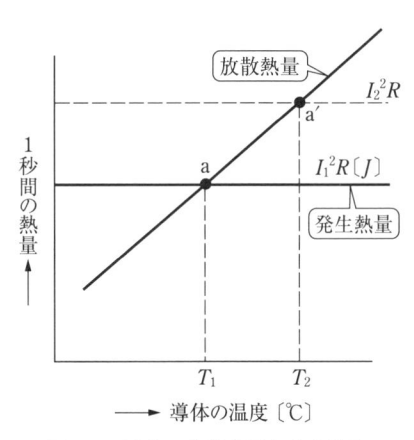

図 4・6　導体の放散熱量と発生熱量

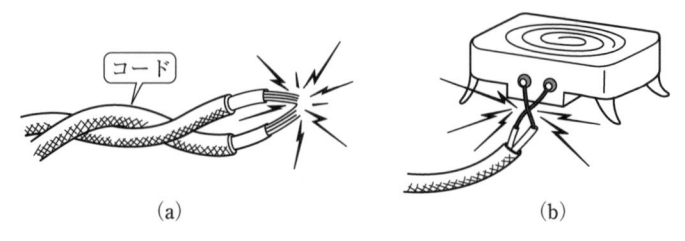

図 4·7 短絡（ショート）のいろいろ

ような場合，すなわち**短絡**（short）の状態のときは，回路内には過大な電流が流れて危険である．このような短絡事故に備えて，ある程度以上の電流が流れると，回路を遮断し危険を防止する装置として，**ヒューズ**（fuse）や**過電流遮断器**（overcurrent breaker）を回路に接続する．

ヒューズとは，溶融点の低い金属を回路に直列に接続しておき，ある程度以上の電流が流れるとジュール熱で溶断し回路を遮断するものである．

4·8 熱電気現象

いままで導体に電流が流れると熱が発生することを学んだが，熱によって導体に起電力が生じたり，また電流によってジュール熱以外の熱が生ずる現象がある．このような現象を一般に**熱電気現象**，または**熱電効果**と呼んでいる．これらの現象にはゼーベック効果，ペルチエ効果，トムソン効果などがある．つぎにこれらについて学ぶことにしよう．

（1）ゼーベック効果

図4·8のように2種類の違った金属で一つの回路をつくり，その二つの接続点を違った温度に保つと，その接続点に起電力が発生，電流が流れる現象がある．このような起電力を**熱起電力**（thermo-electormotive force），電流を**熱電流**（thermo-

図 4·8 ゼーベック効果

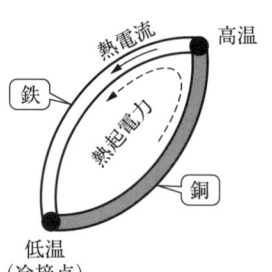

electric current）といい，この 2 種類の金属を組み合わせたものを**熱電対**（thermo couple）という．この現象はゼーベック（Thomas Johann Seebeck, 1770〜1831 年，ドイツ）によって発見されたので**ゼーベック効果**（Seebeck effect）という．

　熱起電力の大きさは，二つの金属の種類によって異なり，熱起電力の方向は二つの金属の組み合わせによって定まる．種々の金属の白金に対する熱起電力の例を表 4・1 に示す．冷接点を 0°C，高温接点を 100°C にしたときの値である．

表 4・1　種々の金属の白金に対する熱起電力（0：100°C）

金　属	熱起電力〔mV〕	金　属	熱起電力〔mV〕	金　属	熱起電力〔mV〕
ビ ス マ ス	−7.34	鉛	+0.44	金	+0.78
コンスタンタン	−3.51	黄　　　銅	+0.60	カ ド ミ ウ ム	+0.90
ニ ッ ケ ル	−1.48	マ ン ガ ニ ン	+0.61	コ バ ル ト	−1.33
水　　　　銀	+0.045	炭　　　素	+0.70	鉄	+1.98
白　　　　金	—	銀	+0.74	ア ン チ モ ン	+4.89
タ ン タ ル	+0.33	亜　　　鉛	+0.76		
アルミニウム	+0.42	銅	+0.76		

熱起電力は 0°C の接続点で白金の方に向かうものを +，反対のものを − とする．
（理科年表 2006 年度版）

　この熱起電力は 3 種の金属がある場合，2 種の金属がそれぞれ第 3 の金属に対する熱起電力がわかっているとき，その熱起電力の差が 2 種の起電力に等しいことが知られている．

　したがって，表 4・1 と同一条件のとき，任意の二つの金属の間の熱起電力を知ることができる．例えば表から銅と白金は +0.76 mV，コンスタンタンと白金は −3.51 mV であるから，銅とコンスタンタンに 0°C と 100°C の温度差を与えたときは，

$$E = 0.76 − (−3.51) = 4.27 \,[\text{mV}] \tag{4・21}$$

の熱起電力を発生することがわかる．

　なお，図 4・9 のように A と B，2 種の金属の間に第 3 の金属 C が接続されたときの熱起電力

図 4・9　中間金属（挿入）の法則

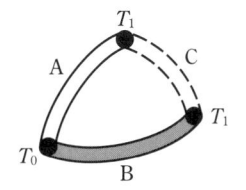

は，第3の金属Cと他の金属A，Bとの接合部の温度がそれぞれ T_1 で等しければAとB，2種の金属間の熱起電力と変わらないことが知られている．これを**中間金属（挿入）の法則**（law of intermediate metals）という．

（2）ペルチエ効果

ゼーベック効果と逆に，2種の金属の接合部に電流を流すと電流の流れる方向によって，ジュール熱によらない熱の発生または吸収現象が生じる．例えば，図4・10のように，銅とコンスタンタンの接合部に，銅からコンスタンタンの方向

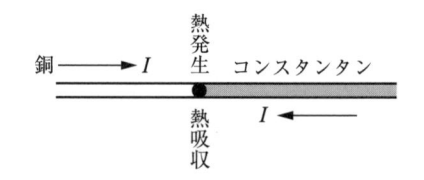

図4・10 ペルチエ効果

に電流を流せば熱を発生し，逆の方向に電流を流せば熱を吸収する．この現象はペルチエ（Jean Charles Athanase Peltier，1785～1845年，フランス）によって，1834年に発見されたので**ペルチエ効果**（Peltier effect）といわれる．したがって，適当な材料を2種組み合わせたものを数多く直列にして電流を流せば，電流の方向により熱を吸収する装置をつくることができる．これが電子冷凍機の原理である．

（3）トムソン効果

ゼーベック効果，ペルチエ効果の現象は，異種の金属の接合部における現象であるが，同一金属であっても2点間の温度差があると，熱の発生と吸収の現象が起こる．例えば，電流が高温部から低温部に向かって流れた場合，銅，アンチモンなどでは熱が発生し，鉄，ニッケル，白金，ビスマス，水銀などでは熱を吸収することが知られている．この現象はトムソン（William Thomson，1851～1886年，イギリス）によって発見されたので**トムソン効果**（Thomson effect）といわれている．

章末問題

1. 100 V で 600 W の電熱器の電熱線の抵抗はいくらか．
2. 20 Ω の抵抗に 100 V の電圧を加えたときの電力はいくらか．
3. 100 V で 350 W を消費する電気アイロンがある．電圧が 80 V の回路では消費する電力は何 W になるか．
4. ある巻線の中に流れる電流が 3 倍になると，巻線中の消費電力は何倍になるか．
5. 100 V で 2 kW の電熱器と 200 V で 2 kW の電熱器では，どちらの抵抗が大きいか．
6. 20 Ω の抵抗に 5 A の電流を 15 分間流したときの電力量は何 W·s か，また何 W·h か．
7. ある家庭で 1 日に使用する電気機器はつぎのとおりである．1 日の電力量は何 W·h か．
   - 60 W の電灯 5 灯（9 時間）
   - 40 W の蛍光灯 6 灯（9 時間）
   - 200 W のテレビ 1 台（5 時間）
   - 350 W の電気掃除機 1 台（40 分）
   - 250 W の電気洗濯機 1 台（30 分）
8. 起電力 2.2 V，内部抵抗 0.1 Ω の電池に 1 Ω の外部抵抗を接続したときの出力はいくらか．また，このときの電池の効率はいくらか．
9. 次の文章の ☐ に当てはまる適当な語句を答えなさい．
   2 種の異なる金属で回路をつくり，二つの ① を異なる ② に保つと，① に ③ を生じ，④ 電流が流れる．これをゼーベック効果という．
10. 次の文章の ☐ に当てはまる適当な語句を答えなさい．
    電子冷凍機は ① の金属の ② に電流を流すとき，その電流の方向によって熱が ③ あるいは ④ する現象を利用したものである．
    この現象をペルチエ効果という．

第5章

抵抗の性質

　第2章で学んだように，電気抵抗は電気回路のきわめて大切な要素である．ここで，この電気抵抗の性質や種類について，詳しく調べることにしよう．

5・1　電気抵抗と抵抗率

　一般に物質の中を電流が流れるとき，すなわち電子が移動する場合，電流の流れる方向に垂直な断面積が増せば，電子は広い通路を流れるので抵抗は少なくなり，電子の流れる距離が長くなれば，抵抗は多くなってくる．したがって，抵抗は電流の流れる方向に対して，「断面積に反比例し，長さに比例する」ということができる．すなわち，いま断面積を S，長さを l，抵抗を R すれば，

$$R \propto \frac{l}{S} \quad (\propto は比例するという数学の記号) \tag{5・1}$$

で表すことができる．また，比例定数を ρ（ギリシャ文字でローと読む）とおけば上式は，

$$R = \rho \frac{l}{S} \tag{5・2}$$

の等式で表される．この比例定数 ρ は単位断面積，単位長さの抵抗を表しているわけで，この ρ のことを，その物質の**抵抗率**（resistivity）あるいは**固有抵抗**（specific resistance）という．

　この抵抗率は，電子が物質の中を移動するときに，物質の中の自由電子の数や原子や分子の構造によって電子の受ける電気抵抗が異なるため，物質の種類によって異なる．また同一材質であっても温度や焼入れ，焼きなまし，圧延の状態な

5・1 電気抵抗と抵抗率

どによっても変化することが知られている．

抵抗率 ρ の単位は，式(5・2)でもわかるように，比例定数であるから，S や l の単位のとり方によって異なる．すなわち R 〔Ω〕，S 〔m²〕，l 〔m〕の単位を用いれば，式(5・2)から，

$$\rho = \frac{R\,[\Omega]\cdot S\,[\mathrm{m}^2]}{l\,[\mathrm{m}]} = \frac{RS}{l}\left[\frac{\Omega\cdot \mathrm{m}^2}{\mathrm{m}}\right] = \frac{RS}{l}\,[\Omega\cdot\mathrm{m}] \tag{5・3}$$

となり，ρ は**オームメートル**（ohmmeter／単位記号：Ω・m）の単位で表される．したがって，抵抗率を ρ 〔Ω・m〕と書けば，図5・1(a)，(b)のような断面積が 1 m²，長さ 1 m の材料の抵抗が ρ 〔Ω〕であることを意味する．

図 5・1　抵抗率

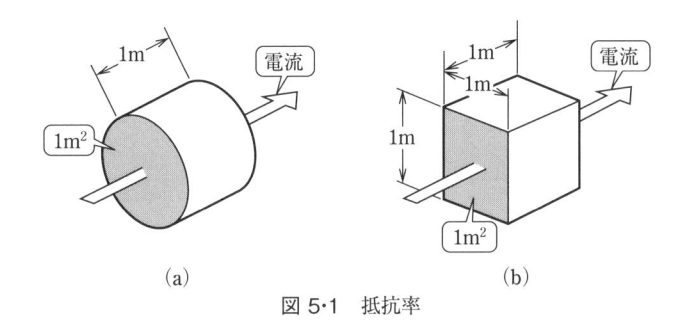

標準軟銅の抵抗率は，20℃，比重 8.89 のとき，1.7241×10^{-8} Ω・m に定められている．表5・1 は一般の金属類の抵抗率を示す．

抵抗率に対して物質の電流の通りやすさを表すのに，抵抗率の逆数を用いる．これを**導電率**（conductivity）という．すなわち，抵抗率 ρ 〔Ω・m〕の導電率 σ（ギリシャ文字でシグマと読む）とすれば，

$$\sigma = \frac{1}{\rho}\,[\mathrm{S/m}] \tag{5・4}$$

であり，単位は 1/Ω・m であるので**ジーメンス毎メートル**（siemens per meter／単位記号：S/m）で表される．

また，導体などの抵抗をわかりやすく比べるために，標準軟銅の導電率を

第5章 抵抗の性質

表5・1 金属元素および合金の抵抗率・％導電率・温度係数

種別		抵抗率 $\times 10^{-8}$ [$\Omega \cdot m$]	％導電率 (IACS％)	温度係数 [℃$^{-1}$] $\times 10^{-3}$ (0-100℃)	融点 [℃]
金属	銀（Ag）	1.62	106.4	3.8	961
	純銅（Cu）	1.673	103.1	4.3	1 083
	標準軟銅	1.7241	100	3.9	1 083
	金（Au）	2.4	71.8	3.4	1 063
	アルミニウム（Al）	2.66	64.8	4.2	660
	硬アルミニウム	2.82	61.1	3.9	660
	タングステン（W）	5.5	31.3	4.5	3 370
	亜鉛（Zn）	5.92	29.1	3.7	419
	ニッケル（Ni）	6.844	25.2	6	1 452
	鉄（Fe）	9.71	17.8	5	1 535
	白金（Pt）	10.5	16.4	3	1 755
合金	低炭素鋼	13.3～13.4	12.9～13.0		1 497
	けい素鋼	20～62	2.8～8.6		1 477～1 517
	パーマロイ	60	2.9		1 437～1 457
	7/3 黄銅	6.2	27.8		916～954
	りん青銅	13.0	13.3		954～1 049
	洋白	29.0	5.9		1 021～1 110

(電気工学ハンドブック・新版, 機械工学便覧)

100％としたとき，それに対する各種の導体の導電率の比を％で表したものを**％導電率**（percentage conductivity）という．

$$％導電率 = \frac{その物質の導電率}{標準軟銅の導電率} \times 100 \, [\%] \tag{5・5}$$

表5・1に各種材料の％導電率を示した．これによると導体のうち最も導電率のよいのが銀で，次に銅，金，アルミニウムの順になっている．

例題5・1

物質の抵抗率を表すのに，図5・2(a)のように断面積1cm²，長さ1cmで表す場合や，電線などの場合は図(b)のように断面積1mm²，長さ1mのものの抵抗値で表すことがある．このときの抵抗率の単位はどのように表されるかを調べてみよう．

解答 図5・2(a)，(b)の抵抗率も式(5・2)と同様に単位を入れて計算していく．図(a)の抵抗率を ρ_a，図(b)の抵抗率を ρ_b とすれば，

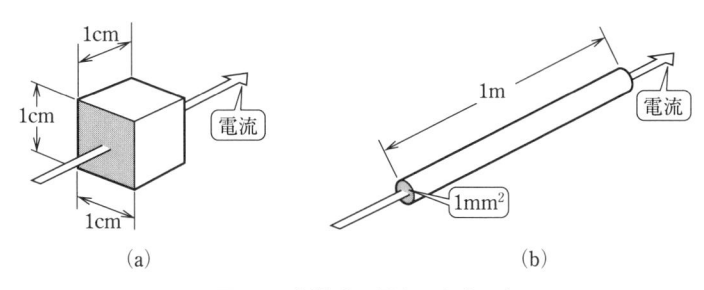

図 5·2　抵抗率の異なった表し方

$$\rho_a = \frac{R\,[\Omega] \cdot S\,[\text{cm}^2]}{l\,[\text{cm}]} = \frac{RS}{l}\left[\frac{\Omega \cdot \text{cm}^2}{\text{cm}}\right] = \frac{RS}{l}\,[\Omega \cdot \text{cm}]$$

したがって，ρ_a の単位は $[\Omega \cdot \text{cm}]$ で表される．

$$\rho_b = \frac{R\,[\Omega] \cdot S\,[\text{mm}^2]}{l\,[\text{m}]} = \frac{RS}{l}\left[\frac{\Omega \cdot \text{mm}^2}{\text{m}}\right]$$

したがって，ρ_b の単位は $[\Omega \cdot \text{mm}^2/\text{m}]$ で表される．

例題 5·2

抵抗率 $2.66 \times 10^{-8}\,[\Omega \cdot \text{m}]$ のアルミ線がある．その断面積が $2\,\text{mm}^2$，長さ $500\,\text{m}$ のときの抵抗の値はいくらか計算しなさい．

解答　まず抵抗率の単位が $[\Omega \cdot \text{m}]$ なので，断面積の単位を $[\text{m}^2]$ の単位に換算して代入する．

$$S = 2\,[\text{mm}^2] = 2 \times (10^{-3})^2 = 2 \times 10^{-6}\,[\text{m}^2]$$

したがって，式 (5・2) より，

$$R = \rho \frac{l}{S} = 2.66 \times 10^{-8} \times \frac{500}{2 \times 10^{-6}} = 6.65\,[\Omega]$$

問 5·1　直径 $1\,\text{mm}$，長さ $10\,\text{m}$ の銅線の抵抗はいくらか．ただし，銅の抵抗率は $1.673 \times 10^{-8}\,\Omega \cdot \text{m}$ とする．

問 5·2　硬アルミニウム線の抵抗率は $2.82 \times 10^{-8}\,\Omega \cdot \text{m}$ である．では，導電率はいくらか．また，%導電率はいくらか．

5・2 導体の形状と抵抗の変化

断面積や長さのわかっている物質の抵抗 R は，抵抗率 ρ がわかれば式(5・2)から，

$$R = \rho \frac{l}{S} \tag{5・6}$$

として知ることができる．この場合，断面積 S は図5・3のように電流の流れる方向に対して垂直な面の面積で表し，l は電流の流れる方向の長さを表すものである．

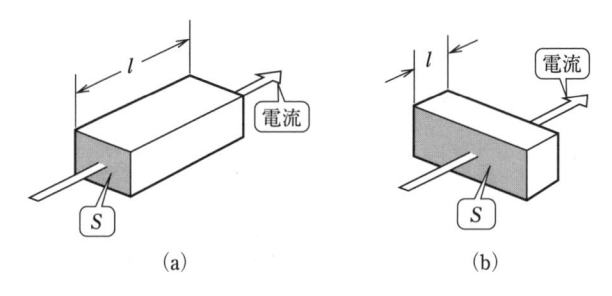

図5・3 導体の断面積と長さの考え方

また，図5・4のように直径 d [m]，長さ l [m]，抵抗率 ρ [Ω・m] の電線の抵抗 R は断面積 S が $\pi d^2 / 4$ [m²] になるから，

$$R = \rho \frac{l}{S} = \rho \frac{l}{\frac{\pi}{4}d^2} = \frac{4\rho l}{\pi d^2} \text{ [Ω]} \tag{5・7}$$

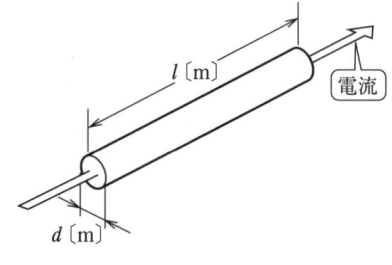

図5・4 断面が円形の導体

として知ることができる．したがって，ρ が一定なら，円形の導体の抵抗は長さに比例し，直径の2乗に反比例するということができる．

5・3 電気抵抗は温度によって変化する

電気の抵抗は物質の種類や形状によって変わるばかりではなく，温度によっても変化するものである．これは，一般に物質の温度が上昇するにしたがって，原子や電子などが活発に動き回るようになり，いわゆる**熱じょう乱**（thermal agitation）を起こし，その結果，電気抵抗が変わるのであるといわれている．この温度によって抵抗の変化する状態は，物質の種類によって異なり，一般に金属は温度が上昇すると抵抗が増加するが，炭素や半導体あるいは，電解液や絶縁物などは減少することが知られている．

(1) 温度係数

物質の温度が1℃変化したとき抵抗の増加する割合を抵抗の**温度係数**（temperature coefficient）という．すなわち，ある温度のときの抵抗が R 〔Ω〕で，1℃上昇したとき抵抗が r 〔Ω〕増加したならば，その温度のときの温度係数 α は，

$$\alpha = \frac{r}{R} \quad \text{または} \quad r = \alpha R \tag{5・8}$$

で表すことができる．したがって，金属などのように温度とともに抵抗が増加するものは温度係数が正（＋）値であるが，炭素，半導体，電解液のように温度とともに抵抗の減少するものは温度係数が負（－）値になる．

次に，温度係数をもう少し詳しく調べてみよう．一般に金属などの抵抗は常温付近では，ほぼ温度に比例して変化する．いまある温度の範囲内で1℃ごとに平均 r 〔Ω〕ずつ抵抗が増加するものとすれば，温度と抵抗との関係は図5・5のような直線で表すことができる．

したがって，図5・5のように0℃，20℃，t 〔℃〕のときの抵抗が R_0, R_{20}, R_t 〔Ω〕であったとすれば，1℃について r 〔Ω〕の抵抗が増加するから，それぞれの温度のときの温度係数 α_0, α_{20}, α_t は式(5・8)から次のようになる．

第5章　抵抗の性質

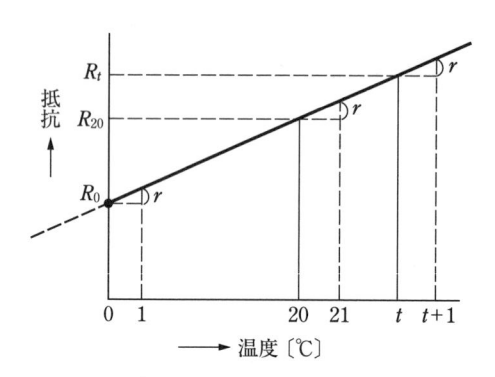

図5・5　抵抗の温度による変化

$$\alpha_0 = \frac{r}{R_0} \quad , \quad \alpha_{20} = \frac{r}{R_{20}} \quad , \quad \alpha_t = \frac{r}{R_t} \tag{5・9}$$

よって，抵抗の温度係数は基準温度の取り方によって温度係数が異なり，温度係数が正（＋）の物質では高い温度を基準にすれば温度係数は小さくなる．このため一般には0℃あるいは20℃を基準としてそのときの温度係数を表すことが多い．

表5・1に一般の金属類の抵抗の温度係数を示している．

（2）抵抗値と温度

次に温度係数を用いて，任意の温度の抵抗値を表す式を調べてみよう．いま，0℃のときの温度係数が α_0 で，R_0 〔Ω〕の抵抗があった場合に温度が T 〔℃〕まで増加すれば $rT = \alpha_0 R_0 T$ 〔Ω〕だけ抵抗が増加するから，T 〔℃〕のときの抵抗 R_T 〔Ω〕は，

$$R_T = R_0 + \alpha_0 R_0 T$$

$$\therefore \quad R_T = R_0(1 + \alpha_0 T) \tag{5・10}$$

として知ることができる．

また，t 〔℃〕のとき，温度係数が α_t で抵抗が R_t 〔Ω〕の抵抗があった場合，温度が T 〔℃〕に増加すれば，抵抗は $(T-t)$ 〔℃〕の温度上昇によって $r(T-t) =$

$\alpha_t R_t(T-t)$ [Ω]だけ増加するから，T [℃]のときの抵抗 R_T は，

$$R_T = R_t + \alpha_t R_t(T-t)$$
$$\therefore \quad R_T = R_t\{1 + \alpha_t(T-t)\} \tag{5・11}$$

として知ることができる．

（3）温度による温度係数の変化

次に，0℃のとき，温度係数 α_0 の物質の温度係数は T [℃]を基準とするとどのように変化するか調べてみよう．

この場合，0℃の抵抗 R_0 は T [℃]になると式(5・10)の R_T になる．

したがって T [℃]のときの温度係数 α_T は，1℃上昇すると $\alpha_0 R_0$ だけ増加するから，

$$\alpha_T = \frac{r}{R_T} = \frac{\alpha_0 R_0}{R_0(1+\alpha_0 T)} \tag{5・12}$$

$$\therefore \quad \alpha_T = \frac{\alpha_0}{1+\alpha_0 T} \tag{5・13}$$

として知ることができる．例えば，純銅の α_0 は $0.0043 \fallingdotseq 1/234.5$ であるから，T [℃]のときの温度係数 α_T は，

$$\alpha_T = \frac{\frac{1}{234.5}}{1+\frac{1}{234.5}T} = \frac{1}{234.5+T} \tag{5・14}$$

として知ることができる．この式(5・14)は，電気機器などの試験において，ある温度における温度係数を知るのによく用いられる．

（4）抵抗の温度変化の利用

いままで学んだように，抵抗は温度とともに変化する．このため電圧計や電流計などの計器や測定器では，温度の変化とともに，その抵抗が変わって誤差の原因になる．この関係から，電気機器や測定器などに用いる抵抗は，表5・2にあるようなマンガニンや温度係数がほとんど0のものを用いる．

第5章 抵抗の性質

表5・2 抵抗用材料の性質

種別		化学成分〔%〕						抵抗率 (20℃) ×10⁻⁶ 〔Ω·m〕	温度係数 (20℃) ×10⁻⁶〔℃〕	用途
		銅 (Cu)	ニッケル (Ni)	マンガン (Mn)	鉄 (Fe)	クロム (Cr)	アルミニウム (Al)	その他		
銅マンガン線 (マンガニン)	AA級	残	1.0〜 4.0	10.0〜 13.0				Cu+Ni+Mn 98.0以上	0.440± 0.030	−4〜+8	標準抵抗器および精密電気計測器
	A級									−10〜+20	
	B級									−20〜+40	精密電気機器および普通電気計測器
	C級									−40〜+80	一般電気抵抗器
銅ニッケル線	AA級	残	42.0〜 48.0	0.5〜 2.5				Cu+Ni+Mn 99.0以上	0.490± 0.030	−10〜+10	精密抵抗器および精密電気計測器
	A級									−20〜+20	
	B級									−40〜+40	電気計測器および精密電気計測器
	C級									−80〜+80	一般電気抵抗器および低温発熱体用
ニッケルクロム線	1種		77以上	2.5以下	1.0以下	19〜21		C；0.15以下 Si；0.75〜1.6	1.08±0.05		最高使用温度 (1 100℃)
	2種		57以上	1.5以下	残	15〜18			1.12±0.05		最高使用温度 (1 000℃)
	3種		34〜37	1.0以下	残	18〜21		C；0.15以下 Si；1.0〜3.0	1.01±0.05		最高使用温度 (800℃)
鉄クロム線	1種		−	1.0以下	残	23〜26	4〜6	C；0.10以下 Si；1.5以下	1.42±0.06		最高使用温度 (1 250℃)
	2種		−	1.0以下	残	17〜24	2〜4		1.23±0.06		最高使用温度 (1 100℃)

(電気工学ハンドブック・新版)

しかし，温度による抵抗の変化をうまく利用した計器もたくさんある．例えば，室温が t〔℃〕のとき電気機器を運転する前の抵抗 R_t を測定し，次にこれを運転して巻線が T〔℃〕に上昇したときの抵抗 R_T を測定すれば，そのときの巻線全体としての平均温度 T は，式(5・11)から次のようにして知ることができる．

巻線の温度上昇　　$T - t = \dfrac{R_T - R_t}{\alpha_t R_t}$　　　　　　　　(5・15)

巻線の温度　　　　$T = \dfrac{R_T - R_t}{\alpha_t R_t} + t$　　　　　　　　(5・16)

また，温度を測ろうとするところに測温抵抗をおき，その抵抗の変化から温度を測定する**抵抗温度計**がある．

例題 5・3

t [℃] のとき α_t の温度係数なら，T [℃] の温度係数はいくらになるか．

解答　t [℃] のとき R_t [Ω] の抵抗は 1 [℃] 温度が上昇すると $\alpha_t R_t$ [Ω] の抵抗が増加するから，T [℃] のとき R_T [Ω] になったとすれば，T [℃] のときの温度係数 α_T は，式 (5・8) より，

$$\alpha_T = \dfrac{\alpha_t R_t}{R_T}$$

上式に式 (5・11) を代入すれば T [℃] のときの温度係数 α_T が得られる．

$$\alpha_T = \dfrac{\alpha_t R_t}{R_t \{1 + \alpha_t (T - t)\}} = \dfrac{\alpha_t}{1 + \alpha_t (T - t)}$$

例題 5・4

20℃ のとき 20 Ω の銅線が 75℃ になったときの抵抗値はいくらになるか．ただし温度係数 $\alpha_{20} = 0.0043$ とする．

解答　求める抵抗値 R_T [Ω] は式 (5・11) から，

$$\begin{aligned}
R_T &= R_t \{1 + \alpha_t (T - t)\} \\
&= 20\{1 + 0.0043(75 - 20)\} = 20(1 + 0.0043 \times 55) \\
&= 24.73 \text{ [Ω]}
\end{aligned}$$

例題 5・5

ある発電機の銅巻線の抵抗を使用前に測ったら 2.3 Ω であった．次に，使用後に測ったら 2.8 Ω となった．使用後の巻線の温度は何℃か．ただし，周囲の温度は 20℃ とする．また，20℃ における銅巻線の温度係数は $\alpha_{20} = 0.0043$ とする．

解答　使用後の温度を T [℃] とすれば，式 (5・16) から，

$$T = \frac{R_T - R_t}{\alpha_t R_t} + t = \frac{2.8 - 2.3}{0.0043 \times 2.3} + 20 \fallingdotseq 70.56 \, [\text{°C}]$$

問 5・3　0°Cのとき 30 Ω の導線の抵抗は 40°Cでは何 Ω になるか．ただし，0°Cのときの銅線の温度係数は $\alpha_0 = 0.0043$ とする．

5・4　抵抗器

(1) 抵抗材料

一般に電気を利用する場合，電気回路には銅線のような抵抗の少ない導体を用いて接続し，できるだけ電圧降下などを少なくしなければならない．

しかし，図5・6のように電気回路に流れる電流を制限または，調節するような可変抵抗器あるいは，測定器，または電熱器などの場合は，銅線よりも大きな抵抗率の材料を用いて比較的小型で，しかも用途に適した抵抗値をもった材料が必要である．このような回路で用いられる材料を一般に**抵抗材料**という．

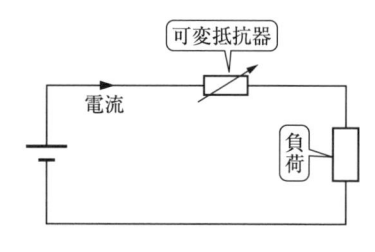

図 5・6　抵抗材料

抵抗材料には炭素などの非金属もあるが，一般には純金属または合金が多く用いられる．特に合金は一般に純金属より抵抗率が大きいので，各種の合金材料がつくられている．その一例を表5・2示す．これによって，抵抗材料は軟銅などの導体より，かなり抵抗率が大きいことがわかる．

これらの抵抗材料を最も多く用いられているものは計器や測定器で，これには温度係数の小さいマンガニン線が多く用いられており，実用的な抵抗の単位標準になる標準抵抗器にも用いられている．

（2）抵抗器の種類

これらの抵抗材料を用いてつくられた抵抗器には材料の用い方による分類，抵抗の状態による分類ができる．

1. 材料の用い方による分類
    巻線抵抗器　：巻線を用いた抵抗器
    皮膜抵抗器　：金属や炭素などの皮膜を用いた抵抗器
    固定体抵抗器：炭素微粉末と結合剤と充てん剤の混合物を用いて成型した抵抗器（ソリッド抵抗器と呼ばれている）
2. 抵抗の状態による分類
    固定抵抗器：抵抗値が一定である抵抗器
    可変抵抗器：抵抗値が増減できる抵抗器
3. 特殊な抵抗器
    サーミスタ：温度によって抵抗値が大きく変化する抵抗器
    バリスタ　：電圧によって抵抗値が変化する抵抗器

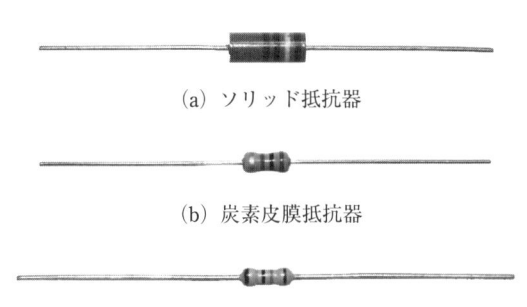

(a) ソリッド抵抗器

(b) 炭素皮膜抵抗器

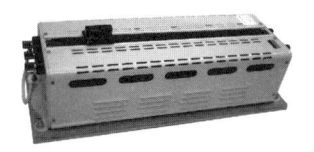

(c) 金属皮膜抵抗器

(d) すべり抵抗器　　　　　(e) ダイヤル抵抗器

図 5・7　各種の抵抗器

5・5 特殊抵抗

(1) 絶縁抵抗

これまで，絶縁物は電流を通さないものとして説明してきた．しかし，絶縁物といっても，完全に電流が流れないのではなく，図5・8のように極めてわずかではあるが絶縁物の表面や内部を通って電流が漏れて流れるものである．この電流を**漏れ電流**（leakage current）という．

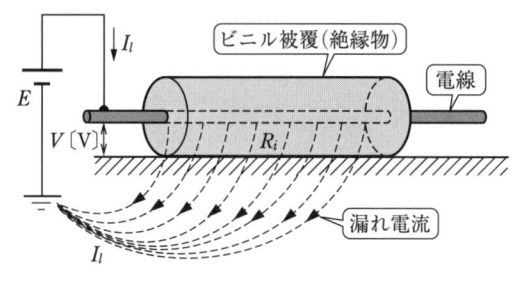

図 5・8 漏れ電流

したがって，電圧 V [V] を加えて極めて小さい漏れ電流 I_l が流れたとすれば，絶縁物の抵抗 R_i はオームの法則より，

$$R_i = \frac{V}{I_l} \text{ [Ω]} \tag{5・17}$$

として計算することができる．この R_i を**絶縁抵抗**（insulation resistance）という．この絶縁抵抗値は非常に大きな値なので，普通メガ（メグ）オーム（megohm／単位記号：MΩ）を用いている．参考のために一般によく用いられている絶縁物の常温における抵抗率を表5・3に示す．

これによって，絶縁物の抵抗は導体や抵抗体の抵抗よりもはるかに大きいことがわかる．

このような絶縁物の絶縁抵抗は温度が上昇すると抵抗が減少するので，温度係数は負（−）の値をもち，また同一材料で同一形状であっても，絶縁物に加えら

表5・3 絶縁物の抵抗率と用途

物質		抵抗率〔Ω・m〕	用途
白マイカ		10^{14}〜10^{15}	コンデンサの誘導体
セラミックス	長石磁	10^{12}〜10^{14}	電力用がいし，がい管，ブッシング
	ステアタイト磁器	$>10^{14}$	高周波用
	コージェライト磁器	$>10^{14}$	耐熱用
	アルミナ磁器	$>10^{14}$	耐熱を要する電気絶縁用
石英ガラス		10^{16}〜10^{19}	高周波絶縁用，高温・透明を要する耐熱用，光通信用
プラスチックス	エポキシ樹脂	10^{12}〜10^{17}	電気用接着済，各種絶縁用
	ポリスチレン樹脂	$>10^{16}$	高周波絶縁用，光学用，一般器具，装飾用
	シリコーン樹脂	10^{11}〜10^{13}	電気絶縁用
天然ゴム		10^{14}〜10^{16}	電気一般

(電気工学ハンドブック・新版，機械工学便覧)

れる電圧の大きさによっても変わる性質があり，一般に加えられる電圧が増加すると絶縁抵抗は低くなる性質をもっている．

われわれが普通に使用している絶縁された電線にはいろいろな種類がある．この絶縁された電線の絶縁抵抗は電線の長さに反比例する．これは導体の抵抗が長さに比例するのと逆に思えるが，絶縁電線の相互間に電圧を加えたときの漏れ電流に対する断面は，電線の長さが増すと増加するためである．このため漏れ電流は電線が長くなればなるほど大きくなり，その式(5・17)からも絶縁抵抗が小さくなることがわかる．

例題 5・6

ある配電線で3 000 Vの電圧で50 Aの電流を負荷に供給している．この場合，配電線の漏れ電流を供給電流の0.05%に保つとすれば，配電線の絶縁抵抗はいくらになるか．

解答 配電線の漏れ電流 I_l は供給電流の0.05%だから，

$$I_l = 50 \times \frac{0.05}{100} = 0.025 \text{ 〔A〕}$$

したがって，絶縁抵抗 R_i は式(5・17)より，

第5章　抵抗の性質

$$R_i = \frac{V}{I_l} = \frac{3\,000}{0.025} = 120\,000 = 0.12 \times 10^6 \,[\Omega] = 0.12\,[M\Omega]$$

問 5・4　3 300 V で電圧を供給している配電線の絶縁抵抗を測定したところ 1.5 MΩ であった．この配電線の漏れ電流はいくらか．

（2）接触抵抗

電気抵抗は物質の抵抗のほかに接触部に生ずる抵抗がある．例えば，図 5・9 のような電球の口金とソケットの受口，電熱器のニクロム線と電線，あるいは，ナイフスイッチの刃受と刃の接触部など，二つの導体の接触部には接触による抵抗がある．これを**接触抵抗**（contact resistance）という．これは接触部の電圧降下を，流れる電流で割った値で，一般に接触する材料の種類，滑らかさ，清浄さによって異なり，また，接触面積，電流密度，接触圧力との増加とともに減少する性質がある．

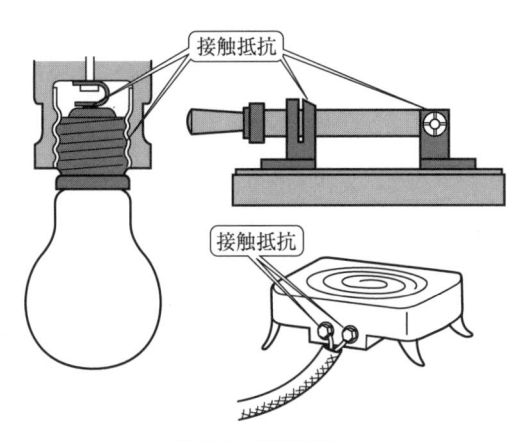

図 5・9　接触抵抗

この抵抗値は，一般に 0.1 Ω 以下の抵抗であるが，この接触点に電流が流れると，ジュール熱を発生し，時としては火災事故の原因ともなる．このため，接触抵抗を少なくするように心がけなければならない．

（3）接地抵抗

電気回路では，感電防止その他の目的で電気機器の外箱や電気回路の一端に電線を接続し，図5・10に示すように，これの端に銅板などの電極を接続して大地に埋設する場合がある．これを**接地**（earth）といい，電極のことを**接地板**あるいは**接地電極**という．このとき，接地電極と大地の間に生じる接触抵抗のことを**接地抵抗**（grounding resistance）という．

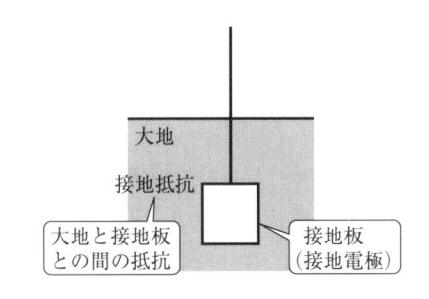

図5・10 接地板と大地

5・6 超伝導と半導体

（1）超伝導

超伝導（superconductivity）とは，ある温度以下で物質の電気抵抗が0になってしまう現象で，この境界の温度を臨界温度という．この超伝導現象は1911年にオランダの科学者カメルリン・オンネス（Kamerlingh Onnes）が極低温における水銀の電気抵抗を測定していて偶然に発見されたもので，水銀は液体ヘリウムの4.2 K（-268.9℃）に冷やされると電気抵抗を失うことがわかった．

このように，超伝導は電気抵抗が0になるので，エネルギーの損失がなく大電流を流すことができ，また，強力な磁石が得られるので，その応用範囲は極めて広く，今もなお，各分野で研究が進められている．

（2）半導体

常温における物質の抵抗率が，金属のように10^{-4} Ω・m以下のものを導体，ガラスのように10^7 Ω・m以上のものを絶縁物とみなすことができる．その中間の抵抗率の物質もあり，これを一般に**半導体**（semiconductor）と呼んでいる．この半導体にはゲルマニウムやシリコンがあり，不純物の全く入っていない純粋な半

導体を**真性半導体**（intrinsic semiconductor）という．また，この真性半導体に微量の不純物を混ぜたものを**不純物半導体**（impurity semiconductor）という．

不純物半導体には，混ぜる不純物の種類によって**n 形半導体**（n-type semiconductor）と **p 形半導体**（p-type semiconductor）がある．

n 形半導体は，金属と同様に負の電気を持った電子が電流の主役を果たし，p 形半導体は，電子の抜けたあとの正孔（ホール）が電流の主役を果たす．なおこの電流の主役となる電子や正孔のことを**キャリア**（carrier）と呼んでいる．

微量の不純物などが半導体の電気抵抗を決める要因となり，導体が温度上昇とともに電気抵抗が大きくなるのに対して，半導体は逆に温度上昇とともに電気抵抗が減少する傾向を示す．そのことから，温度係数は負の値になる性質をもっている．

章末問題

1. $1.12\ \mu\Omega \cdot cm$ の抵抗率を $\Omega \cdot m$ の単位で表しなさい．
2. 次の文章の ☐ に当てはまる適当な語句を答えなさい．
   電線の抵抗はその長さに ① し，断面積に ② するから，電線を一様に 2 倍の長さに引き伸ばした場合，電線の体積が変わらないものとすれば，導体の抵抗は ③ 倍になる．
3. 抵抗率 $108\ \mu\Omega \cdot cm$ のニクロム線がある．直径 0.5 mm の太さのもので $20\ \Omega$ の抵抗を得るにはニクロム線は何 m あればよいか．
4. 断面積 $64\ cm^2$，長さ 10 m のレールの抵抗を測定したら，$0.316\ m\Omega$ であったという．このレールの抵抗率は何 $\Omega \cdot m$ か．
5. 直径 8 mm の硬銅線 1000 m 当たりの抵抗を，ある表を見たら $0.3536\ \Omega$ であった．同じ材料で直径 2 mm で 500 m の硬銅線の抵抗はいくらか．
6. ある発電機の巻線抵抗を使用前 20℃ のときに測ったら $0.64\ \Omega$ であった．この発電機を全負荷運転して数時間の後運転を止め，すぐ巻線抵抗を測ったら，$0.72\ \Omega$ になっていた．巻線の温度および温度上昇を求めなさい．

第6章

電流の化学作用

　電流の化学作用については，簡単な水の電気分解について学んでいると思う．ここでは，さらに一歩進んで，まず電気分解がどんな原理によって行われるか，また電気分解によって生ずる物質と電気との間にはどのような関係があるかを学び，次に電池の原理・構造について簡単に調べていく．

6・1　イオンと電流の化学作用

　純粋な水は抵抗が非常に大きく電流は流れない．しかし，水の中に硫酸や水酸化ナトリウムあるいは塩化ナトリウム（食塩）などを溶かして水溶液をつくると電流が流れやすくなる．そして，この水溶液の中に2枚の金属板を電極として離して向かい合わせておき，これに直流電源をつなぐと水溶液の中に電流が流れる．しかし，この水溶液中の現象は，今までに学んだ金属などの中を通る電流現象と全く違うもので，電流が流れると同時に，水溶液中に化学反応を生ずるものである．

　このような現象を生ずる原因は，水溶液中のイオンの働きによるものである．ここで，まずこのイオンについて調べていく．

（1）イオン

　一般に硫酸や水酸化ナトリウムおよび塩化ナトリウムなどの酸やアルカリおよび塩類は，これを水に溶かしたときは，単に水に溶けて原子や分子がそのまま水溶液中にあるのではなく，正電荷を帯びた**陽イオン**（cation）と負電荷を帯びた**陰イオン**（anion）とに分かれている．このような物質を**電解質**（electrolyte）

といい，またその水溶液を**電解液**（electrolyte solution）という．

一般に物質が陽イオンと陰イオンに分かれることを**電離**（ionization）するという．この場合，陽イオンになるか陰イオンになるかは原子または原子団の種類によって定まっているもので，次のようになることが知られている．

　　　陽イオン：水素（H），金属（Na，Cu，Ag，…）など
　　　陰イオン：酸基（SO_4，NO_3，Cl，…），水酸基（OH）など

この場合，イオンのもつ負電荷あるいは正電荷の電気量は，電子1個のもつ電気量（1.602×10^{-19} C）の原子あるいは基の原子価数倍だけもっている．このイオンを表すのに，陽イオンのときは化学記号の右肩に＋印を，また陰イオンのときは化学記号の右肩に－印を，その原子価だけつけて表している．表6・1は，電解質がその水溶液中において電離して陽イオンと陰イオンに分かれる状態を，イオン記号をもって示したものである．

表6・1　電解質のイオン記号

酸	塩　　　酸	HCl $\rightleftarrows$	$H^+ + Cl^-$
	硫　　　酸	H_2SO_4 $\rightleftarrows$	$2H^+ + SO_4^{2-}$
	硝　　　酸	HNO_3 $\rightleftarrows$	$H^+ + NO_3^-$
アルカリ	水酸化ナトリウム	NaOH $\rightleftarrows$	$Na^+ + OH^-$
	水酸化カリウム	KOH $\rightleftarrows$	$K^+ + OH^-$
塩　基	塩化ナトリウム	NaCl $\rightleftarrows$	$Na^+ + Cl^-$
	硫　酸　銅	$CuSO_4$ $\rightleftarrows$	$Cu^{2+} + SO_4^{2-}$
	硝　酸　銀	$AgNO_3$ $\rightleftarrows$	$Ag^+ NO_3^-$
	塩化アンモニウム	NH_4Cl $\rightleftarrows$	$NH_4^+ + Cl^-$

（2）電気分解

次に電解液に電流が流れたときの，様子を調べてみよう．水の中に硫酸を入れて希硫酸をつくれば，硫酸（H_2SO_4）は電離して，

$$H_2SO_4 \rightleftarrows 2H^+ + SO_4^{2-} \tag{6・1}$$
　　　　硫酸　　水素イオン　硫酸イオン

に分かれる．この電解液中に図6・1のように2枚の白金電極を離して対立させ，これに直流電源をつなぎスイッチSを閉じると，陰，陽両電極間に電圧が加わ

り電流が流れる．このとき H^+ の水素イオンは陰極に引かれて陰極板に達すると正電荷を与え，中和して陰極板上に水素ガス H_2 を発生する．

一方，SO_4^{2-} の硫酸イオンは陽極に引かれて陽極版に達すると負電荷（$2e^-$：2個の電子）を与えて中和するので，電流が流れることになる．中和した SO_4 は電解液中の H_2O の水素と反応して硫酸（H_2SO_4）にもどり，陽極板上に酸素ガス O_2 を遊離する．したがって外見上は水 H_2O が水素 H_2 と酸素 O_2 に分解された形になる．

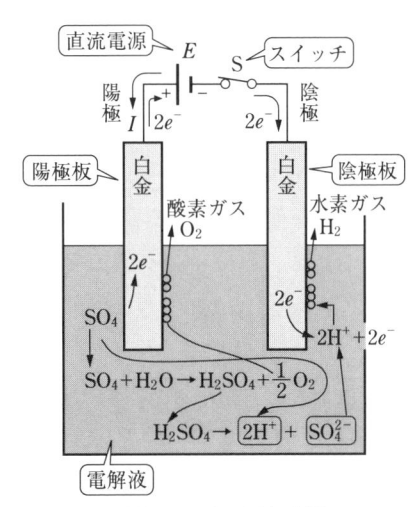

図 6・1 水の電気分解

このように電解液に電流が流れて電解質を化学的に分解する現象を**電気分解**（electrolysis）あるいは単に**電解**という．

6・2 ファラデーの電気分解の法則

前節に述べたように電気分解をするときの電流は，図6・1のように電解液中の陰，陽両イオンの電荷の移動によって生ずる．したがって，陰，陽両極に析出する物質の量は，イオンが運んだ電気量に比例することになる．これについては，ファラデー（Michael Faraday, 1791～1867年，イギリス）が1833年に研究の結果，次のような電気分解の法則を発表した．

① 電極に析出する物質の量は，通過した電気量に比例する．
② 同一の電気量ならば，常に同一の化学当量（原子量/原子価）の物質を析出する．

これを**ファラデーの電気分解の法則**という．

したがって，電気分解装置によって化学当量 e の物質を電気分解する場合，

第6章 電流の化学作用

電流 I [A] を t 秒間流したとすれば,電気量 $Q=It$ [C] であるから,電極上に析出する物質の量 w [g],比例定数を k とすれば,

$$w = keQ = keIt \tag{6・2}$$

の式で表すことができる.このうち ke は一定の物質では定数で,1C の電気量によって遊離析出される物質の量 [g] を示すもので,これを**電気化学当量**と呼んでいる.この単位には**グラム毎クーロン**(単位記号:g/C)が用いられる.いま,これを K [g/C] とおけば,式(6・2)は,

$$w = KQ = KIt \text{ [g]} \tag{6・3}$$

で計算することができる.おもな元素の電気化学当量を表6・2に示す.

表6・2 電気化学当量

元素	記号	原子価	電気化学当量 $\times 10^{-3}$ [g/C]	元素	記号	原子価	電気化当量 $\times 10^{-3}$ [g/C]
亜　　　鉛	Zn	2	0.3388	水　　　素	H	1	0.010447
アンモニウム	Al	3	0.093213	す　　　ず	Sn	4	0.30753
アンチモン	Sb	3	0.42061	〃	〃	2	0.61506
塩　　　素	Cl	1	0.36744	鉄	Fe	3	0.19293
カドミウム	Cd	2	0.5825	〃	〃	2	0.28940
カルシウム	Ca	2	0.2077	銅	Cu	2	0.3293
金	Au	3	0.68046	〃	〃	1	0.6585
銀	Ag	1	1.1180	ナトリウム	Na	1	0.23827
コバルト	Co	2	0.30540	鉛	Pb	2	1.0737
酸　　　素	O	2	0.82910	ニッケル	Ni	2	0.3043
臭　　　素	Br	1	0.82818	白　　　金	Pt	4	0.50549
水　　　銀	Hg	1	2.0789	〃	〃	2	1.0116
水　　　銀	Cg	2	1.0395	ふ　っ　素	F	1	0.1969
カリウム	K	1	0.40526	よ　う　素	I	1	1.3152

(電気化学便覧)

物質の化学当量 e に等しいグラム数(e [g])を**1グラム当量**という.この1グラム当量を電気分解によって析出するのに必要な電気量は式(6・2)から $1/k$ で一定になり,物質の種類に関係なく 96 485 C であることが知られている.これを**ファラデー定数**といい,電気化学では電気量の単位として**1ファラデー**と呼んでいる.

例題 6・1

白金電極を用いて硝酸銀溶液に 0.3 A の電流を流して 15 分間電気分解した. 陰極に何 g の銀が析出するか.

解答 銀の電気化学当量 K は, 表 6・2 から,
$$K = 1.1180 \times 10^{-3} \text{ [g/C]}$$
であるから, 銀の析出量 w [g] は, 式 (6・3) から,
$$w = KIt = 1.1180 \times 10^{-3} \times 0.3 \times 15 \times 60 = 0.30186 \text{ [g]}$$

例題 6・2

硝酸銀を電気分解するとき, 一定の直流電流を 10 時間流したところ, 陰極上に 120.7 g の銀が付着したという. このとき流した電流の値は何 A か.

解答 銀の電気化学当量 K は, 表 6・2 から,
$$K = 1.1180 \times 10^{-3} \text{ [g/C]}$$
であるから, 流した電流 I は式 (6・3) から,
$$I = \frac{w}{Kt} = \frac{120.7}{1.1180 \times 10^{-3} \times (10 \times 60 \times 60)} \fallingdotseq 3 \text{ [A]}$$

問 6・1 硝酸銀水溶液を電気分解するとき, 一定の直流電流を 1 時間流したら, 陰極に 20 g の銀が析出したという. このときに流した電流はいくらか.

6・3 電気分解の応用

電気分解の工業方面への応用は, 金属塩類の溶液から電解によって金属を析出させる電気分析, 食塩水を電気分解してカセイソーダと塩基を得たり, また水の電気分解によって酸素と水素を得るほか, めっき・電鋳・金属の電解精錬など, 極めて広い分野にわたっている. 次に最も一般的な応用例を簡単に調べてみよう.

（1）電気めっき

金属塩の水溶液を電気分解すると，陰極上に金属が析出することはすでに学んだが，この原理を応用して，金属の表面などに他の金属を被覆して，その酸化を防ぎ，耐久力を増し，あわせて表面を美しくするものが**電気めっき**（electroplating）である．

電気めっきの原理は図6・2のようにめっきしようとする金属塩とめっきをきれいにする補助剤を用いた電解液の中へ，陽極として一般にめっきしようとする金属棒または板を用い，陰極にめっきされる物質を用いてめっきする．

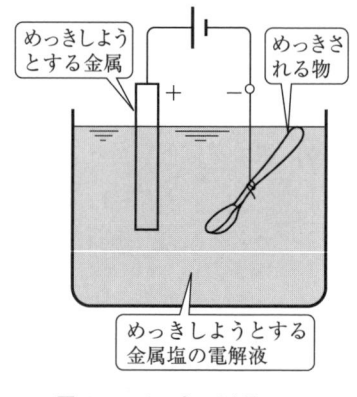

図6・2　めっきの原理

（2）電鋳法

原型と同じものを複製しようとするとき用いる方法である．これは，ろう，ゴム，合成樹脂，ガラスなどで原型と反対の型をつくり，これに黒鉛や銅粉末をつけて導電用の薄膜をつくり，この型の上に電気分解によって金属を沈殿付着させる．こうすれば原型と全く同じものを何個でもつくることができる．これを**電鋳法**（electrotyping）という．

（3）電気研磨

適当な電解液を用いて，めっきと反対に，電解液の中に加工される金属を陽極，溶けない金属板を陰極として用い電気分解する．すると陽極の金属の表面は電解液中に溶出して，表面は磨いたのと同じような平滑な，輝く金属面が得られる．これを**電気研磨**（electrolytic polishing）という．これを利用して金属製品のつや出し，荒研磨，仕上げ研磨，あるいは顕微鏡試料の研磨などにも利用されている．

(4) 金属の電解精錬

電気分解を利用して，不純物を含んだ金属を精錬して，純度の高い金属を得る方法を**電解精錬法**（electrolytic refining）という．金，銀，銅，ニッケルなどはこの電解精錬によったものが多い．例えば電線などに用いる銅の精錬には，冶金法で得た粗銅を陽極とし，純銅板を陰極として硫酸銅溶液を電解液として電気分解すると，陽極の粗銅が溶解すると同時に電解液中の銅が陰極に析出する．このとき陰極に析出付着するものは純銅である．このようにして得た銅を電気銅といい，電線に用いる銅に用いられている．

(5) 金属溶融塩の精錬

この方法は水と反応しやすい金属や，炭素で還元できない金属を精錬するのに用いられる．金属を高温で溶解したものは導電率が高く，これを電解すれば，ファラデーの法則が成り立ち，電極に分解した生成物を得ることができる．この方法はアルミニウム，マグネシウム，ナトリウム，カリウムなどの精錬に用いられる．

6・4 電 池

一般に電解液中の二種類の異なった金属板をもち，その化学エネルギーを電気エネルギーに変換して取り出すものを**電池**（battery あるいは cell）という．この電池のうち反応が非可逆的で再生できないものを**一次電池**（primary battery あるいは primary cell）といい，外部から電気エネルギーを与えると可逆的反応をし，再生できるものを**二次電池**（secondary battery あるいは secondary cell）という．一次電池には乾電池や水銀電池，酸化銀電池などがあり，二次電池には鉛蓄電池やアルカリ蓄電池などがある．

(1) 一次電池

前述のように，水素や金属などは，溶液中に溶けると電子を失って陽イオンになろうとする傾向がある．これを**イオン化傾向**といい，金属の種類によって差が

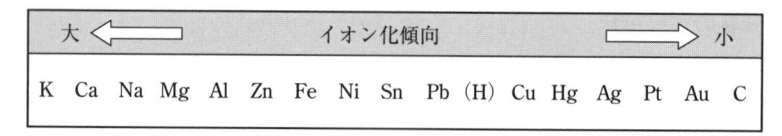

大 ←						イオン化傾向						→ 小			
K	Ca	Na	Mg	Al	Zn	Fe	Ni	Sn	Pb	(H)	Cu	Hg	Ag	Pt	Au	C

図 6・3　イオン化傾向

ある．金属をイオン化傾向の大きい順に並べると図 6・3 のようになる．

すなわち，亜鉛（Zn），鉄（Fe），ニッケル（Ni）などはイオン化傾向が大きく，反対に銅（Cu），銀（Ag），白金（Pt）などはイオン化傾向が小さい．

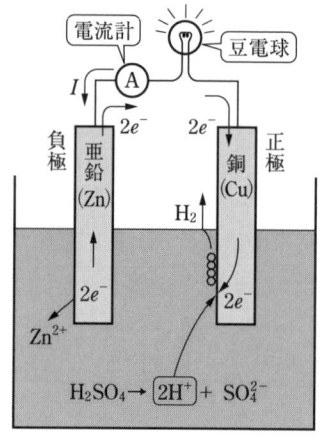

図 6・4 のように，イオン化傾向の小さい銅板（Cu）とイオン化傾向の大きい亜鉛板（Zn）を希硫酸溶液（H_2SO_4）の中に対立させておき，これに導線を通して電流計と豆電球をつなぐと，イオン化傾向の大きい亜鉛（Zn）は溶液中に亜鉛イオン（Zn^{2+}）となって溶け込んで，亜鉛板に $2e^-$ の電子が残る．この電子はイオン化傾向の小さい銅板の方へ導線を通じて移動し，電解液中の水素イオン（H^+）と結合して水素ガス（H_2）となって銅板面上に発生する．

図 6・4　ボルタの電池

この結果，電子を押し出す亜鉛板が負極になり，その電子を受ける銅板が正極となって，その両電極間には約 1 V の電位差を生ずる．このような電池をボルタ（Alessandro Volta，1745～1827 年，イタリア）が発見したので**ボルタの電池**と呼んでいる．

以上は最も簡単なボルタの電池について調べたのであるが，一般にどんな金属でも金属と電解液とが接すると，その界面に電位差を生ずる現象がある．この現象は金属と電解液との界面に限らず，一般に異種の導電物質の接触する界面にも電位差を生ずるものである．

この電位差は**接触電位差**（contact potential difference）といい，接触する物質の種類や温度によって異なるものである．これはボルタによって発見された現象なので**ボルタ効果**（Volta effect）と呼んでいる．電池はこの接触電位差を巧みに利用したものにほかならない．

（a）分　極

ボルタの電池において，電流が流れる場合，陽極から水素ガスが盛んに発生し，陽極の表面は水素ガスでおおわれている．この水素は起電力と逆の方向に電圧を生じ，またガスのために電流が流れにくくなるので，電流が流れると短時間で電流が0になってしまって実用的ではない．このように電池に電流を流すと陽極に水素ガスが生じて起電力が減少する現象を**分極**（polarization）あるいは**分極作用**という．

したがって実用化されている電池では，この水素ガスによる分極作用を防止するために，薬品を用いて水素と化合させて水素ガスをなくす方法（減極の方法）がとられている．この目的で用いられる薬品を**減極剤**（depolarizer）または**活物質**（active material）といい，還元剤および酸化剤を用いる．そして，還元剤を**負極活物質**，酸化剤を**正極活物質**という．

（b）局部作用

電池に使用した極板の中に不純物を含んでいる場合，例えば亜鉛の電極板中に銅，鉛，鉄，カドミウムなどの不純物を含むと，ちょうど電解液の中に2種類の金属がおかれたようになり，一種の局部的な電池ができて図6・5のように亜鉛と他の不純物および電解液を通して局部電流が流れて電極はしだいに消耗し，その起電力は低下する．

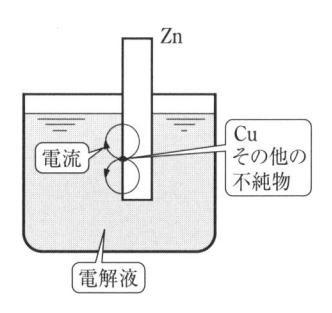

図6・5　電池の局部作用

このような作用を電池の**局部作用**（local action）という．

一般に局部作用などが生ずると，電池を使用しなくても自ら放電して消耗する．このような現象を電池の**自己放電**という．この局部作用を少なくするために，負極に水銀めっきしてアマルガムをつくり，均質化して用いる場合もある．

(c) 一次電池の種類

一般に多く使用されている**一次電池**は，正極には銅，炭素，負極には亜鉛を用い，電解液としては硝酸や水酸化ナトリウムなどが用いられている．表6・3におもな一次電池の構成と用途を示す．

表6・3 おもな一次電池の構成と用途

		構　　成			公称電圧〔V〕	用　　途
		正極活物質	電解質	負極活物質		
マンガン乾電池		MnO_2 電解，天然	$ZnCl_2$, NH_4Cl	Zn	1.5	ラジカセなどの電子機器，懐中電灯などの灯火用，カメラなどの写真用，玩具用など
アルカリマンガン電池 同ボタン電池		MnO_2 電解	KOH	Zn	1.5	ラジカセ，携帯用テレビ，自動巻上げカメラ，ストロボ，プリンタ，電卓，シェーバなど
酸化銀電池		Ag_2O	KOH あるいは NaOH	Zn	1.55	ボタン電池として腕時計などの高級機器に用いられる．
水銀電池		HgO	KOH あるいは NaOH	Zn	1.35	補聴器，ワイヤレスマイク，計測器，露出計など
		$HgO+MnO_2$	KOH		1.4	
空気電池		O_2	NH_4Cl, $ZnCl_2$	Zn	1.4	大形は遠隔地，海上などの電源，ボタン形は補聴器など
			KOH			
リチウム電池	MnO_2 系	$MnO_2(\beta)$	炭酸プロピレンなどの有機溶媒 $+LiClO_4$	Li	3	電子時計，各種メモリバックアップ用，カメラ，CPU内蔵の小形電子機器などに用いられる．
	$(CF)_n$ 系	$(CF)_n$	同上，$LiBF_4$ など		3	
	CuO	CuO	同，ジオキソランなど		1.5	
	$SOCl_2$	$SOCL_2$	$SOCl_2+LiCl+AlCl_3$		3.6	
	固体電解質	I_2	LiI		2.8	
	塩化チオニーリチウム電池	C	$SOCl_2$, LiCl, $AlCl_3$		3.6	メモリバックアップ，長期にわたる高信頼性電源
	超薄形	CF_x	MnO_2		3	ICカード，カード電卓などの電源

(電気工学ハンドブック・新版)

（2）二次電池

　今まで学んだ一次電池は，電池内の物質の化学エネルギーを電気エネルギーに変えるものであるから，電流を消費するにしたがって，電池内の物質は消耗してついには電池としての能力を失ってしまう．

　これに対し，電流を消費して電池の能力を失ったとき，外部の直流電源から電流を電池の起電力と反対方向に流して電気エネルギーを注入してやると繰り返し使用できる電池を**二次電池**あるいは**蓄電池**という．ここに外部から電気エネルギーを注入することを**充電**（charge）するといい，蓄電池から電気エネルギーを取り出すことを**放電**（discharge）するという．

　現在，最も多く用いられているものには鉛蓄電池とアルカリ蓄電池がある．表6・4におもな二次電池の構成および用途を示す．

表6・4　おもな二次電池の構成と用途

			構成			公称電圧(V)	用途
			正極活物質	電解質	負極活物質		
鉛蓄電池	開放形		PbO_2	H_2SO_4	Pb	2	一般予備電源用，非常時電源用，自動車始動・点火・点灯用，電気車用，ポータブル機器用など
	密閉形						
アルカリ蓄電池	ニッケル-カドミウム電池	密閉形	NiOOH (オキシ水酸化ニッケル)	KOH	Cd	1.2	ポータブル電子機器，医用機器，防災緊急用，非常灯予備電源
		開放形					各種予備電源，電車などの制御回路電源，コンピュータ用，航空機のエンジン始動・照明・通信・制御用
	酸化銀-亜鉛蓄電池		Ag_2O, AgO(C)	KOH (ZnO飽和)	Zn	1.5	ロケット，人工衛星，携帯通信機，TVカメラの電源
	ニッケル-亜鉛蓄電池		NiOOH	KOH (ZnO飽和)	Zn	1.55	携帯用電動工具，芝刈機，スタータなどの電源
	酸化銀-カドミウム電源		Ag_2O, AgO(C)	KOH	Cd	1.15	航空機，通信機，人工衛星などの電源

（電気工学ハンドブック・新版）

(a) 鉛蓄電池

鉛蓄電池は電解液として比重 1.2～1.3 程度の希硫酸（H_2SO_4）を用い，正極に二酸化鉛（PbO_2），負極に鉛（Pb）を用いた蓄電池である．

すなわち，鉛蓄電池は正極と負極の端子を負荷につないで電流を供給し，化学エネルギーを電気エネルギーとして放出すると，両極の物質は放電するにつれて化学変化をし，起電力はしだいに低下する．すなわち，このとき負極では，

$$Pb + SO_4^{2-} \rightarrow PbSO_4 + 2e^- \quad (\text{Pb の酸化反応}) \tag{6・4}$$

正極では，

$$PbO_2 + 4H^+ + SO_4^{-2} + 2e^- \rightarrow PbSO_4 + 2H_2O \quad (PbO_2 \text{ の還元反応}) \tag{6・5}$$

電池の全反応は，これらを加え合わせた反応で，次のようになる．

$$Pb + PbO_2 + 2H_2SO_4 \rightarrow 2PbSO_4 + 2H_2O \tag{6・6}$$

充電の場合は，放電の逆の反応である．

(b) アルカリ蓄電池

アルカリ蓄電池は，水酸化カリウム（KOH）などの強アルカリの濃厚水溶液を電解液として用いたもので，その代表的なものは，ニッケル-カドミウム蓄電池（ニッカド電池）である．

アルカリ蓄電池は，鉛蓄電池のように鉛を用いないので，軽くて丈夫で寿命が長く，さらに負荷特性，低温特性が優れているのが特徴であるが，価格が高いのが欠点である．

6・5 その他の電池

その他の電池としては，光のエネルギーを直接電気エネルギーに変換する**太陽電池**（solar cell あるいは solar battery），連続的に供給する燃料と酸化剤との酸化還元作用によって直接電気エネルギーを得る**燃料電池**（fuel cell）などがある．ここでは，その概要について調べていく．

（1）太陽電池

図6・6はp形半導体とn形半導体が接合（これを**pn接合**といい，その境界面のところを**pn接合面**という）されているシリコン太陽電池の原理図である．この半導体に，図のように光が照射されると，pn接合面に起電力が発生する．このような現象を**光起電力効果**（photovoltaic effect）という．

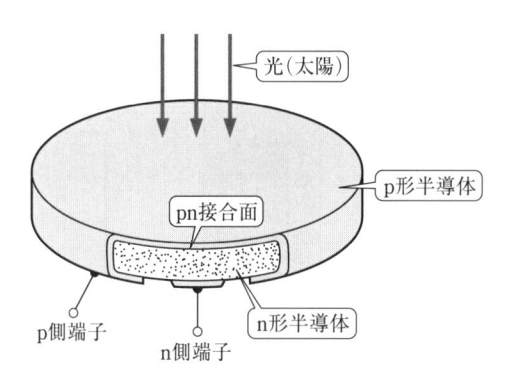

図6・6　太陽電池の原理構造図

また，光が照射されたとき導電率が増加する，すなわち電気抵抗が降下する．このような現象を**光導電効果**（photoconductive effect）という．この二つの効果を総合して**光電効果**（photoelectric effect）と呼んでいる．

太陽電池は光（太陽）エネルギーを光起電力効果を応用して電気エネルギーに変換するものである．この変換効率を良くするためには，

① p形半導体の層の厚さを薄くして拡散の促進をさせる．
② 受光面積をできる限り大きくする．
③ 電池の内部抵抗を少なくする．

などがあげられる．

（2）燃料電池

燃料電池は，従来の電池のように，それ自身のもっている化学的エネルギーを

利用するのではなく，前に述べたように，連続的に電池に供給される燃料と酸化剤との酸化還元作用により電気エネルギーを直接得るものである．図6・7は，燃料として水素，酸化剤として酸素，電解液には水酸化カリウム（KOH）の水溶液を使用した燃料電池の原理図である．

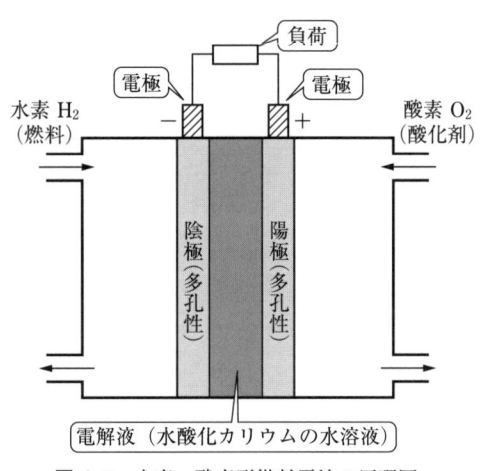

図6・7 水素・酸素形燃料電池の原理図

まず，陰極においては，水素の酸化反応（電子を放出する）を行わせ，一方，陽極においては，酸素の還元反応（電子を受け取る）を行わせれば，電子は陰極から陽極へ流れ，電流はその逆方向に流れることになる．すなわち，電極における反応は，陰極では，

$$H_2 \rightarrow 2H^+ + 2e^- \tag{6・7}$$

陽極では，

$$H_2O + \frac{1}{2}O_2 + 2e^- \rightarrow 2OH^- \tag{6・8}$$

で表され，電池自身は，

$$2H_2 + O_2 \rightarrow 2H_2O \tag{6・9}$$

の反応が行われる．したがって，生成した水を適当な方法で取り除けば，原理的には電池自身変化を受けないことになる．

燃料電池は，電気化学的に化学エネルギーを直接電気エネルギーに変換するので，一般の火力発電のような燃焼熱を利用して熱機関を動かして発電する方式に比べて，原理的には燃料のもっているエネルギーをより有効に電力に変換できる特長をもっている．また，硫黄酸化物や窒素酸化物などの発生がなく，騒音，振動もない．

　したがって，現在，火力発電に代わるクリーンな電力源として実用化に向かって開発が進められている．また，多量の冷却水を利用する必要もないので，設置場所の制約も受けにくく，都市部などの需要地に密着した形で設置できる利点をもっている．したがって，都市部における分散型のポータブル電源として急速に実用化が進められている．

　このほか，人工衛星やスペースシャトルなどにも利用されている．

6・6　電池の放電率と容量

　電池の出しうる電気エネルギーすなわち**容量**は，通常は電気量で表され電力量で表すことは少ない．この電気量の単位はアンペア×秒のクーロンの単位では小さすぎるので，一般にアンペア×時の**アンペア時**（ampere hour／単位記号：Ah）の単位を用いる．

　すなわち，電池の容量は一次電池では使用開始から，二次電池では完全充電の状態から，規定の終止電圧に降下するまでに出しうる全電気量をアンペア時の単位で表すのが普通である．

　しかし，この容量は，それが連続放電か間欠放電かによって異なり，また放電電流の大小，放電する時間などによって異なるので，連続的に一定電流で放電したとき，限界の電圧に達するまでの時間で表し，これを**放電率**（discharge rate）という．例えば十分に充電した蓄電池を一定電流で放電して10時間で放電の限界に達したとすれば，これを**10時間放電率**と呼んでいる．一般に蓄電池では，10時間放電率が標準となっている．

例題 6・3

10時間放電率で 50 Ah の蓄電池がある．この電池は 5 A の一定電流で放電すると何時間使用できるか．

解答 蓄電池の容量を求める計算式は，

$$容量〔Ah〕＝電流〔A〕×時間〔h〕$$

である．したがって放電時間を求めるには，

$$時間〔h〕＝\frac{容量〔Ah〕}{電流〔A〕}$$

を計算すればよい．

$$放電時間＝\frac{50}{5}＝10〔h〕$$

問 6・2 ある蓄電池は 3.5 A の一定電流で放電したところ 10 時間で限界の電圧に達した．この蓄電池の容量はいくらか．

章末問題

1. 硫酸は水溶液の中でどんな状態になっているか説明しなさい．
2. 次の文章の □ に当てはまる適当な語句を答えなさい．
   電気分解によって電極板に析出する物質の量は ① と ② の積に比例する．これを電気分解の ③ の法則という．
3. 電気分解はどんな方面に利用されているか簡単に説明しなさい．
4. 次の文章の □ に当てはまる適当な語句を答えなさい．
   二種類の異なる金属板を電解液中に浸し ① エネルギーを ② エネルギーに変換して取り出す装置を電池という．
5. ある電解精銅装置で陰極板に 350 g の銅が析出するのに，一定電流で 24 時間を要したという．流した電流はいくらか．ただし，銅の電気化学当量は $0.3293×10^{-3}$ g/C とする．

第7章

磁気の性質

　前章までに電流の発熱作用と化学作用を学んだが，この章から磁気と電流の磁気作用の勉強に入ることになる．磁気と電流との間の現象はモータ，発電機，変圧器などの電気計器からその他の機器に至るまで，広く利用されている重要な理論の一つである．

　そこで，この章ではまず電流と磁気との間の働きを理解するのに必要な，基礎的な磁気の性質や現象について学ぶことにしよう．

7・1　磁石の性質

　磁鉄鉱という鉱石は，鉄粉や小さい鉄片を吸いつける性質をもっており，また，鉄，ニッケル，コバルトなどは磁石や磁鉄鉱でこすると鉄片などを吸引するようになる．このように鉄片などを吸引したり反発したりする力を**磁気力**，またその磁気力を生じるもとになるものを**磁気**（magnetism）といい，磁気をもっているものを**磁石**（magnet）という．また，磁気を原因とするいろいろな作用を**磁気作用**（magnetic action）といい，鉄などを磁石にすることを**磁化**（magnetization）するという．

　永久磁石にはその形によって図7・1のように棒磁石，U字（馬蹄）形磁石，磁針などがある．いま棒磁石を用いて鉄粉などを吸いつけると，図7・2のように両端だけに多く付着して，磁性（磁石の性質）が両端に集まっているのを知ることができる．この両端の磁性の極めて強い部分を**磁極**（magnetic pole）といい，両端を連結した線を**磁軸**（magnetic axis）という．

　磁石は図7・3のように磁石の中心を糸でつるすと南北を指して静止し，一定

第 7 章　磁気の性質

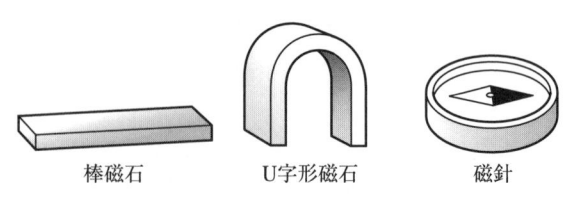

図 7·1　永久磁石のいろいろ

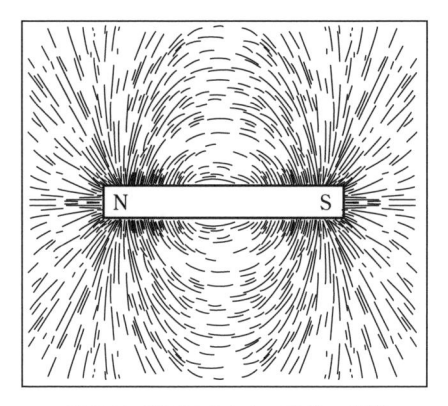

図 7·2　磁石のまわりの鉄粉の模様

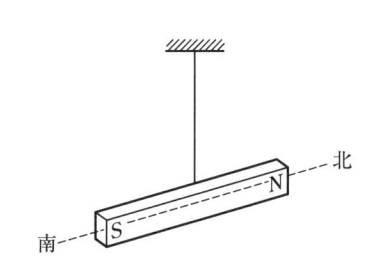

図 7·3　磁石は南北を指して静止する

の磁極は常に一定の向きを示すものである．このとき北の方向を指す磁極を **N 極**（N pole）または **正（＋）極**，南の方向を指す磁極を **S 極**（S pole）または **負（－）極** と呼ぶ．

　これらの磁極の間には力が働き，異種の磁極は互いに吸引し，同種の磁極は互いに反発する性質をもっている．このように磁極の間に働く力を一般に **磁気力** と呼んでいる．この力はあらゆる磁気作用のもとになる極めて重要な性質である．

7・2　磁気誘導と磁性体

　一般に図 7・4 のように鉄片に磁石を近づけると，鉄片が磁化され，その両端に n, s の磁極が現れる現象がある．これを **磁気誘導**（magnetic induction）という．この場合，鉄片に現れる磁極は，図のように近づけた磁石の磁極（N）に

近い端に，その磁極とは異なる極（s）を生じ，他端に同種の極（n）を誘導する．そして，鉄片に誘導されたnとsの磁極の強さは等しくなる．

鉄片に磁石を近づけたとき，鉄片が磁石に吸引される現象は，この磁気誘導によるものである．すなわち，図において鉄片に磁石を

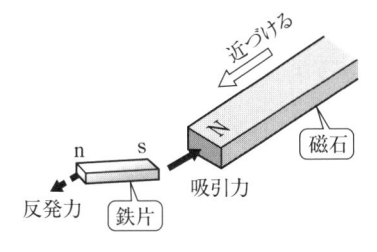

図 7·4　磁気誘導

近づけると，磁気誘導により鉄片にn,sを生じ，Nとsの間に吸引力が働き，鉄片が磁石に吸引される．最も鉄片の他端に生じたnとNの間には反発力を生じるわけであるが，遠く離れているため反発力も比較的小さいので，結果的には吸引力が勝ち，鉄片が磁石に吸引されるのである．

この鉄片のように磁気誘導によって強く磁化される物質を**強磁性体**（ferromagnetic substance）あるいは，単に**磁性体**といい，銅やアルミニウムのように，磁石を近づけてもほとんど磁化されない物質を**非磁性体**（non-magnetic substance）と呼んでいる．この非磁性体にはさらに**常磁性体**（paramagnetic substance）と**反磁性体**（diamagnetic substance）に分けられる．常磁性体は，強磁性体のときと同じように，磁石を近づけると吸引力が働くが，その力はごくわずかで，普通には磁化されないようにみえるものである．アルミニウム，白金，すずなどがこれにあたる．

反磁性体は，磁石を近づけると，反発力が働くが，その力はごくわずかで，普通は磁化されないようにみえる．銅，亜鉛，ビスマスなどがこれにあたる．

7·3　磁極の強さと磁気力に関するクーロンの法則

（1）磁極の強さ

多くの磁石を用いて鉄粉などを吸引する場合，磁極に吸引される鉄粉の量は，磁石によってそれぞれ異なる．これは磁極に強弱があるためである．このような磁極の強弱を表すのに**磁極の強さ**（strength of magnetic pole）という言葉を用

第7章　磁気の性質

い，**ウェーバ**（Weber／単位記号：Wb）という単位で表す．

なお，1個の磁石では図7・5のようにN極とS極の磁極の強さの絶対値は等しく，

```
+m〔Wb〕              -m〔Wb〕
┌─────────────────────────┐
│ N                      S │
└─────────────────────────┘
```

図7・5　磁極の強さ

符号が反対で，一方が $+m$〔Wb〕であれば他方は $-m$〔Wb〕になるものである．

（2）磁気力に関するクーロンの法則

二つの磁極の間に生ずる磁気力については，クーロン（Charles Augustin de Coulomb, 1736～1806年，フランス）によって実験の結果，次のようなことが確かめられている．すなわち，磁極の大きさが磁極間の距離に比べて非常に小さく，点のように小さな磁極と考えられるときは，

「磁気力の方向は両磁極を結ぶ直線上にあり，その大きさは磁極の強さの相乗積に比例し，磁極間の距離の2乗に反比例する」

これを，**磁気力に関するクーロンの法則**（Coulomb's law）という．

したがって，図7・6のように点磁極の強さを m_1, m_2〔Wb〕とし，磁極間の距離を r〔m〕とすれば，磁気力 F〔N（ニュートン）〕は次のように表すことができる．

$$F \propto \frac{m_1 m_2}{r^2} \tag{7・1}$$

また，比例定数を k とすれば，上式は，

$$F = k\frac{m_1 m_2}{r^2} \tag{7・2}$$

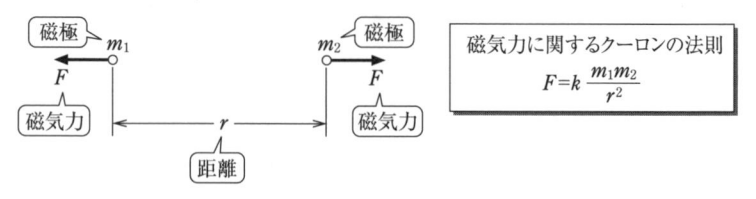

図7・6　磁気力に関するクーロンの法則

で表され，F が正のときは反発力，負のときは吸引力を表すことになる．この場合，k の比例定数は m_1，m_2，r および F の単位や磁極のおかれた場所によって定まる定数で，真空のとき（空気中でもほとんど同じ）の k の値は，ほぼ 6.33×10^4 [N・m^2/Wb^2] である．

また，この k の値を，後で学ぶ**透磁率**（permeability）μ を用いて表すと，

$$k = \frac{1}{4\pi\mu} \text{[N・m}^2\text{/Wb}^2\text{]} \tag{7・3}$$

となる．真空中の透磁率（空気中でもほとんど同じ）は，μ_0 で表し，その値は $\mu_0 = 4\pi \times 10^{-7}$ [H/m] である．したがって，磁気力に関するクーロンの法則は，一般的には，

$$F = \frac{1}{4\pi\mu} \times \frac{m_1 m_2}{r^2} \text{ [N]} \tag{7・4}$$

となり，真空中では，

$$F = \frac{1}{4\pi\mu_0} \times \frac{m_1 m_2}{r^2} = \frac{1}{4\pi \times 4\pi \times 10^{-7}} \times \frac{m_1 m_2}{r^2}$$

$$= 6.33 \times 10^4 \times \frac{m_1 m_2}{r^2} \text{ [N]} \tag{7・5}$$

となる．また後で学ぶ，その物質の比透磁率 $\mu_r = \mu/\mu_0$ を用いれば，式(7・4)はつぎのようになる．

$$F = \frac{1}{4\pi\mu} \times \frac{m_1 m_2}{r^2} = 6.33 \times 10^4 \times \frac{m_1 m_2}{\mu_r r^2} \text{ [N]} \tag{7・6}$$

参考 点磁極について

実際には，1個の点磁極というのは存在しない．しかし，非常に長く，細い棒磁石の一方の端と考えればよい．

例題 7・1

真空中に 5×10^{-4} Wb と -3×10^{-3} Wb の点磁極を5 cm 離しておいたとき，両磁極間に生ずる磁気力はいくらか．また二つの磁極間には，どのような力が働くか．

解答 まず磁極間の距離 r が5 cm であるから公式に代入するときは接頭語をは

ずすので，$r=5\times10^{-2}$m となる．したがって式(7・5)から，

$$F=6.33\times10^4\times\frac{m_1 m_2}{r^2}=6.33\times10^4\times\frac{5\times10^{-4}\times(-3\times10^{-3})}{(5\times10^{-2})^2}$$

$$=-37.98\,[\text{N}]$$

働く力は，計算結果が負の値なので吸引力となる．

問7・1 例題7・1の磁極間の距離を2.5 cmにしたときの磁気力は，例題7・1で働く磁気力の何倍になるか．

問7・2 真空中に等しい磁極の強さを1m離しておいたとき6.33×10^4Nの磁気力が働いたという．磁極の強さはいくらか．

7・4 磁界と磁界の強さ

ある磁極が鉄片を吸引したり，あるいは他の磁石の極に磁気力を及ぼしたりする働きは，その磁極から離れているところまで及ぶものである．このように磁気力の作用している空間を**磁界**（magnetic field）または**磁場**という．

磁界内に鉄片あるいは他の磁極をもってきたときに働く力は，磁気力に関するクーロンの法則によって，磁極付近では強大で，磁極から遠ざかるにしたがってしだいに小さくなる．

また図7・7のような棒磁石のつくる磁界中に方位磁針をおくと，棒磁石の両極より磁力を受けて一定の方向に静止するが，方位磁針のおかれる位置によって，その方向が異なることがわかる．このように磁界は場所によって磁気力の強弱があるばかりでなく，その方向も異なるものである．この磁界の強弱を表すのに，**磁界の強さ**（intensity of magnetic field）という言葉を用い，次のように定められている．

磁界中の任意の1点に，その磁界を何

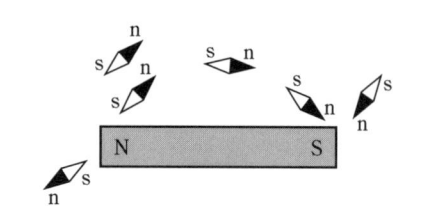

図7・7 磁界の方向は位置によって異なる

7・4 磁界と磁界の強さ

ら乱すことなく単位正磁極（＋1 Wb）をもってきたと仮定した場合，これに作用する力の大きさを磁界の大きさとし，その力の働く方向を**磁界の方向**と定める．すなわち，磁界の強さは，磁界の大きさと方向をもった**ベクトル量**である．

磁界の強さの単位は1 Wbあたりの力（ニュートン）であるから，**ニュートン毎ウェーバ**（N/Wb）となるわけであるが，これと等しい内容になる**アンペア毎メートル**（ampere per meter／単位記号：A/m）を用いる．

次にこの決め方に従って磁極の強さ m [Wb] の点磁極から r [m] 離れた真空中（空気中でもほとんど同じ）の磁界の強さを考えてみよう．図7・8のようにP点に＋1 Wbの単位正磁極をおけばこれに加わる力は，式(7・5)から，

$$F = \frac{1}{4\pi\mu_0} \times \frac{m_1 m_2}{r^2} = \frac{1}{4\pi\mu_0} \times \frac{m \times 1}{r^2} \text{[N]} \tag{7・7}$$

となる．したがって，磁界の強さ H は，

$$H = \frac{1}{4\pi\mu_0} \times \frac{m}{r^2} = 6.33 \times 10^4 \times \frac{m}{r^2} \text{[A/m]} \tag{7・8}$$

でその方向は図7・8の F の力の方向で知ることができる．

磁界の強さの定義を逆に言えば，ある点の磁界の強さが H [A/m] ということは，その点に1 Wbの磁極をおけば H [N] の磁気力を生じることを意味している．したがって，いま磁界の強さ H [A/m] の磁界の中に m [Wb] をもってきたとすれば，これに加わる力の強さは，次のようにして知ることができる．

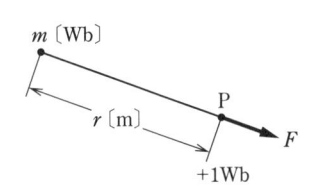

$$F = mH \text{[N]} \tag{7・9}$$

図 7・8 磁界の強さの定め方

磁界の強さは，力と同じようにベクトル量であるから，多くの磁極によってできる合成の磁界の強さはベクトルの和によって求めなければならない．例えば，図7・9のような棒磁石のN，Sの磁極によって，P点につくられる合成磁界は，N極によって生じる H_n

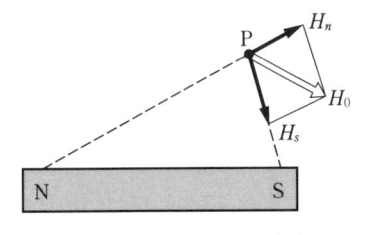

図 7・9 磁界の強さの合成

と，S極によって生じるH_sの磁界の強さのベクトル和であるH_0によって表すことができる．これはまた，P点に+1Wbをおいてその力の合成から求めても知ることができる．

磁界の強さは，また力の場合と同じように二つ以上のベクトルに分解して考えることができる．例えば図7・10(a)のH_0の磁界はH_a，H_bの磁界の強さに分解できるし，同じ意味で図(b)のようにH_a'，H_b'，H_c'のように多くの磁界の強さに分けて考えることもできる．

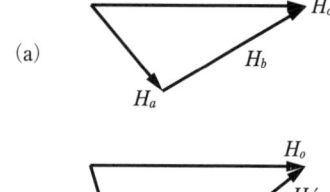

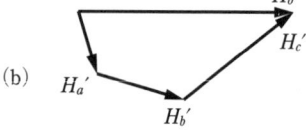

図7・10 磁界の強さの合成と分解

> **参考** ベクトル量とスカラー量
>
> スカラー量とは，長さ，面積，質量，時間のようにある単位と，はかった数値で表す量のことをいう．
>
> これに対し，力や速度などは単位と数値だけでは完全に表すことができない．力や速度は，大きさとともに働く方向を考えなくてはならない．このように大きさと方向もつ数学的対象をベクトルといい，このベクトルで表される量のことをベクトル量という．

> **参考** ニュートン毎ウェーバとアンペア毎メートルが等しい単位
>
> 後で学ぶコイルの誘導起電力の式 $e = -N\dfrac{\Delta \Phi}{\Delta t}$ 〔V〕から単位に注目すると，
>
> $$[\text{V}] = \left[\dfrac{\text{Wb}}{\text{s}}\right] \quad \therefore \quad [\text{Wb}] = [\text{V} \cdot \text{s}] \qquad (7 \cdot 10)$$
>
> すなわち，Wbという単位はV・sと同じである．したがって，
>
> $$\left[\dfrac{\text{N}}{\text{Wb}}\right] = \left[\dfrac{\text{N} \cdot \text{m}}{\text{Wb} \cdot \text{m}}\right] = \left[\dfrac{\text{J}}{\text{V} \cdot \text{s} \cdot \text{m}}\right] = \left[\dfrac{\text{V} \cdot \text{A} \cdot \text{s}}{\text{V} \cdot \text{s} \cdot \text{m}}\right] = \left[\dfrac{\text{A}}{\text{m}}\right]$$
>
> $$(7 \cdot 11)$$

例題 7・2

ある磁界中に 0.1×10^{-6} Wb の点磁極をおいたら 5×10^{-4} N の磁気力を受けたという．磁界の強さはいくらか．

解答 求める磁界の強さは式 (7・9) から，
$$H = \frac{F}{m} = \frac{5 \times 10^{-4}}{0.1 \times 10^{-6}} = 5 \times 10^3 \text{ [A/m]}$$

例題 7・3

真空中に 4×10^{-3} Wb の点磁極がおかれている．この点磁極から 20 cm 離れた点の磁界の強さはいくらか．

解答 求める磁界の強さは式 (7・8) から，
$$H = \frac{1}{4\pi\mu_0} \times \frac{m}{r^2} = 6.33 \times 10^4 \times \frac{4 \times 10^{-3}}{(20 \times 10^{-2})^2} = 6.33 \times 10^3 \text{ [A/m]}$$

問 7・3 真空中に 0.5 Wb の点磁極をおいた．この点磁極から 1 m 離れた点の磁界の強さはいくらか．

7・5 磁力線

棒磁石などの上にガラス板または厚紙をおき，その上に鉄粉を一様に散布し，一端を軽くたたくと，鉄粉は図 7・2 のように両磁極に連なって線状に配列される．これは磁気誘導によって鉄粉がそれぞれ磁石になり，磁界の方向に磁気力を受けて静止しようとして，線状に連なったためである．この場合，鉄粉によって描かれた曲線は，その接線の方向がすべての点で磁界の方向と一致し，曲線の密度は磁界の強い磁極付近では大きく，これから遠ざかるにしたがって小さくなっている．

このように鉄粉の描く曲線はその接線によって磁界の方向がわかり，また鉄粉の描く線の密度によって磁界の強さの大小を知ることができる．このため便宜上この鉄粉の描いた曲線を仮想して図 7・11 のように，磁石の N 極から出て，S

極に終わる両極間を連続する仮想した線を考え，これを**磁力線**（line of magnetic force）という．

したがって，この磁力線を仮想すると，その密度および接線の方向によって，磁界の大きさと方向を知ることができる．この磁力線は進む方向に矢印をつけて示し，単位はつけないで用いる．図7・12は2個の磁石のつくる磁界の様子を磁力線によって表したものである．

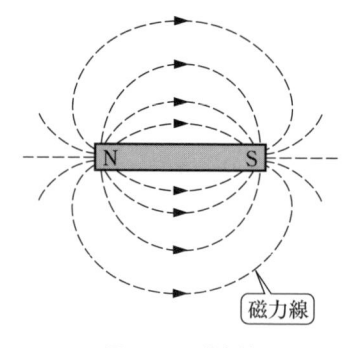

図7・11　磁力線

この磁力線は引っ張られたゴムのように，縮まろうとしていると同時に磁力線相互間では互いに反発しあっていると仮想すると，磁界によって生じるいろいろな力を説明するのに非常に都合がよい．例えば図(b)では磁力線が縮まろうとするため，二つの磁石は吸引し，図(a)では磁力線相互間で反発しあっているから二つの磁石は反発し合い，図(c)では磁力線が縮まろうとするため，上部の磁石を固定しておけば，下部の小磁石を反時計方向に回そうする力を生じることがわかる．

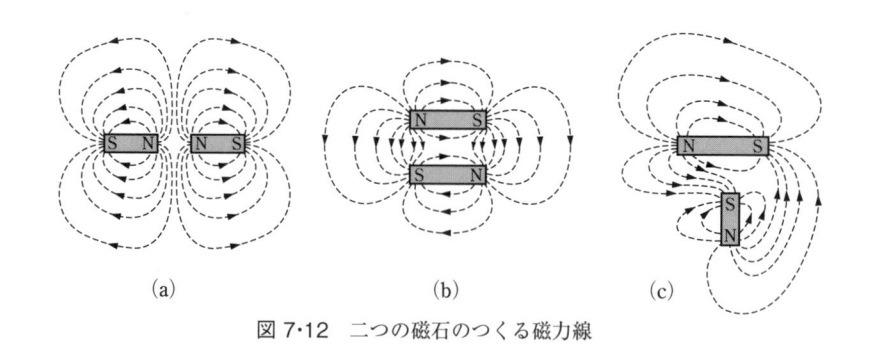

図7・12　二つの磁石のつくる磁力線

7・6 磁力線密度と磁界の強さ

磁力線は磁界の様子を知るために仮定したものであるが，磁界の強さと磁力線との関係は，磁力線と直角な面の磁力線の密度がちょうど磁界の大きさと等しく，かつ磁力線の接線の方向が磁界の方向と一致するように約束している．

すなわち，磁界の強さが H〔A/m〕の点では，図7・13のように，1 m² 当たり H 本の磁力線が垂直に通り，その方向が磁界の方向を示す．なお，磁力線はお互いに交わることはない．なぜならば，磁力線が交わるとすると，交わった点の磁力線の接線の方向が二つあることになり，矛盾を生じてしまうからである．

次に，$+m$〔Wb〕の点磁極から真空中に何本の磁力線が出ているか調べてみよう．$+m$〔Wb〕の磁極が単独にある場合は，磁力線は図7・14のように放射状に出ている．いま $+m$〔Wb〕の磁極を中心として半径 r〔m〕の球面を考えれば，球面上の磁界の強さは，どの点でも式(7・8)のように $H=m/(4\pi\mu_0 r^2)$〔A/m〕である．

したがって，磁力線は 1 m² 当たり H 本が垂直に通っていることになる．

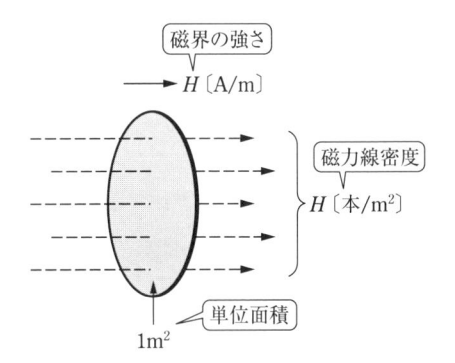

図7・13 磁界の強さと磁力線密度

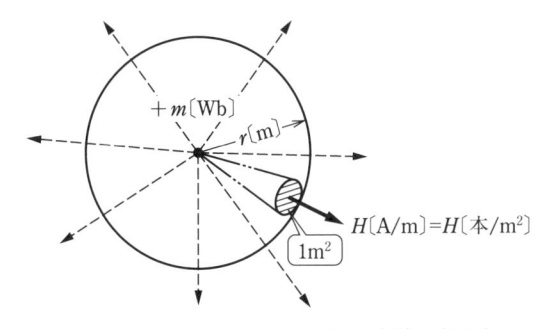

図7・14 m〔Wb〕の磁極から生ずる磁力線の考え方

第7章 磁気の性質

この球の表面積は $4\pi r^2$ [m²] であるから $+m$ [Wb] から出る全磁力線数 N は，

$$N = H \times 4\pi r^2 = \frac{1}{4\pi\mu_0} \times \frac{m}{r^2} \times 4\pi r^2 = \frac{m}{\mu_0} \tag{7・12}$$

したがって，もし $-m$ [Wb] であれば磁力線は $-m/\mu_0$ となり，同数の磁力線が逆に入ってくることになる．

この関係から，磁極の強さ m [Wb] の磁石では，図 7・15 のように m/μ_0 本の磁力線が N 極から真空中（空気中でもほとんど同じ）に出て S 極に終わることになる．

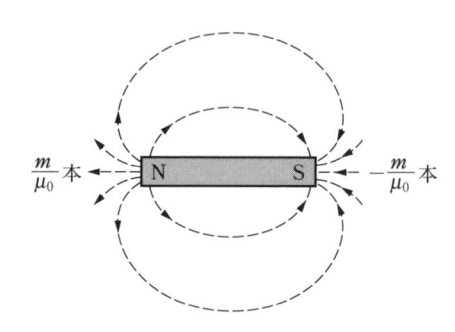

図 7・15 m [Wb] の磁極から真空中を通る磁力線

7・7 磁気モーメント

磁極は理論の上では N または S 極を単独に取り出して考えることができるが，磁石は常に N と S が同時に存在する．このように大きさが等しく，符号が反対の微小磁石のことを**磁気双極子**という．このような磁気双極子が磁界中にあるとき，どのような力が働くか調べてみよう．

今，図 7・16 に示すように，磁界の強さが H [A/m] で，すべての点で等しく，磁界の方向が等しい**平等磁界**（uniform

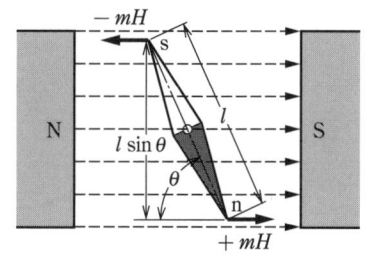

図 7・16 磁界中の磁針に生ずるトルク

magnetic field) があり，この中に長さ l [m]で両端の磁極の強さが $+m$ [Wb] (n 極)，および $-m$ [Wb] (s 極) の磁石を中心で支えておいたとしよう．この場合，磁極に加わる磁気力は式(7・9)により $+mH$ および $-mH$ [N] である．したがって，この力の絶対値が等しく方向が反対の偶力であるので，磁石を回転させようとする回転力，すなわち**トルク** (torque) を生じる．このトルクは平行な力 mH と2力の垂直距離 $l\sin\theta$ の相乗積で知ることができる．すなわちトルク T は，

$$T = mHl\sin\theta = HM\sin\theta \text{ [N·m]} \qquad (7\cdot13)$$

ここで，M は磁極の強さ m と磁極間の距離 l との積 ml で，これを磁石の**磁気モーメント** (magnetic moment) という．

このようなトルクが作用すれば，磁針は反時計方向に回転し，この回転につれて θ はしだいに小さくなるのでトルク T も小さくなる．そして最後に $\theta=0$ となって磁針の磁軸と磁界の方向，すなわち磁力線とが一致すれば，その位置に静止することになる．これによってもわかるように，磁針は常にn極を磁力線の方向に向け磁力線と一致して静止しようとしているものである．

7・8 地球の磁界

われわれは，方位測定用の磁針が常に南北の方向をとって静止することを知っている．これは地球上が磁界になっていて，磁針が力を受けて磁力線と一致して静止したのにほかならない．

このことから考えると地球は図7・17(a)のように地球上の南極付近に N 極，北極付近に S 極をもった大きな磁石と考えることができる．したがって，地球上に磁針をおけば図のように静止することになる．この場合，磁針の n 極の指す方向と地理学上の北とは一致しないで，東あるいは西にいくらかずれをもっている．このずれた角を**方位角** (magnetic declination) あるいは**偏角**という．

また磁針と地球の水平面も図(b)のようにある角をもっている．この角 θ を地球磁気の**伏角** (magnetic inclination) と呼んでいる．この伏角の 90°のとこ

第7章 磁気の性質

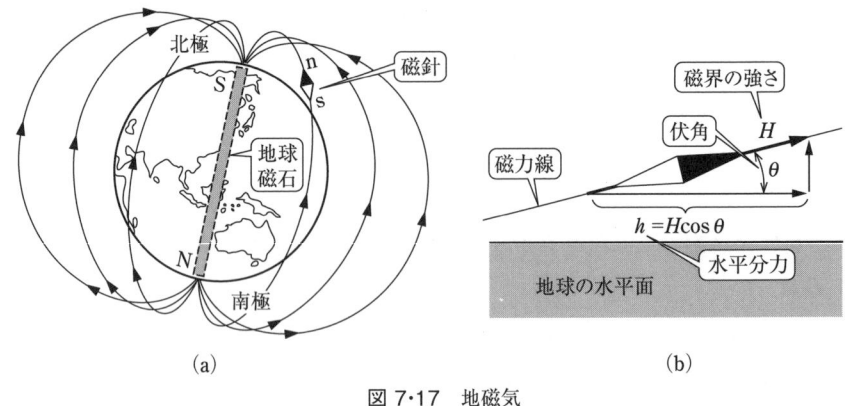

(a) (b)

図7・17 地磁気

ろが図(a)のように地球の磁極に相当するわけである．このように伏角を生じるのは磁界の強さ H [A/m] の磁界によって磁力線が地球表面からある角をなして出るか，あるいは入っていると考えられる．このとき H の水平面に対する分力 $h = H\cos\theta$ の磁界の強さを地球磁気による磁界の強さの**水平分力**という．

以上の方位角，伏角，水平分力はある地点の地球磁気を決める大切な要素なのでこれを**地磁気の三要素**と呼んでいる．

7・9 物質の磁性

物質はなぜ磁化され，またいろいろな磁気現象を起こすのであろうか．これについては古くから強磁性体の**分子磁石説**という仮説がウェーバ（Wilhelm Eduard Weber，1804～1891年，ドイツ）によって唱えられている．分子磁石説とは，一般に強磁性体は図7・18(a)のように非常に小さい N，S の磁極をもった微粒子である**分子磁石**（molecular magnet）から成り立っているが，普通の状態では分子磁石が互いに力を及ぼしあって，図(a)のように各自がばらばらの方向を向いていて，各磁極の n，s はお互いに打ち消し合って外部に磁気の性質を表さない．

ところが鉄などを磁界内にもってくると，分子磁石はその力を受けて磁力線と

7・9 物質の磁性

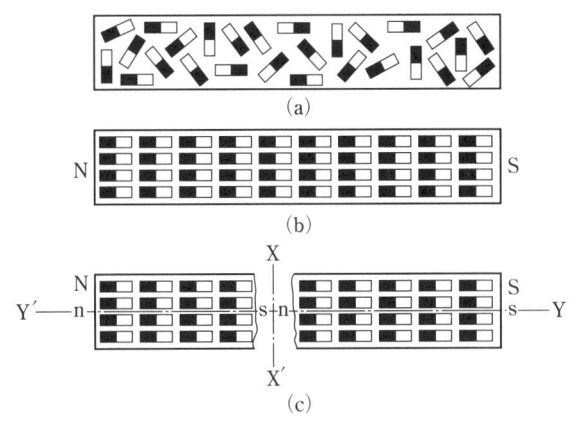

図 7・18 分子磁石説

一致して一列に並ぼうとする．もちろん分子磁石相互間には摩擦があるので磁界の強さが増すにしたがって，しだいに多くの分子磁石が整列して図(b)の中間にあるn，sは互いに隣接する分子磁石のn，sと打ち消し合って中和しているので，両端のn，sだけが残り，その合成であるN，Sの磁極となって現れるものである．

したがって，図(c)のようにX−X′で切断すると今まで中和していたn，sの磁極が現れ，両端にある分子磁石の数が変わらないので磁極の強さの等しい2個の磁石になる．これと同じ意味で，もしさらにY−Y′の方向に2等分すれば，両端にある分子磁石の数は図(b)の1/2になり，図(b)の1/2の磁極の強さの磁石が4個になる．このように磁石はこれを何個にどのように分割してもやはり磁石になるのである．

なお，物質の磁化する現象は，今日では物質の構造と電子の運動によって説明されているが，結果的には分子磁石説に近いことになる．これについては「8・3 電流の磁気作用と物質の磁性」のところで解説することにしよう．

7・10 磁化の強さ

今まで磁石の外部に対するその影響を調べ，またその働きに対しては，磁力線を考えることによって便宜を得てきた．しかし図 7・19 のように全く等しい A，B 二つの磁石をもってきて，これに反対の極を向かい合わせて接触すると，向かい合った N，S の磁極は互いに打ち消し合って全く磁極がなくなり，外部には磁力線が現れない．

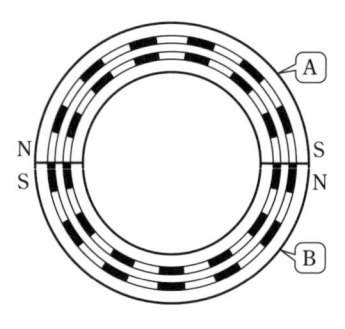

図 7・19 磁化の強さの考え方

したがって，この場合はこの二つの磁石は普通の鉄のように見え，鉄粉を吸引することはない．しかし，たしかに磁石であって A，B を引き離せば磁極が現れ磁石の性質を外部に現す．

このように考えると外部の状況に関係なく，磁石の内部の磁化の状態を表す方法を考える必要がある．一般に磁石は前節で学んだように磁石全体が磁化されていて，これを何個に分割してもやはり磁石になる．そうして表 7・1 からわかるように，磁石を 2 等分しても 4 等分しても磁気モーメントを合成すれば，もとの

表 7・1 磁気モーメント

	磁石の状態	合成磁気モーメント
もとの磁石	l ; m , $-m$	ml
2 等分	$\frac{l}{2}$; m , $-m$ ｜ $\frac{l}{2}$; m , $-m$	$2\left(m \times \frac{l}{2}\right) = ml$
4 等分	$\frac{l}{2}$; $\frac{m}{2}$, $-\frac{m}{2}$ ｜ $\frac{l}{2}$; $\frac{m}{2}$, $-\frac{m}{2}$	$4\left(\frac{m}{2} \times \frac{l}{2}\right) = ml$

磁石の磁気モーメントと同じになる．この関係から，単位体積（1 m³）当たりの磁気モーメントで磁化の状態を表し，これを**磁化の強さ**（intensity of magnetization）という．

したがって，図7・20のように断面積 S [m²]，長さ l [m]，磁極の強さ m [Wb]で平等に磁化された磁石の磁化の強さ J は，

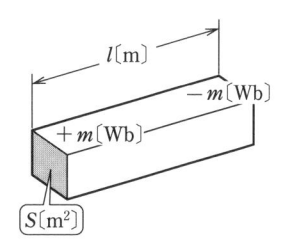

図7·20　磁石の分割と合成磁気モーメント

$$J=\frac{ml}{Sl}=\frac{m}{S} \text{[Wb/m²]} \quad \text{（あるいは[T]）} \tag{7・14}$$

となり，ウェーバー毎平方メートル（単位記号：Wb/m²）または**テスラ**（tesla／単位記号：T）の単位で表すことができる．これによって磁化の強さ J はちょうど1 m² 当たりの磁極の強さ，すなわち**磁極密度**と同じことがわかる．

なお，平等に磁化されていない場合は $\varDelta V$ の微小体積に対する磁気モーメントを $\varDelta M$ とすれば，次のように表すことができる．

$$J=\frac{\varDelta M}{\varDelta V} \tag{7・15}$$

7・11　磁束と磁束密度

すでに学んだように，磁界の様子や磁気現象を説明するのに磁力線を考え，$+m$ [Wb]の磁極からの出る全磁力線数は，真空中では m/μ_0 本であった．したがって，同じ強さの磁極でも，それが置かれている場所の透磁率 μ により出入りする磁力線の数は異なることになる．

そこで，まわりの透磁率に関係なく，決まった強さの磁極からは決まった数の磁気的な線が出入りするものと考える．このような線を**磁束**（magnetic flux）と呼び，記号 $\varPhi$ で表す．単位としては磁極と同じ**ウェーバー**（単位記号：Wb）を用いることにする．すなわち，$+m$ [Wb]の磁極からは m [Wb]の磁束が出る

第7章　磁気の性質

ものとする．

そして，図7・21(b)に示すように，磁極の強さ $+m$〔Wb〕の磁石では，外部の媒質に関係なく，m〔Wb〕の磁束がN極から出てS極に入り，さらに磁石の内部ではS極からN極にもどって環状につながっている．また，磁石の外部の磁束の模様は，磁力線の模様と相似であり，その定性的な性質も磁力線の性質と同様である．

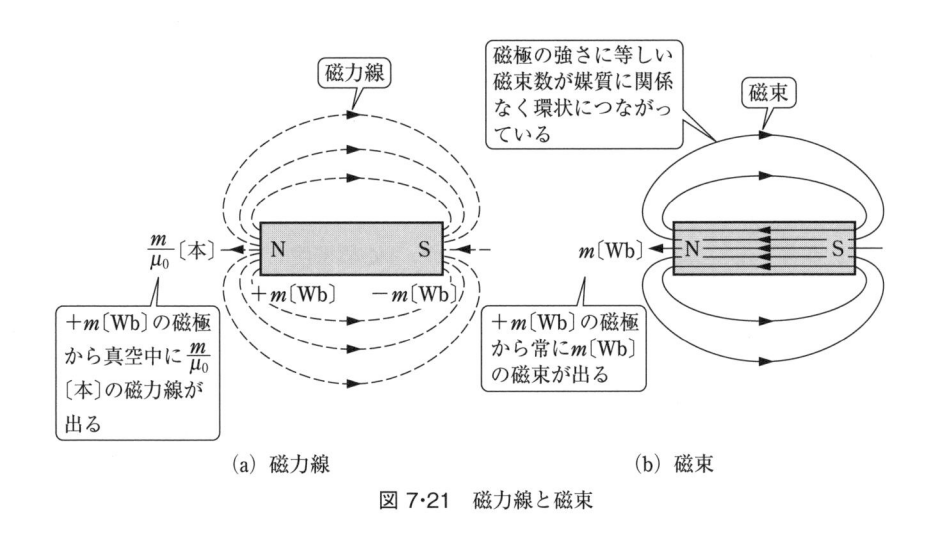

(a) 磁力線　　　(b) 磁束

図7・21　磁力線と磁束

次に真空中に磁極の強さ m〔Wb〕の磁石をおいたとき，真空中の磁力線と磁束の関係を調べてみよう．磁力線はすでに学んだとおり m/μ_0 本が図(a)のようにN極から出てS極に入る．また同じところには m〔Wb〕の磁束が通っている．したがって，磁力線の数を μ_0 倍すれば磁束数を知ることができる．すなわち，S〔m²〕の面に垂直に N 本の磁力線が通っているところを通る磁束を $\varPhi$〔Wb〕とすれば，$\varPhi = \mu_0 N$ で表される．したがって，これを1 m² の密度についていえば，次の関係がある．

$$\frac{\varPhi}{S} = \mu_0 \frac{N}{S} \tag{7・16}$$

このとき，左辺の Φ/S を**磁束密度**（magnetic flux density）といい，一般に B の記号で表し，**テスラ**（tesla／単位記号：T）の単位で表す．

$$B = \frac{\Phi}{S} \ [\mathrm{T}] \tag{7・17}$$

また，N/S は磁力線密度で磁界の強さを表すから，これを $H\,[\mathrm{A/m}]$ とすれば，上式は，

$$B = \mu_0 H \ [\mathrm{T}] \tag{7・18}$$

になる．この関係は真空中の磁界の強さと磁束密度の関係を表すものである．

例題 7・4

$3\,\mathrm{cm}^2$ のところを垂直に $3.6 \times 10^{-4}\,\mathrm{Wb}$ の磁束が通るとき磁束密度はいくらか．

解答 式(7・17)より，磁束密度 B は単位面積当たりの磁束数であるから，

$$B = \frac{\Phi}{S} = \frac{3.6 \times 10^{-4}}{3 \times 10^{-4}} = 1.2\,[\mathrm{T}]$$

例題 7・5

真空中のある点の磁界の強さが $2\,\mathrm{A/m}$ であるとき，その点の磁束密度はいくらか．

解答 真空中の磁界の強さと磁束密度の関係は式(7・18)より，

$$B = \mu_0 H = 4\pi \times 10^{-7} \times 2 \fallingdotseq 2.51 \times 10^{-6}\,[\mathrm{T}]$$

問 7・4 図 7・22 のように発電機の磁極があり，磁束が細線のように通ったとき a, b, c, d の磁極の極性（N，S）はどうなるか．

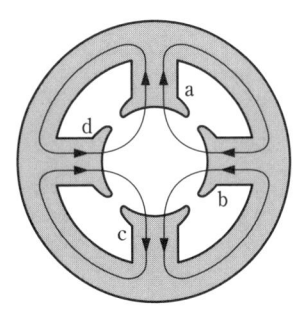

図 7·22 磁束の通り方

7・12 磁化された鉄の磁束密度

今まで磁石を中心として真空中の磁界の強さを調べ，磁石の磁化の強さに対して磁力線や磁束の

関係を学んできたが，ここで磁界中におかれた鉄などの強磁性体が磁化された場合，強磁性体の中にどんな磁束が生じるか調べてみよう．

図 7・23(a)のように，真空中に磁界の強さ H [A/m] の環状の磁界があり，その中に図(b)のように環状の鉄をおいたときの磁束密度を考えてみよう．この場合，まず H [A/m] によって真空中には式(7・18)から $\mu_0 H$ の磁束密度を生じている．次にここに環状の鉄をおけば鉄は磁化されるが磁極は現れない．この磁化の強さを J [T] とすれば，磁化によって J [T] の磁束密度が増加したことになる．したがって，鉄の中には全体としては図(c)のように，最初にあった $\mu_0 H$ と磁化によって生じた J の和の磁束密度 B になるので，

$$B = \mu_0 H + J \text{ [T]} \quad (あるいは [Wb/m}^2]) \tag{7・19}$$

となる．この場合，磁化の強さ J は磁界の強さ H に比例するから，このときの比例定数を χ（カイ）とすれば，

$$J = \chi H \tag{7・20}$$

の関係がある．この比例定数をその物質の**磁化率**（susceptibility）という．なお，この場合の磁界の強さは物質を磁化するもとになる力なので，**磁化力**（magnetizing force）ともいう．

式(7・19)に式(7・20)の関係を代入すれば，磁束密度 B は次のように表すこともできる．

$$B = \mu_0 H + \chi H = (\mu_0 + \chi) H \tag{7・21}$$

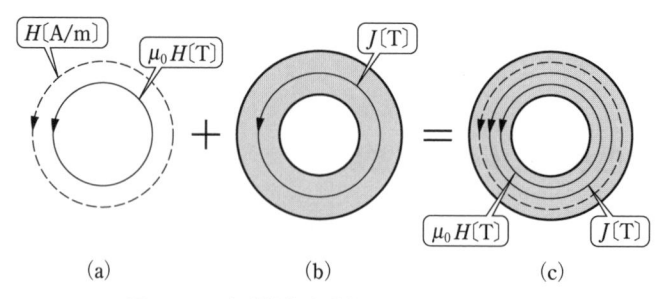

図 7·23　強磁性体を磁化したときの磁束

7・12 磁化された鉄の磁束密度

次に図7・23の場合と違って、環状鉄心ではなく棒状の鉄をおくとどうなるであろうか。図7・24(a)のように磁界の強さ H_0 [A/m] の磁界の中に棒状の鉄をおくと、鉄が磁化されると同時に図(b)のように磁気誘導によって鉄の両端にはn, sの磁極を生ずる。するとn, sが鉄心中をnからsに向かう H_0 と反対向きの h [A/m] という磁界をつくる。

したがって、n, sが現れると同時に鉄心中の磁界の強さは $H=H_0-h$ のように小さくなる。すなわち、n, sの磁極が鉄に現れると、磁化力が h だけ弱められることがわかる。この h を**自己減磁力**（self demagnetizing force）という。

この自己減磁力 h は、単に磁気誘導によって生じた場合に限らず、図7・25のように永久磁石が単独にある場合でも生じるものである。この場合、自己減磁力は永久磁石を弱めるように働く。

このため、磁石を長い間そのまま放置しておくと、磁極の強さは自身の磁極のため自己減磁力を生じしだいに弱まってくる。

したがって、永久磁石などを保存するときは、図7・26のように鉄片を吸

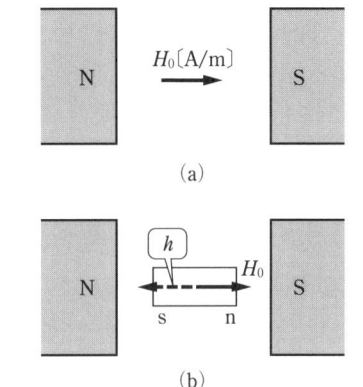

図7・24 自己減磁力

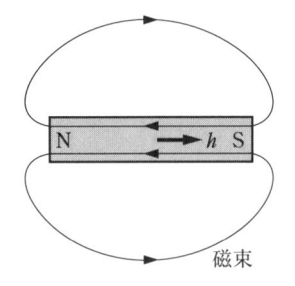

図7・25 磁極によって自己減磁力を生ずる

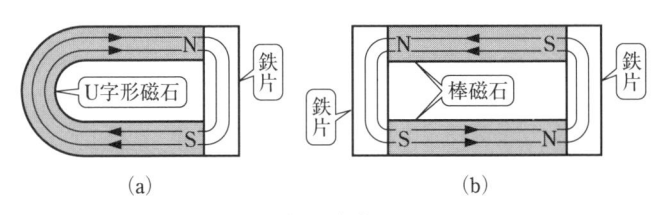

図7・26 磁石の保存のしかた

着させて，磁極が現れないようにしておかなければならない．

7・13　透磁率と比透磁率

　物質を磁化した場合，その物質の中の磁界の強さ，すなわち磁化力 H〔A/m〕に対する磁束密度 B〔T〕の割合を表したものを**透磁率**（permeability）という．すなわち，透磁率を μ とすれば，

$$\left.\begin{array}{l} \mu=\dfrac{B}{H}\text{〔H/m〕} \\ B=\mu H\text{〔T〕}\quad（あるいは〔Wb/m}^2\text{〕）} \end{array}\right\} \quad (7・22)$$

の関係がある．透磁率の単位には**ヘンリー毎メートル**（henly per meter／単位記号：H/m）という単位を用いる．

　この関係から透磁率は，物質が磁化された場合，その物質の中の磁界の強さに対して単位面積当たり，いかに多くの磁束を生ずるかを表す割合であるということができる．

　次に透磁率と磁化率の関係を調べてみよう．磁束密度 B は式(7・21)と式(7・22)から，

$$B=(\mu_0+\chi)H=\mu H \quad (7・23)$$

となり，透磁率と磁化率の間には，

$$\mu=\mu_0+\chi \quad (7・24)$$

の関係がある．したがって，磁化率の大きい材料ほど透磁率は大きくなる．

　このように透磁率は物質の種類によって異なるものであるが，ある物質の透磁率が，真空の透磁率に対して何倍あるか比べたものをその物質の**比透磁率**（relative permeability）という．

　したがって，一般の物質の透磁率を μ，比透磁率を μ_r とすれば式(7・23)の関係から，

$$\mu_r=\dfrac{\mu}{\mu_0}=1+\dfrac{\chi}{\mu_0} \quad (7・25)$$

あるいは，

$$\mu = \mu_0 \mu_r \tag{7・26}$$

の関係があり，式(7・25)の χ/μ_0 を**比磁化率**（relative susceptibility）という．

例題 7・6

磁界の強さが $1\,000$ A/m のとき，比透磁率 900 の鉄の磁束密度を求めなさい．

[解答] 比透磁率 $\mu_r = 900$ の鉄の磁束密度は，式(7・23)および式(7・26)より，
$$B = \mu H = \mu_0 \mu_r H = 4\pi \times 10^{-7} \times 900 \times 1\,000 \fallingdotseq 1.13\,[\mathrm{T}]$$

問 7・5 比透磁率 $1\,200$ の鉄心の中の磁界の強さが $1\,000$ A/m であったとすると，磁束密度はいくらか．

7・14 磁気シールド

今まで学んだように，磁界は真空に限らずどんな物質の中でも生じ，一般に $B = \mu H$ の関係がある．したがって，どんな物質を用いても磁界を絶縁して，この影響を断ち切ってしまうことはできない．

ところが磁気の働きを利用したいろいろな電気計器などでは，地球磁界や外部からの磁界の影響を受けると測定結果に誤りを生じるので，外部磁界を断ち切って，できるだけその影響を少なくする必要がある．このように外部磁界の影響を断ち切ることを**磁気シールド**（magnetic shield），あるいは**磁気しゃへい（遮蔽）**という．

磁気シールドは，鉄が磁束を通しや

図 7・27 磁束は強磁性体の中を通りやすい

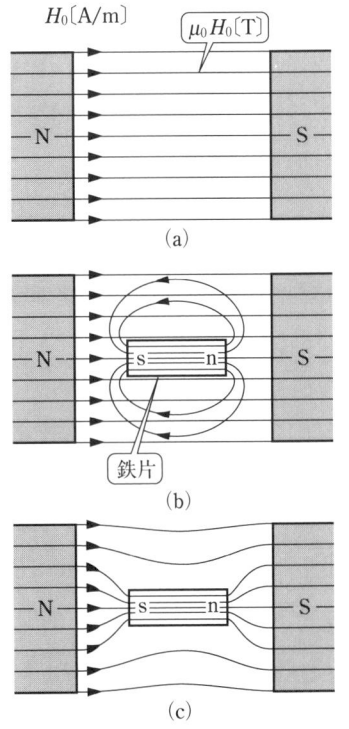

すい性質を利用している．例えば，図7・27(a)のように平等磁界 H_0 [A/m] があり，$B=\mu_0 H_0$ [T] の磁束が実線のように通っているとき，この磁界中に図(b)のように鉄片をおくと，鉄片は磁化されて n，s の磁極を生じ，この磁極 n，s によって図のような磁束を生じる．したがって，この両者の磁束の合成を考えると図(c)のようになる．これによって明らかなように，磁界中に鉄片をおくと，磁束は透磁率が大きい鉄の中を通りやすいので，鉄の中に磁束を吸いよせるような働きをする．この性質を利用して，磁気シールドをしようとする計器を鉄製のケース内に密閉しておくと，図7・28のように外部磁界によってつくられる磁束は，ほとんど鉄製のケースの中を通って，計器を外部磁界から断ち切ることができる．これが磁気シールドの原理である．

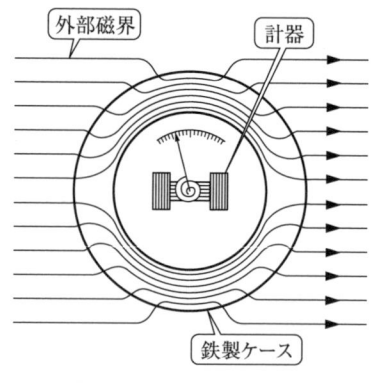

図7・28 磁気シールド

章末問題

1. 3×10^{-3} Wb と -2×10^{-3} Wb の点磁極を 20 cm 離して真空中おいたときに生じる磁気力はいくらか．

2. 比透磁率 $\mu_r=20$ の媒質中に 2×10^{-2} Wb と 4×10^{-3} Wb の磁極が 5 cm 離れておかれているとき，これらの磁極間に働く磁気力はいくらか．

3. 次の文章の ☐ に当てはまる適当な語句を答えなさい．

　　2個の磁石がある．それぞれ一つの極を互いに近づけると，その間には力が働くが，この力は同種の極の間では ① が働き，異種の極の間では ② が働く．その力の大きさは，磁極間の距離の2乗に ③ し，距離を一定とすれば磁極の強さの積に ④ する．これを磁気に関する ⑤ の法則という．

4. ある磁界中の1点に1.5×10^{-3} Wbの磁極をおいたところ，磁極に3 Nの磁気力が作用するという．その点の磁界の強さはいくらか．

5. 磁界の強さ8 000 A/mの平等磁界内に長さ12 cm，磁極の強さ5×10^{-3} Wbの棒磁石が磁界の方向と30°の角度におかれたとき，この磁石に働くトルクはいくらか．

6. 空気中の磁界の強さが4 500 A/mのとき磁束密度はいくらか．

7. 比透磁率1 000，鉄心中の磁界の強さが800 A/mのとき磁束密度はいくらか．

8. 比透磁率1 200，断面積30 cm²の鉄心の中を3.6×10^{-3} Wbの磁束が通っているとき，磁界の強さはいくらか．

9. ある物質の中の磁束密度が0.8 Tで磁界の強さが2 000 A/mであった．この物質の透磁率，比透磁率および磁化率はいくらか．

10. 次の文章の □ に当てはまる適当な語句を答えなさい．
　　磁界の強さは，その点においた □① に加わる力の大きさで □② ，力の方向で □③ を定める．そして磁力線 □④ が磁界の強さと等しくなるように約束されている．

11. 空気中に図7・29のように長さl [m]，磁極の強さm [Wb]の棒磁石の垂直二等分線OPC線上のP点の磁界の強さを求めなさい．ただし，両磁極からP点までの距離はr [m]である．

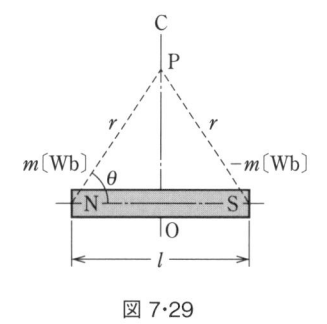

図7・29

第8章

電流と磁気

ここでは前節で学んだ磁気の性質の知識をもとにして，電流の磁気作用について詳しく学ぶことにする．

8・1 電流のつくる磁界

図8・1のように南北の方向に直線導体を配置し，この下に方位磁針をおいて導体に電流を流してやると，方位磁針は力を受けて導体と直角の方向に移動して止まる．また，電流の方向を反対向きに変えてみると，方位磁針は前と反対方向に動くことを実験によって知ることができる．

このように電流が流れると，その周囲に磁界を生じ磁気作用を及ぼすことは，エルステッド（Hans Christian Oersted，1777～1851年，デンマーク）によって1820年に発見された現象である．

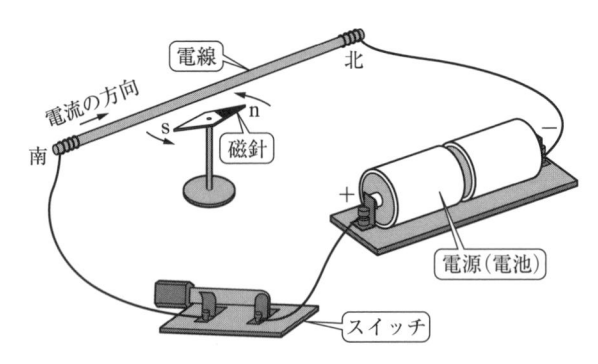

図 8・1 直線上の電線に流れる電流のつくる磁界の実験

8・1 電流のつくる磁界

(1) 直線電流のつくる磁界

次に、直線導体に流れる電流によって生じる磁界の形や方向を調べてみよう。図8・2のように直線導体で厚紙を垂直に貫いて、これに上から下に向かう電流を流しておいて厚紙の上に鉄粉を散布すると、鉄粉は図のように導体を中心にして連続した多数の同心円状に配列する。

これによって電線の周囲にできる磁力線は、電線と垂直な平面内では電線を中心として円形にできることがわかる。そして厚紙上に方位磁針をおくと、N極の向きから磁力線は時計の針の進む方向(時計回り)に生じ、また電流の向きを反対にすると、方位磁針の向きも反対になるのを知ることができる。

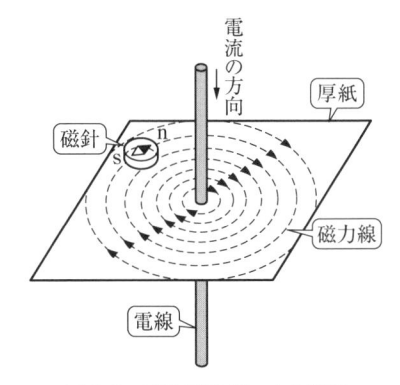

図 8・2 直線電流がつくる磁界

われわれがこのような勉強を進める場合、電流などの方向を簡単に図に表すために⊗(クロス)と⊙(ドット)の符号を用いている。そして⊗の符号は紙面の表から裏に向かう方向を、⊙の符号は裏から表に向かう方向を現すものと約束している。したがって、この符号を用いて電流の方向と磁力線の方向を示すと図8・3のようになる。

このように電流によって生じる磁力線は、図8・4のように電流の流れる導体の周囲にはいたるところに垂直に発生するものである。

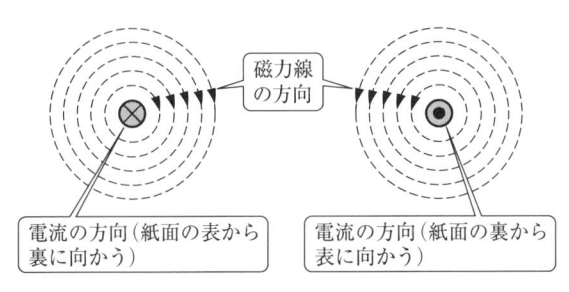

図 8・3 電流と磁力線の関係

第 8 章　電流と磁気

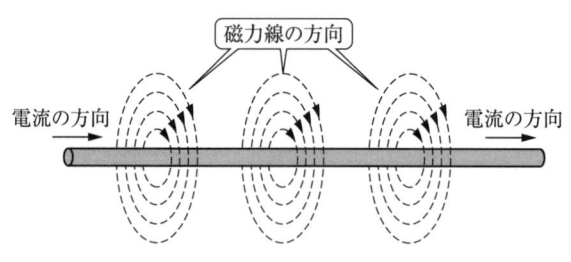

図 8・4　電流の周囲のいたるところに磁力線ができる

参考　紙面に垂直な方向の表し方

紙面に垂直な方向の表し方については次のように約束する．

　⊗（クロス）：紙面の表から裏に向かう方向
　⊙（ドット）：紙面の裏から表に向かう方向

これは，図 8・5 のように矢が飛んでいくとき，後ろから見ると羽根が⊗の形に見え，前から見ると矢の先端が⊙の形に見えると考えると覚えやすい．

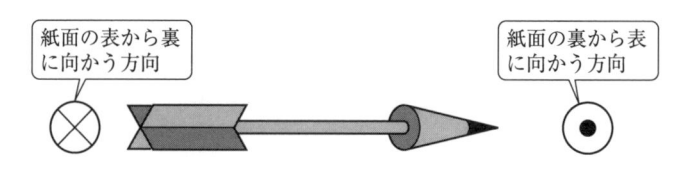

図 8・5　紙面に垂直な方向の表し方

（2）コイルのつくる磁界

電線を環状，すなわち**コイル**（coil）にしてこれに電流を流すと，電線を取り巻いてできた磁力線は，図 8・6 のようにコイルの内側ではその方向が一致して，コイルの一方から他の側に向かって通るようになる．したがって，コイルの内側では各部の磁力

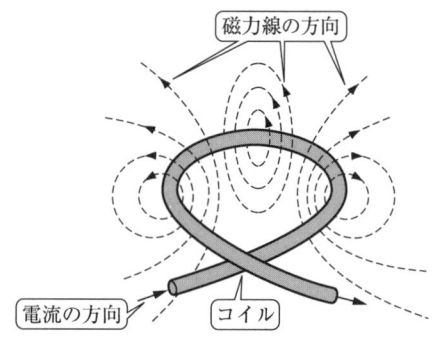

図 8・6　コイルのつくる磁界

線が加わり合って，かなり強い磁界ができる．これはコイルが1巻の場合であるが，コイルの巻数をさらに多くしていけば，これらの作用がさらに加わりあって，いっそう強い磁界をコイル内につくることができる．

なお，図8・7は電線を密接にして筒形に巻いたコイル，すなわち**ソレノイド**（solenoid）に電流を流したときの磁力線の状態を示したものである．このとき1巻ごとに取り巻く磁力線は少なくなり，大部分の磁力線は合成されて，一端から他端までソレノイド内を貫き，ソレノイド内の全部の電線を取り巻く環状の磁力線になっている．したがって，この磁力線のコイル外の状態は一つの棒磁石のつくる磁界と全く同じようになり，コイルの両端に磁極 N，S ができる．

このように電流によって働く磁石を**電磁石**（electromagnet）という．普通に用いられる電磁石では，コイル内に鉄心を入れる場合が多い．

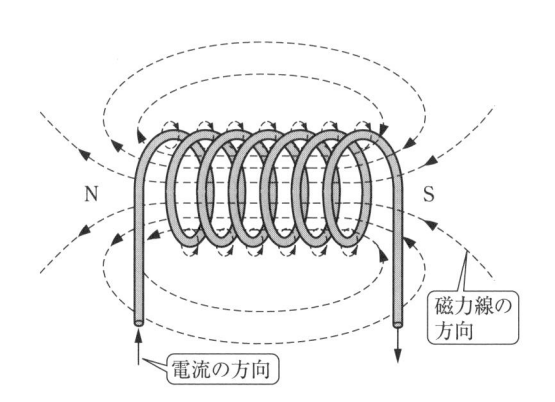

図8・7 ソレノイドに流れる電流のつくる磁界

8・2 磁力線の方向

電流によってつくられる磁力線の方向は，電流の流れる方向に向かってみたとき，時計の針の進む方向（時計回り）に生じるが，これを簡単に知る方法として，右ねじの法則あるいは右手親指の法則がある．

第8章　電流と磁気

（1）右ねじの法則

　直線電流の場合には図8・8(a)のように電流に沿って右ねじをおき，電流の方向にねじの進む方向をとると，ねじの回る方向が発生する磁力線の方向と一致する．この関係は電流と磁力線の関係を逆に入れ替えてもよい．すなわち，図(b)のようなコイルの場合は，電流の方向にねじを回したとき，ねじの進む方向がコイル内に発生する磁力線の方向と一致する．これを**右ねじの法則**という．

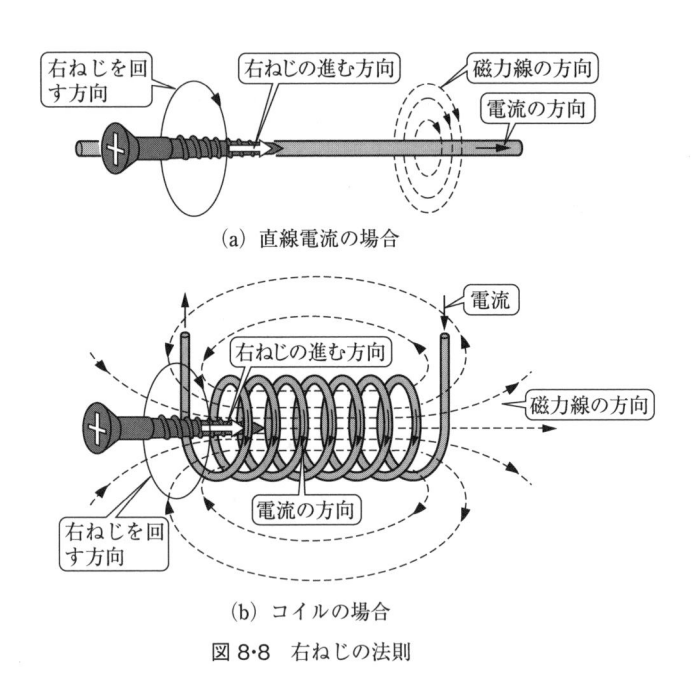

(a) 直線電流の場合

(b) コイルの場合

図8・8　右ねじの法則

（2）**右手親指の法則**

　これは右手を用いる方法で，直線電流のときは，図8・9(a)のように右手親指を電流の方向に向けると，他の4指の向かう方向が磁力線の発生する方向と一致する．またコイルの場合は，この関係を逆に用いて図(b)のように右手の4指を電流の流れる方向に向けると，親指の方向がコイル内に発生する磁力線の方向と一致する．これを**右手親指の法則**という．

8・2 磁力線の方向

(a) 直線電流の場合

(b) コイルの場合

図 8・9 右手親指の法則

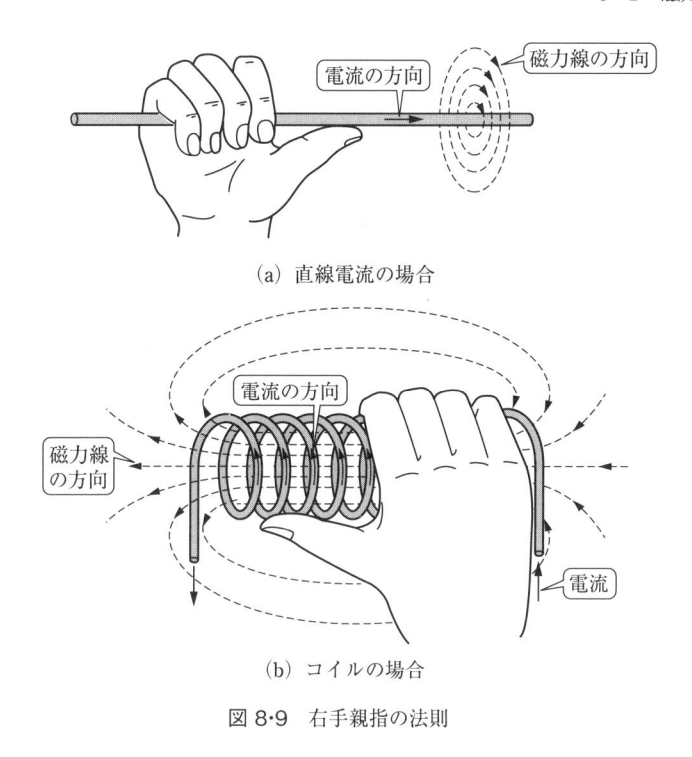

問 8・1 図 8・10 のような鉄にコイルを巻いて，これに電池をつないだとき，a, b および c, d 点にはどんな極性の磁極が生じるか．

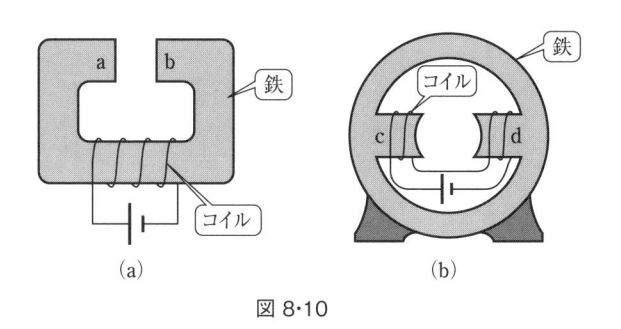

図 8・10

8・3　電流の磁気作用と物質の磁性

物質の磁性や強磁性体の分子磁石説については，すでに第7章で学んだ．この理由については現在では，電流の磁気作用と同じように考えられている．次にこれについて簡単に学んでおこう．

物質は第1章で学んだように，原子核を中心にして電子が円運動をしていると同時に，電子自身もまた自転（**スピン**）をしている．この電子の運動は電荷の移動であるから電流を生じていることになる．

したがって，図8・11のように円運動する電子によって図(a)，スピンによって図(b)のような微小磁石が生じることになる．

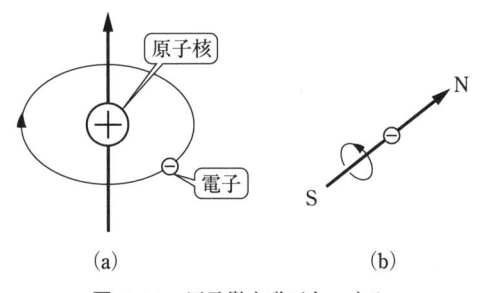

図 8・11　原子微小磁石をつくる

この結果，原子あるいは分子はこれらを構成する多くの電子の運動による合成の磁気モーメントをもった微小電磁石になっている．しかし，通常は互いに勝手な方向に向いていて，その磁性は打ち消されて磁性は現れない．ところが，これに磁界を与えると，微小電磁石が磁界の方向を向いて並び常磁性を現すことになる．

これと同時に磁界と運動する電子，すなわち電流との間に第10章で学ぶ電磁力が生じ，このため電子の運動の軸が変わって磁界の方向と反対向きに磁気モーメントをもつように働き，反磁性体になろうとする．

すなわち，磁界中にある物質には常磁性体になろうとする性質と，反磁性体に

なろうとする性質が同時にあり，そのうち強いほうの性質が現れて，常磁性体になったり反磁性体になったりするといわれている．

強磁性体の場合は，常磁性体と同じように微小磁石になっているが，これらは特に**磁区**（magnetic domain）と呼ばれる結晶があって，この中では全部の微小電磁石の向きが一致して強い分子磁石になっている．しかし，通常はこの分子磁石が，勝手な方向を向いてお互いに打ち消し合って磁性を現さない．ところが磁界を与えると，これらが磁界の方向と一致して並び，強い磁性を現すものと考えられる．このことから強磁性体では説明を簡単にするために，第7章の分子磁石説を用いても結果的には事実と一致するものである．

8・4 ビオ・サバールの法則と円形コイルの磁界

（1）ビオ・サバールの法則

電流が流れるとき，その周囲に生じた磁界の強さはどのように計算すればよいか．これについてはいろいろな方法があるが，このうちの一つとして**ビオ・サバールの法則**（Biot-Savart's law）がある．

この法則は，図8・12のように導体のO点の Δl [m] の微小部分に I [A] の電流が流れたとき，これによってO点から r [m] 離れた1点Pにできる磁界の大

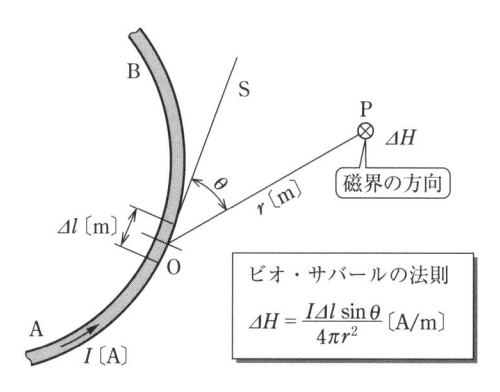

ビオ・サバールの法則

$$\Delta H = \frac{I \Delta l \sin\theta}{4\pi r^2} \text{ [A/m]}$$

図8・12 ビオ・サバールの法則

きさ ΔH は，Δl の接線 OS と OP とのなす角を θ とすれば，

$$\Delta H = \frac{I\Delta l \sin\theta}{4\pi r^2} \text{[A/m]} \tag{8・1}$$

という関係がある．そして，このときの磁界の方向は右ねじの法則に従い，Pと Δl を含む面に垂直の方向である．

この式は微小部分による磁界の大きさであるから，全部の電流による磁界はこれらを全部加えたものになる．したがって，回路の形が定まれば全回路の電流によって計算できるが，多くの場合，微分積分学の知識が必要である．したがって，ここでは今まで学習した数学の範囲で考えることのできる，円形の導体に流れる電流のつくる磁界の大きさを計算してみよう．

> **参考**　ビオ・サバールの法則を微分積分の形式で表す．
> 式(8・1)を微分積分の形式で表すと次のようになる．
>
> $$dH = \frac{I\sin\theta}{4\pi r^2}dl \quad \text{あるいは} \quad H = \int \frac{I\sin\theta}{4\pi r^2}dl \tag{8・1}'$$
>
> 実際にはこの式を用いてさまざまな磁界の強さを計算する．

（2）円形コイルの中心磁界の強さ

図8・13のように半径 r [m]のコイルに I [A]の電流が流れているとき，コイルの中心 O にできる磁界の強さ H [A/m]を求めてみよう．

この場合，コイル上に微小部分 Δl をとれば，Δl 部分の接線と半径とはお互いに直角であるから $\sin\theta = \sin 90° = 1$ である．そして，この関係は円周上のどの点でも成り立つ．いま円周上に Δl_1, Δl_2, Δl_3, …, Δl_n を考え，これによる磁界の強さを ΔH_1, ΔH_2, ΔH_3, …, ΔH_n とすれば，それぞれの磁界の方向は合成磁界 H の方向に一致するから，ビオ・サバールの法則から，

$$\begin{aligned} H &= \Delta H_1 + \Delta H_2 + \Delta H_3 + \cdots + \Delta H_n \\ &= \frac{I\Delta l_1}{4\pi r^2} + \frac{I\Delta l_2}{4\pi r^2} + \frac{I\Delta l_3}{4\pi r^2} + \cdots + \frac{I\Delta l_n}{4\pi r^2} \\ &= \frac{I}{4\pi r^2}(\Delta l_1 + \Delta l_2 + \Delta l_3 + \cdots + \Delta l_n) \end{aligned} \tag{8・2}$$

8・4 ビオ・サバールの法則と円形コイルの磁界

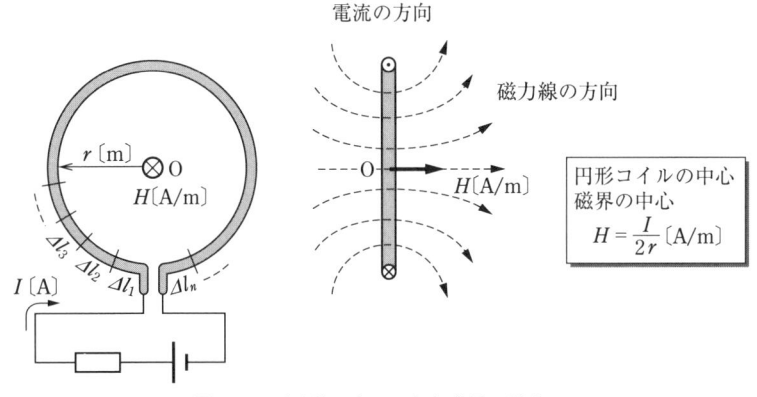

図 8・13 円形コイルの中心磁界の強さ

そして，円周上の $\varDelta l_1 + \varDelta l_2 + \varDelta l_3 + \cdots + \varDelta l_n$ は全部では円周の長さ $2\pi r$ になるから，

$$H = \frac{I}{4\pi r^2} \times 2\pi r = \frac{I}{2r} \text{ [A/m]} \tag{8・3}$$

として知ることができる．したがって，もし円形導体が 1 巻きでなく N 巻きで緊密に固めて巻いてあるとすれば，このときの磁界の強さ H_N は式(8・3)の N 倍になり，次のように表される．

$$H_N = \frac{NI}{2r} \text{ [A/m]} \tag{8・4}$$

参考 円形コイルの中心磁界の強さを微分積分を用いて計算する．

式(8・1)′の積分区間を 0 から $2\pi r$，$\theta = 90°$ として計算すると，円形コイルの中心磁界の強さを求めることができる．

$$\begin{aligned} H &= \int_0^{2\pi r} \frac{I \sin 90°}{4\pi r^2} dl = \frac{I}{4\pi r^2} \int_0^{2\pi r} dl \\ &= \frac{I}{4\pi r^2} [l]_0^{2\pi r} = \frac{I}{4\pi r^2} \times (2\pi r - 0) \\ &= \frac{I}{4\pi r^2} \times 2\pi r = \frac{I}{2r} \text{ [A/m]} \end{aligned} \tag{8・5}$$

(3) 円形コイルの中心軸上の磁界の強さ

図 8・14 のように半径 r [m] の円形コイルに I [A] の電流を流したとき，その中心から a [m] 離れた中心軸上の 1 点 P の磁界の強さを求めてみよう．

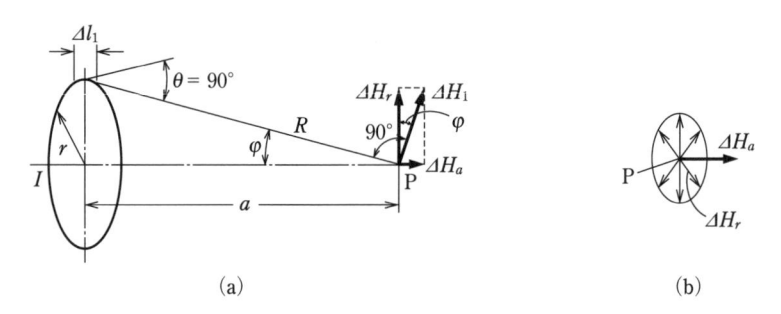

図 8・14　円形コイルの中心軸上の磁界

図で Δl_1 に流れる電流 I [A] によって P 点に生じる磁界の強さ ΔH_1 は $\theta = 90°$ であるから，式 (8・1) より，

$$\Delta H_1 = \frac{I \Delta l_1 \sin 90°}{4\pi R^2} = \frac{I \Delta l_1}{4\pi R^2} \text{ [A/m]} \tag{8・6}$$

である．これを軸方向の ΔH_a と軸に垂直な ΔH_r の磁界の強さに分解すると，図から，

$$\Delta H_a = \Delta H_1 \sin \varphi \quad , \quad \Delta H_r = \Delta H_1 \cos \varphi \tag{8・7}$$

になる．この場合，円周上の全微小部分に流れる電流 I によって生じる ΔH_r はそれぞれ図 (b) のように，軸に対して放射状に生じるので，お互いに打ち消し合い合成すると 0 になる．また，ΔH_a はいずれも同一方向に生じて加わり合う．したがって，合成磁界の強さ H は円周上の各 Δl の部分によって生じる ΔH_a を円周全体について加え合わせたものになる．

すなわち，円周上の Δl_1，Δl_2，Δl_3，…，Δl_n の微小部分による磁界の強さをそれぞれ ΔH_1，ΔH_2，ΔH_3，…，ΔH_n とすれば，

$$H = \Delta H_1 \sin \varphi + \Delta H_2 \sin \varphi + \Delta H_3 \sin \varphi + \cdots + \Delta H_n \sin \varphi$$

$$= \frac{I\varDelta l_1 \sin \varphi}{4\pi R^2} + \frac{I\varDelta l_2 \sin \varphi}{4\pi R^2} + \frac{I\varDelta l_3 \sin \varphi}{4\pi R^2} + \cdots + \frac{I\varDelta l_n \sin \varphi}{4\pi R^2}$$

$$= \frac{I}{4\pi R^2}(\varDelta l_1 + \varDelta l_2 + \varDelta l_3 + \cdots + \varDelta l_n)\sin \varphi \tag{8・8}$$

そして $\varDelta l_1 + \varDelta l_2 + \varDelta l_3 + \cdots + \varDelta l_n$ は円周の長さ $2\pi r$ であり, $\sin \varphi = r/R = r/\sqrt{r^2+a^2}$ であるから, 式(8・8)は次のようになる.

$$H = \frac{I}{4\pi R^2} \times 2\pi r \times \frac{r}{R} = \frac{Ir^2}{2R^3} = \frac{Ir^2}{2(r^2+a^2)^{\frac{3}{2}}} \; [\text{A/m}] \tag{8・9}$$

以上はコイルが1巻きのときの式であるが, もし緊密に固めて N 巻きであれば, この N 倍になり次のように表される.

$$H_N = \frac{INr^2}{2(r^2+a^2)^{\frac{3}{2}}} \; [\text{A/m}] \tag{8・10}$$

参考 円形コイルの中心軸上の磁界の強さを微分積分を用いて計算する.

図8・14のコイルの円周上の微小長さ $\varDelta l_1$ を dl, その微小長さから生じる磁界の強さ $\varDelta H_1$ を dH する. また dl と R は常に直角 ($\theta = 90°$) である.

式(8・1)′ から,

$$dH = \frac{Idl \sin 90°}{4\pi R^2} = \frac{Idl}{4\pi (r^2+a^2)} \; [\text{A/m}] \tag{8・11}$$

ただし, $R = \sqrt{r^2+a^2}$

ここで水平成分の磁界の強さはお互いに打ち消し合ってしまうので, 合成磁界は軸方向成分のみが残る. したがって,

$$H = \int_0^{2\pi r} \frac{Idl}{4\pi (r^2+a^2)} \cdot \sin \varphi = \int_0^{2\pi r} \frac{I}{4\pi (r^2+a^2)} \cdot \frac{r}{\sqrt{r^2+a^2}} dl$$

$$= \int_0^{2\pi r} \frac{Ir}{4\pi (r^2+a^2)^{\frac{3}{2}}} dl = \frac{Ir}{4\pi (r^2+a^2)^{\frac{3}{2}}} [l]_0^{2\pi r}$$

$$= \frac{Ir}{4\pi (r^2+a^2)^{\frac{3}{2}}}(2\pi r - 0) = \frac{Ir}{4\pi (r^2+a^2)^{\frac{3}{2}}} \cdot 2\pi r$$

$$= \frac{Ir^2}{2(r^2+a^2)^{\frac{3}{2}}} \text{[A/m]} \tag{8・12}$$

ただし，$\sin\varphi = \dfrac{r}{\sqrt{r^2+a^2}}$

例題 8・1

巻数 20，直径 10 cm のコイルを固く巻いて，これに 2 A の電流を流したとき，コイルの中心の磁界の強さはいくらか．

解答 直径 10 cm だから，半径は 5 cm である．式(8・4)より，

$$H_N = \frac{NI}{2r} = \frac{20 \times 2}{2 \times (5 \times 10^{-2})} = 400 \text{[A/m]}$$

問 8・2　例題 8・1 のコイルにおいて中心軸から 5 cm 離れた点の磁界の強さはいくらか．

問 8・3　半径 0.2 m の円形コイル（巻数 1 回）に 2 A の電流を流したとき，円形コイルの中心の磁界の強さはいくらか．

8・5　アンペアの周回路の法則

ビオ・サバールの法則は，電流のつくる磁界を計算する場合の基本となる式である．しかし，電流のつくる磁界の状態がわかっているときは，アンペアの周回路の法則といわれるものを用いると，磁界の強さなどを比較的簡単に知ることができる．この法則が成立することについては，「10・9 アンペアの周回路の法則の証明」で学ぶことにして，ここではこの法則の用い方について調べておこう．

一般に電流のつくる磁界中では磁界の方向に 1 周したとき，

「磁界の強さと磁界に沿った長さの積の代数和は，その閉曲線の中に含まれる電流の代数和に等しい」

これを**アンペアの周回路の法則**（Ampere's circuital law）という．

8・5 アンペアの周回路の法則

この場合，磁界に対する電流は図8・15のように磁界の方向に対し，電流が右ねじの法則の向きに通ったとき，これを正，反対のときを負として代数的に扱うものである．

つぎに，この法則の意味を例によって説明してみよう．図8・16のように電流 I_a, I_b, I_c があり，この周囲に電流によって図のように AB 間が H_1 [A/m], BC 間が H_2 [A/m], CD 間が H_3 [A/m], DA 間が H_4 [A/m] の磁界が生じていて，その長さがそれぞれ l_1, l_2, l_3, l_4 [m] とする．このとき，ABCDA と磁界の方向に1周したときの磁界の強さと長さの積の総和は，

$$H_1 l_1 + H_2 l_2 + H_3 l_3 + H_4 l_4 \tag{8・13}$$

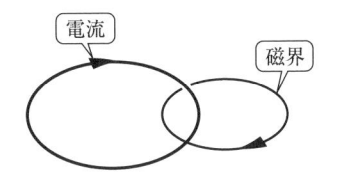

図8・15 電流の正の向き

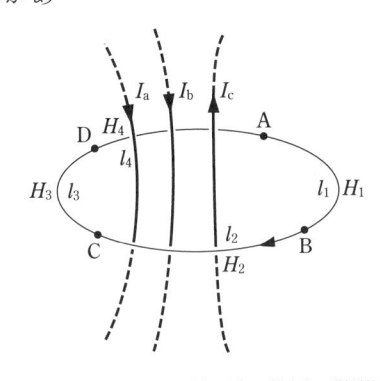

図8・16 アンペアの周回路の法則の説明図

となる．そして，この閉曲線の中の電流の代数和は右ねじの方向の電流を正とすれば，

$$I_a + I_b + (-I_c) \tag{8・14}$$

になる．したがって，この両者が等しいとおくと次のようになる．

$$H_1 l_1 + H_2 l_2 + H_3 l_3 + H_4 l_4 = I_a + I_b - I_c \tag{8・15}$$

これがアンペアの周回路の法則である．

> **参考** アンペアの周回路（周回積分）の法則を微分積分の形式で表す．
>
> $$\oint_C H dl = nI \tag{8・16}$$
>
> dl（微小線素）は積分路 C に沿って存在するものである．また，H は磁界の強さ，I は電流，n は積分路と電流の流れている導線の鎖交数

である．

8・6　無限長直線電線のつくる磁界

図8・17のように無限に長いと考えられるような長い直線状の電線に電流I〔A〕を流したとき，電線からr〔m〕離れた点の磁界の強さを求めてみよう．

この場合，電線が無限に長く直線であるから，磁界は電線に対し同心円状に生じ，図8・17のように半径rの円周上の磁界の強さは等しく，磁界の方向は円周の接線の方向になる．したがって，電線を中心としてr〔m〕離れた円周上を一周する閉曲線について，アンペアの周回路の法則を当てはめてみる．

無限長の直線電流のつくる磁界の強さ
$$H = \frac{I}{2\pi r} \text{〔A/m〕}$$

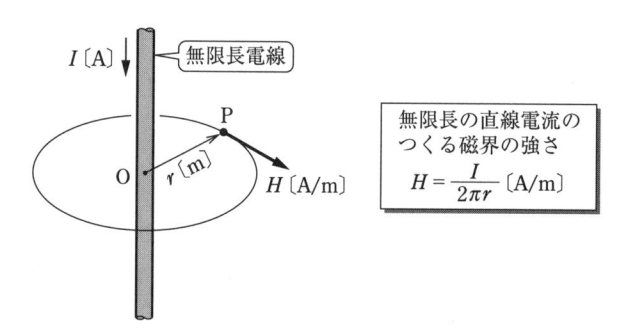

図8・17　無限長の直線電流のつくる限界

まず，図8・18のように，この円周を細かくn等分し，そのおのおのの長さを$l_1, l_2, l_3, \cdots, l_n$〔m〕とする．これらの場所の磁界の強さはみな同じであるから，これをH〔A/m〕とおくと，

$$Hl_1 + Hl_2 + Hl_3 + \cdots + Hl_n = I$$
$$H(l_1 + l_2 + l_3 + \cdots + l_n) = I \quad (8・17)$$

ここで$(l_1 + l_2 + l_3 + \cdots + l_n)$は円周の長さ$2\pi r$であるから，

$$H \cdot 2\pi r = I \quad\quad\quad (8・18)$$

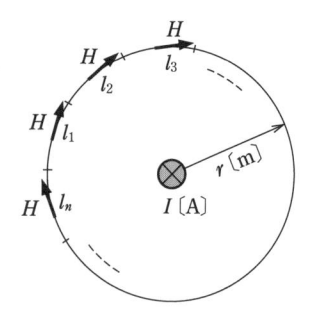

図8・18　円周上の磁界

$$H = \frac{I}{2\pi r} \text{ [A/m]} \tag{8・19}$$

参考 無限長直線電線のつくる磁界の強さを微分積分を用いて計算する．

図 8・18 において l_1，l_2，l_3，…，l_n をおのおの微小線素 dl とし，その微小線素 dl がつくる磁界の強さ H の大きさは一定であるから，この円周上でアンペアの周回積分の法則を適用すると，

$$\oint_C H dl = H \int_0^{2\pi r} dl = H[l]_0^{2\pi r} = H(2\pi r - 0) = H \cdot 2\pi r = I \tag{8・20}$$

となり，

$$H = \frac{I}{2\pi r} \text{ [A/m]} \tag{8・21}$$

ただし，積分記号についている C は図 8・18 の l_1，l_2，l_3，…，l_n に沿って dl を積分することを意味する．

例題 8・2

無限に長い直線導体に 15 A の電流が流れたとき，導体から 5 cm の距離にある点の磁界の強さはいくらか．

解答 求める磁界の強さ H は式 (8・19) より，

$$H = \frac{I}{2\pi r} = \frac{15}{2\pi \times (5 \times 10^{-2})} \fallingdotseq 47.75 \text{ [A/m]}$$

問 8・4 無限に長い直線導体に電流が流れている．導体から 0.1 m の距離にある点の磁界の強さが 50 A/m であった．この導体に流れている電流はいくらか．

8・7 無限長コイルのつくる磁界

図 8・19 のように，1 m 当たり n 巻きの密接巻きの無限に長いソレノイドコ

第 8 章　電流と磁気

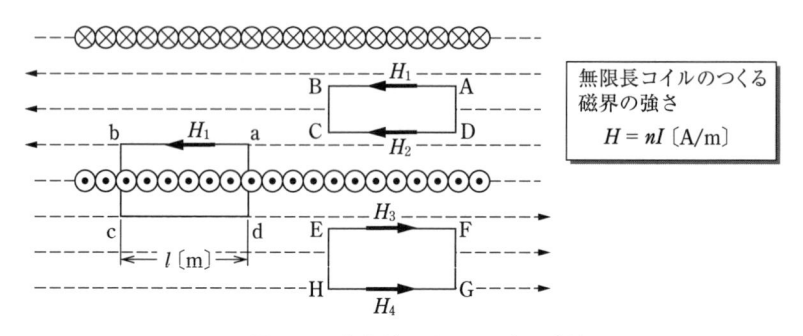

図 8·19　無限長コイルのつくる磁界

無限長コイルのつくる
磁界の強さ
$H = nI$ 〔A/m〕

イルに，I〔A〕の電流を流したときの，コイルの内外の磁界の強さについて考えてみよう．

この場合コイルは無限に長いから，全体の磁界は重なり合ってコイル内外に図のように平行な磁界をつくり，垂直な方向の磁界はないと考えられる．

いま，コイル内に平行な任意の点の磁界の強さを H_1，H_2 とし，これを通って ABCDA の順序に長方形の閉曲線を 1 周して考えると，長方形の内部に電流がなく，コイルに直角な方向の磁界は 0 であるから，周回路の法則により，

$$H_1\overline{AB} - H_2\overline{CD} = 0$$

$$\therefore\ H_1 = H_2 \tag{8・22}$$

したがって，コイルの内部の磁界は等しく平等磁界 H_1 になることがわかる．

これと同じようにコイルの外部に H_3，H_4 を考え，EFGHE の長方形の閉曲線に周回路の法則を適用すると，

$$H_3\overline{EF} - H_4\overline{GH} = 0$$

$$\therefore\ H_3 = H_4 \tag{8・23}$$

で，やはり平等磁界であることがわかる．そしてコイル外ではどの点でもこの関係が成立するから，コイル外の磁界が 0 の点とも等しいことになる．したがって $H_3 = H_4 = 0$ でなければならない．この関係からコイル外の磁界の強さは 0 であるということができる．

次に図のようにコイルの内外を通って，コイルの任意の長さ l〔m〕の abcda

の長方形の閉曲線について周回路の法則を適用すれば，コイルの外の磁界の強さは 0 で，この閉曲線内の電流は全部で nlI 〔A〕であるから，

$$H_1 l = nlI \tag{8・24}$$

$$\therefore \quad H_1 = nI \,\text{〔A/m〕} \tag{8・25}$$

ただし，n は 1 m 当たりの巻数

となり，コイル内の磁界の強さは nI 〔A/m〕として知ることができる．

このことから，いままで磁界の強さの単位として A/m を用いた理由がはっきりするであろう．すなわち A/m の単位は 1 m 当たりの電流×巻数を意味している．

以上は無限長コイルの場合であるが，普通のコイルでは，磁力線は図 8・20 のようにその両端では外部のほうに曲がっているので，一様ではなくなる．しかし，コイルの中心付近ではほぼ平等磁界であると考えてよく，またコイルの直径 D に比べて l がかなり大きくなれば，コイルの内部磁界は，ほぼ式(8・25)で計算した値に近くなる．

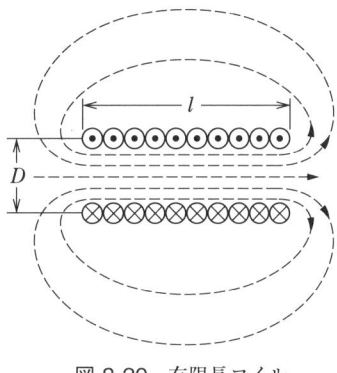

図 8・20 有限長コイル

例題 8・3

無限長コイルに電流を流したら，コイル内の磁界の大きさが 300 A/m であった．1 cm 当たりの巻数が 15 回のとき，コイルに流した電流はいくらか．

解答 コイルに流した電流を求めるには，まず 1 m 当たりの巻数 n を計算する必要がある．1 cm 当たり 15 回なので，

$$n = 15 \times 100 = 1\,500$$

式(8・25)を利用して，

$$I = \frac{H}{n} = \frac{300}{1\,500} = 0.2 \,\text{〔A〕}$$

ただし，n は 1 m 当たりの巻数

第 8 章　電流と磁気

問 8・5　無限長コイルに 10 A の電流を流したら，コイル内の磁界の大きさが 1 500 A/m であった．コイルの 1 cm 当たりの巻数はいくらか．

参考　無限長コイルのつくる磁界の強さを微分積分を用いて計算する．

図 8・19 における閉曲線 abcda について考えていく．まず ab＝cd＝l とすると，電流との鎖交数は常に一定で，nlI である．

積分路のうち ad＝bc＝0 であることは学習した．また，cd においては鎖交数に変化がないので磁界の強さは 0 である．

したがって，この閉曲線に周回積分の法則を適用すると，

$$\oint_{abcd} H dl = H \cdot l = nlI$$
$$H \cdot l = nlI$$
$$H = nI \ [\text{A/m}]$$

となり，式 (8・25) と同様の式が導き出される．

8・8　環状コイルのつくる磁界

図 8・21 のように N 巻きのコイルを一様に巻いた端のない環状コイルに，I [A] の電流を流したときのコイル内部の磁界の強さを求めてみよう．

この場合，コイル内の磁力線は O を中心とした同心円になり，その上の接線の方向の磁界の強さ H は等しい．したがって，中心 O からの平均半径 R の円周上を 1 周した場合について，周回路の法則を適用すれば，このうちにある全電流は NI [A] であるから，

$$H \cdot 2\pi R = NI \tag{8・27}$$

$$\therefore\ H = \frac{NI}{2\pi R} \ [\text{A/m}] \tag{8・28}$$

として知ることができる．この関係から，このようなコイル内の磁界の強さは，半径が R より小さいところでは式 (8・28) から H より大きく，R より大きくな

8・8 環状コイルのつくる磁界

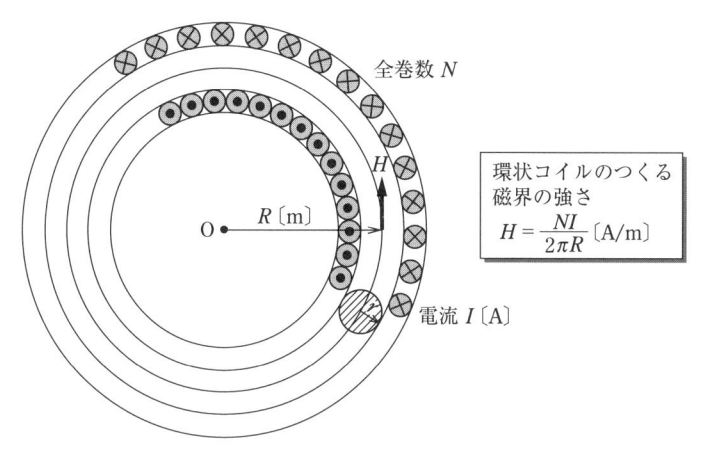

図 8・21 環状コイルのつくる磁界

環状コイルのつくる磁界の強さ
$$H = \frac{NI}{2\pi R} \text{ [A/m]}$$

れば小さくなることがわかる．しかし，コイルの半径 r が環の平均半径 R に比べ極めて小さければ，コイル内の磁界の強さは，ほぼ等しくなる．

次に，環状コイルの外側の磁界はどのようになるであろうか．この場合はコイルの外側に中心 O より等距離の同心円を考えると，閉磁路に含まれる電流の代数和は常に 0 になる．したがって，コイルの外側では磁界の強さは 0 になり，磁界は存在しないことがわかる．

例題 8・4

真空中に巻数 500 回，平均半径 40 cm の空心の環状コイルがある．いまこの環状コイルに 300 mA の電流を流したときの環状コイルのつくる磁界の強さはいくらか．また磁束密度はいくらか．

解答 まず環状コイルがつくる磁界の強さは式(8・28)より，

$$H = \frac{NI}{2\pi R} = \frac{500 \times 300 \times 10^{-3}}{2\pi \times (40 \times 10^{-2})} \fallingdotseq 59.68 \text{ [A/m]}$$

環状コイル内の磁束密度は真空中であるので式(7・18)から，

$$B = \mu_0 H = 4\pi \times 10^{-7} \times 59.68 \fallingdotseq 75 \times 10^{-6} \text{ [T]}$$

第8章　電流と磁気

問 8・6　　平均半径 15 cm，巻数 450 回の環状コイルがある．コイル内の磁界の大きさを 450 A/m にするには，コイルに流す電流をいくらにすればよいか．

参考　環状コイルのつくる磁界の強さを微分積分を用いて計算する．

図 8・21 からわかるように，巻数 N 回の環状コイルの磁力線はほとんどが環の内部を通り，外部に出ることはほとんどない．環の内部で半径 R [m] の円を積分路として，アンペアの周回積分の法則を適用すると，

$$\oint_C H dl = H \int_0^{2\pi R} dl = H[l]_0^{2\pi R} = H(2\pi R - 0) = H \cdot 2\pi R = NI$$

$$\therefore \quad H = \frac{NI}{2\pi R} \text{ [A/m]} \tag{8・29}$$

となる．

章末問題

1. 発電機の磁極は必ず N，S の磁極を交互につくらなければならない．図 8・22 の接続は正しいか．
2. コイルを密に巻いて図 8・23 のようなソレノイドをつくったとき，図のように電流を流したとき生じる磁力線の形と N，S の極を図示しなさい．
3. 発電機の磁極に図 8・24 のようにコイルを巻き，コイルに電池を接続したと

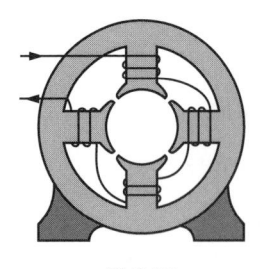

図 8・22 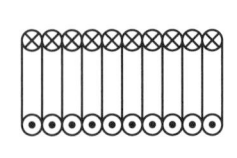　　　　　　　図 8・23 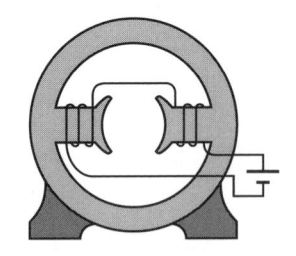　　　　　　　図 8・24

き，磁極の極性および磁束の通っている状態を図示しなさい．

4. 図 8・25 のようにコイルの下側に接近させて，コイルの内径より小さい円筒形鉄心をおき，コイルに電流を流すと，鉄心にどんな力が働くか（磁力線の性質から考える）．

5. 直径 20 cm の円形コイルを密に 15 回巻いて，中心に 600 A/m の磁界をつくるにはいくらの電流を流せばよいか．

6. 前問の場合，円形コイルの中心から中心軸上 5 cm 離れた点の磁界の強さはいくらか．

7. 無限に長い直線導体に 150 A の電流が流れているとき，導体の中心から 10 cm 離れた点の磁界の強さはいくらか．

8. 半径 2.5 cm，200 回巻きの円形ソレノイドがある．ソレノイドの長さが 25 cm である．コイルに 3 A の電流を流したときソレノイド内部の中心付近の磁界の強さはほぼいくらになるか．

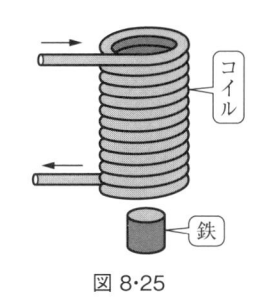

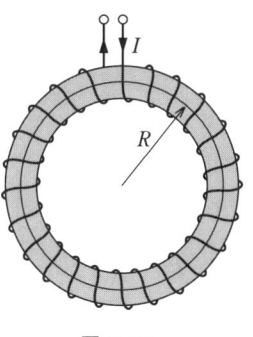

図 8・25

図 8・26

9. 図 8・26 のように，細い導体に密接して平等に 1 500 回巻いた環状コイルがある．平均半径 R が 15 cm とし，流れる電流が 0.5 A とすれば，コイル内部の磁界の強さはいくらか．

第 9 章

磁性体と磁気回路

　いままで，磁気の性質と電流の磁気作用について学んできたが，ここでこれを総合した磁気回路について学ぶことにする．しかし，磁気回路の一番大切な構成要素は鉄などの強磁性体であるので，まず強磁性体の磁気的な性質を調べてから磁気回路の扱い方を学ぶことにしよう．

9・1　磁化曲線と透磁率

（1）磁化曲線

　図 9・1 のように強磁性体にコイルを巻き，コイルに電流を 0 からしだいに増加すれば，強磁性体内部の磁界の強さ，すなわち磁化力 H はしだいに増大する．
　この場合，この H と磁束密度 B との関係をグラフに表すと図 9・2 のように

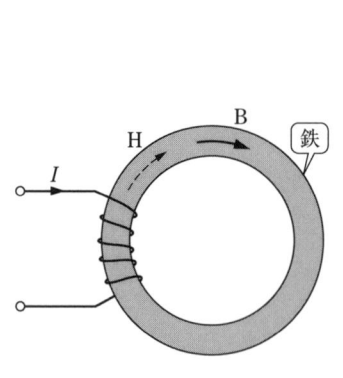

図 9・1　強磁性体の磁化

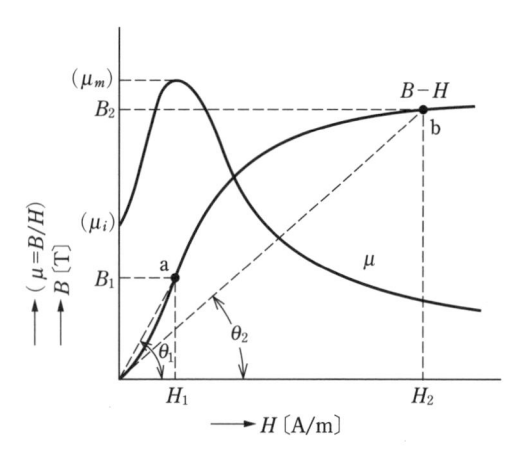

図 9・2　磁気飽和曲線と透磁率

なる．この曲線を**磁化曲線**（magnetization curve）あるいは**磁気飽和曲線**（magnetic saturation curve）または ***B-H* 曲線**という．

この曲線は磁化力が微小のときを除いて H が小さいときの傾きは大きく，H がわずかに増加すると B は大きく増加する．しかし H がある値に達すると B の増し方が減ってきて，B-H 曲線のひざ（knee）といわれる湾曲点に達し，これより H が増大すると曲線の傾きが急に小さくなって，H の増加に対する B の増加する割合はしだいに小さくなり，B は一定の値に近づいてくる．

この現象は分子磁石説によれば，磁化力が増加するにつれて磁界の方向に配列する分子磁石の数はしだいに増して磁束密度は増加する．しかし，一定体積の中にある分子磁石の数には限りがあるので，全部の分子磁石が配列する過程の最後に近づくにつれて，H を増しても B がほとんど増加しなくなるためであると考えることができる．このような現象を**磁気飽和**（magnetic saturation）という．

（2）磁化力と透磁率

透磁率 μ は式(7・22)より B/H で表される．したがって，図9・2のa点の透磁率 $\mu_1=B_1/H_1=\tan\theta_1$，b点の透磁率 $\mu_2=B_2/H_2=\tan\theta_2$ で知ることができる．このことから，このような強磁性体の透磁率は同一の材料であっても，磁化力や磁束密度によって大きく変化することがわかる．

図9・2の μ 曲線はこの関係を表したものである．この変化する透磁率のうち，最大の透磁率 μ_m をその磁性体の**最大透磁率**（max imum permeability）という．また，H が0に近づいたときの透磁率 μ_i を**初期透磁率**（initial permeability）という．

H が非常に大きくなると，μ の値はしだいに真空中の透磁率（$4\pi\times10^{-7}$）に近づいていく．

各種の強磁性体の磁化曲線の例を示すと図9・3のようになる．これは物質の中に含まれるけい素，炭素その他の元素の量や熱処理などの状態によって大きく性質が異なるので，だいたいの値を示したものである．

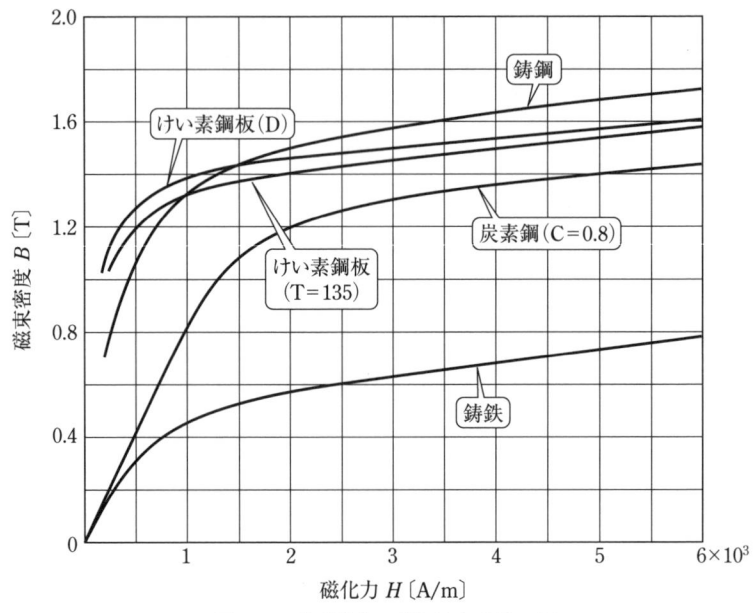

図 9·3　強磁性体の磁気飽和曲線の例

（3）温度と透磁率

　磁界の強さが一定の場合でも，鉄その他の強磁性体の透磁率は温度によっても変化する．すなわち温度が上昇するにつれて，はじめは透磁率が徐々に低下するが，ある温度に達すると急激に低下し，ほとんど磁性がなくなってしまい，常磁性体となってしまう．このような磁性の変化を**磁気変態**といい，強磁性体が急激にその磁性を失う温度を**キュリー温度**（Curie temperature），**磁気変態点**あるいは**臨界温度**などという．

　この温度は磁性体の種類によって異なり，一般に鉄では 690〜870°C ぐらいであることが知られているが，純度の高い金属のキュリー温度を示すと表 9·1 のようになる．

表 9·1　強磁性体のキュリー温度の例

名　　称	キュリー点〔°C〕
鉄　（Fe）	770
コバルト	1 131
ニッケル	358
カドミウム	16

9・2 磁気ヒステリシス

全く磁性をもたない，いわゆる磁気的に中性状態の鉄に一定方向に磁化力を与え，これをしだいに増加すれば，磁束密度はすでに学んだように図9・4の0abのような磁化曲線になる．しかし，b点から磁化力を減少するときは，可逆的に前の磁化曲線をたどらずbcdのような曲線になり，さらにd点から磁化力を増すと，今度はdebをたどった曲線を描くようになる．すなわち，同一磁化力 (図中0f) を与えても，その磁気的経歴よってfa，fc，feのように磁束密度が異なってしまうのである．このように，鉄などの強磁性体の磁気的経歴が，あとの磁化状態に影響する現象を**磁気ヒステリシス**（magnetic hysteresis）という．

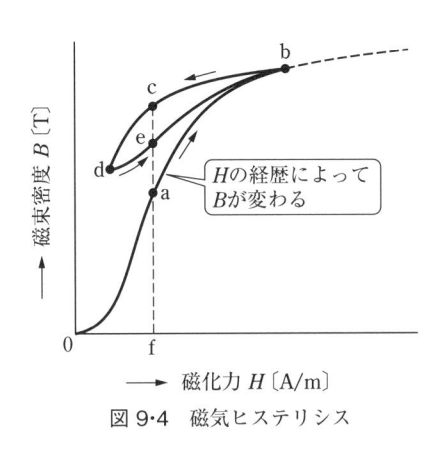

図9・4 磁気ヒステリシス

(1) ヒステリシスループ

鉄などの強磁性体には以上のように磁気ヒステリシスがあるので，最初一方向（これを＋とする）に磁化力 H を増やしていくと，図9・5の0aのような磁化曲線を描き，a点では H_m のとき B_m の磁束密度になる．

このa点から磁化力を減少しはじめるとabの曲線をたどり，磁化力が0になっても B_r の磁束密度が残る．ここで磁化の方向を逆（－）にしていくと，$-H_c$ の反対向きの磁化力を与えはじめて磁束密度が0になる．さらに反対方向の磁化力を増せばcdの曲線をたどり，$-H_m$ のとき $-B_m$ の磁束密度になる．この点から磁化力を前と反対に $-H_m$ から H_m と変化するとdefaの曲線をたどり，閉じた磁化曲線が得られる．

一般に，このように磁化力 H を交番的に変化するときは必ず図9・5のようなループになる．これを**ヒステリシスループ**（hysteresis loop）という．そして図

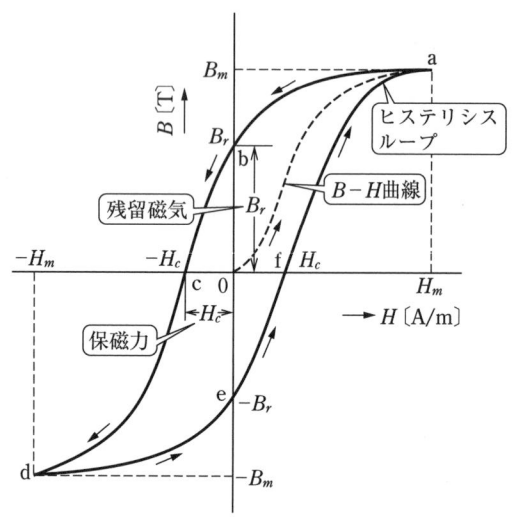

図 9·5 ヒステリシスループ

9・5 の B_r の大きさを**残留磁気**（residual magnetism），H_c の大きさを**保磁力**（coercive force）という．

（2）ヒステリシス損

　ヒステリシス現象が起こる原因については分子磁石説によれば，次のように説明することができる．すなわち，鉄の磁化力が増減すると，分子磁石もこれに従って配列を変えようとするのであるが，分子磁石相互間の摩擦があるので分子磁石は自由に配列できず，その結果ヒステリシス現象を生じる．

　したがって，ヒステリシス現象が生じると，分子磁石間の摩擦によって熱が発生し，与えられたエネルギーの一部は発生する熱に消費されて損失になる．これを**ヒステリシス損**（hysteresis loss）という．ヒステリシス損が大きいものほど分子磁石相互間の摩擦が大きく，ヒステリシスループの面積は大きくなることが知られている．この理由については，いずれ第 11 章で学ぶこととする．

　ヒステリシス損は電気機器の鉄心の中に生じる最も大きい損失であるが，これについてはスタインメッツ（Charles Proteus Steinmetz，1865〜1923 年，アメ

リカ）が多くの実験結果から次のような実験式を発表している．

すなわち，鉄心を通る最大磁束密度を B_m〔T〕，1秒当たりのヒステリシスループの繰り返しの回数を f とすれば，その鉄心の体積 1 m³ 当たりのヒステリシス損 P_h〔W/m³〕は，

$$P_h = \eta f B_m^{1.6} \,[\text{W/m}^3] \tag{9・1}$$

ここで η は**ヒステリシス係数**（hystetesis coefficient）といわれ，磁性体の種類によって決まる係数である．

一般に，交番的に磁化される電気機器の鉄心や電磁石に用いる鉄心は，この損失をできるだけ少なくするためにヒステリシス係数の小さい，すなわち図9・6の①のようにヒステリシスループの面積の小さい軟鋼板やけい素鋼板などが用いられる．ところが，永久磁石では，一度大電流によって最大に磁化したあとの残留磁気と保磁力を利用するのであるから，図9・6の②のようなヒステリシスループの面積の大きい材料を用いる．これに適する材料としては，MK鋼，KS鋼，アルニコ，OP磁石などがある．

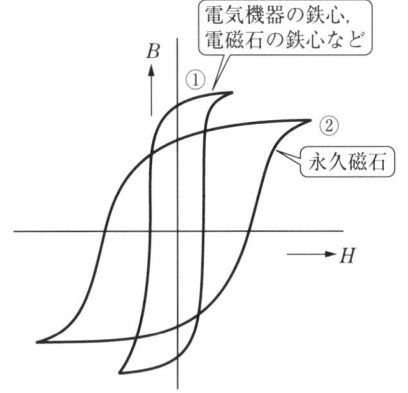

図9・6　ヒステリシスループの比較

これを用いて実用的な永久磁石をつくるには，図9・7(a)のように軟鉄片に

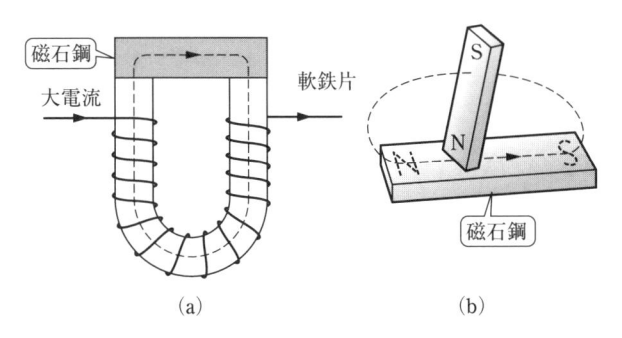

図9・7　永久磁石のつくり方

第9章　磁性体と磁気回路

コイルを巻き，磁石鋼を用いて磁路（磁束の通る閉回路）をつくり，磁石鋼に保磁力の5倍程度の磁化力を与えるような大電流をコイルに一瞬流して磁化すればよい．また単に磁石ができるのを実験するだけなら，図9・7(b)のように磁石鋼を永久磁石でこすっても弱い磁石をつくることができる．

9・3　磁気ひずみ

　強磁性体の磁化状態は温度や磁界の強さによって変わるばかりでなく，磁性体に機械的ひずみを与えると磁化の強さが変化し，また逆に磁化の強さを変化させると機械的なひずみが現れる．このような現象を**磁気ひずみ**（magnetostriction）という．この現象は強磁性体の種類，磁界の強さ，熱処理などによって変わるが，図9・8(c)は磁化力を変化したときの各種材料の長さのひずみの一例を示したものである．

　したがって，ニッケル，インバール（アンバ），ニッケルクロム合金，モネルメタル，鉄合金などの強磁性体に図9・8(a)のようにコイルを巻き，これに直流と周波数の高い交流の電流を与えると，磁界の強さが図(b)のように変化する

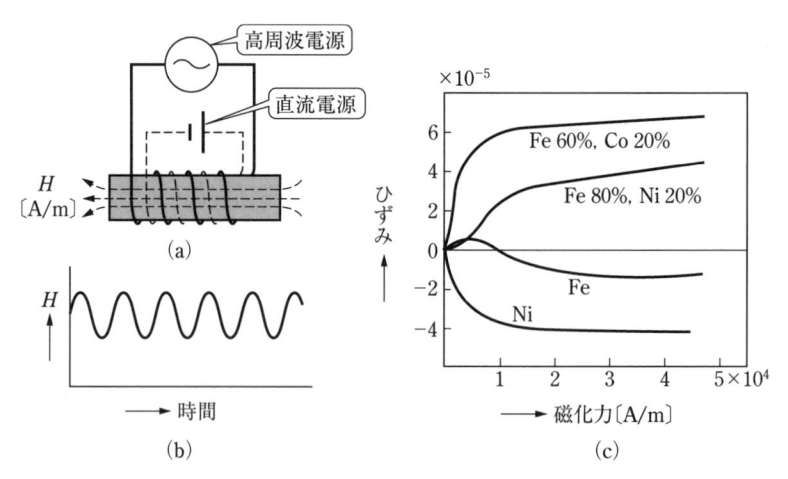

図 9·8　磁気ひずみ

ため，強磁性体は伸びたり縮んだりする．

この関係から，もし強磁性体の種類や形によって定まる固有振動数と，この磁気ひずみの振動数とを等しくすると，強磁性体は共振して非常に強力に振動し，一定の振動数の音源をつくることができる．これは主として超音波の音源に用いられ，超音波洗浄，魚群探知機などに利用されている．

9・4 磁気回路におけるオームの法則

図9・9(a)のように鉄のような強磁性体でつくった鉄心にコイルを巻き，これに電流を流すと磁束 Φ は右ねじの法則に従って環状に発生する．しかし，鉄心の透磁率は空気に比べてかなり大きいので，磁束はほとんど鉄心中を通り空気中を通る磁束は極めて少ない．この状態はちょうど図(b)のような電気回路に起電力を与え，その両端子を導体でつなぐと，電流はほとんど導体を流れ，漏れて流れる電流がほとんどないのとよく似ている．このように磁束が主として通る閉回路を，電気回路に対して**磁気回路**（magnetic circuit）または単に**磁路**という．

この磁気回路は，電気回路と極めて多くの類似点をもっているもので，その計算や考え方を電気回路から類推して知ることができる．

次にこの磁気回路の扱い方について学ぶことにしよう．

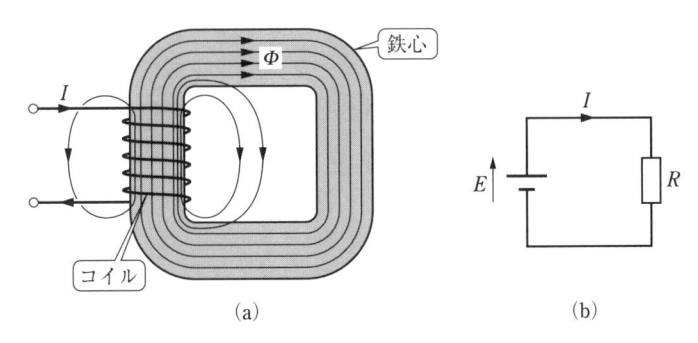

図9・9 磁気回路と電気回路

第9章 磁性体と磁気回路

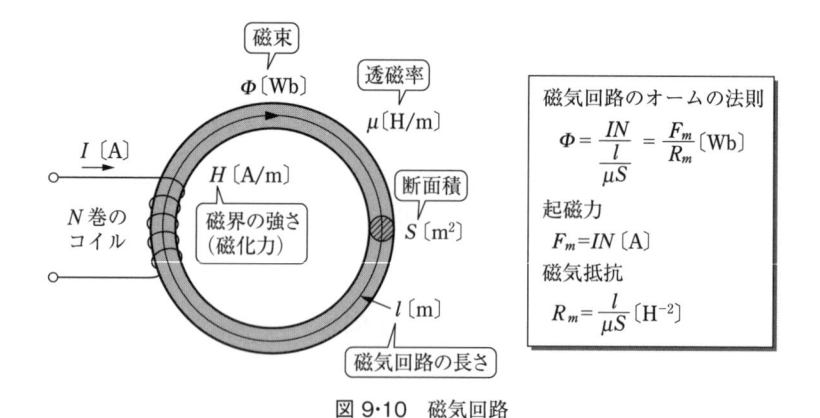

図9·10 磁気回路

　図9・10のように断面積が S [m^2] に比べて，磁気回路の長さ l [m] が十分に長い透磁率 μ [H/m] の環状鉄心に N 巻きのコイルを巻き，これに I [A] の電流を流したとき磁気回路に通じる磁束について調べてみよう．この場合，磁界の強さ，すなわち磁化力 H [A/m] で Φ [Wb] の磁束が全部鉄心中に一様に通ったものとし，まず鉄心内を1周して，アンペアの周回路の法則を適用すると，

$$Hl = NI \quad \therefore \quad H = \frac{NI}{l} \text{ [A/m]} \tag{9・2}$$

となる．このときの磁束 Φ [Wb] は「7・11 磁束と磁束密度」で学んだように磁束密度を B [T] とすれば，

$$\Phi = BS = \mu HS \text{ [Wb]} \tag{9・3}$$

の関係がある．したがって，これに式(9・2)の関係を代入すれば，

$$\Phi = \mu HS = \frac{\mu NIS}{l} \text{ [Wb]} \tag{9・4}$$

これを変形すれば，

$$\Phi = \frac{NI}{\dfrac{l}{\mu S}} = \frac{F_m}{R_m} \text{ [Wb]} \tag{9・5}$$

ただし，$F_m = NI$，$R_m = l/\mu S$ で表すことができる．
　これは鉄心中に生じる磁束は磁気回路に与えられた F_m に比例し，磁気回路に

9・4　磁気回路におけるオームの法則

よって定まる R_m に反比例することを表している．この場合 F_m を **起磁力** (magnetomotive force) といい単位にはアンペア（単位記号：A）を用いる．また，R_m を **磁気抵抗** (magnetic reluctance) または **リラクタンス** といい，単位には **毎ヘンリー** (per henry／単位記号：H^{-1}) または **アンペア毎ウェーバ** (ampere per weber／単位記号：A/Wb) で表す．すなわち，

起磁力
$$F_m = NI \text{ [A]} \tag{9・6}$$

磁気抵抗
$$R_m = \frac{l}{\mu S} \text{ [A/Wb]}$$
$$(\text{あるいは [H}^{-1}\text{]}) \tag{9・7}$$

で計算することができる．

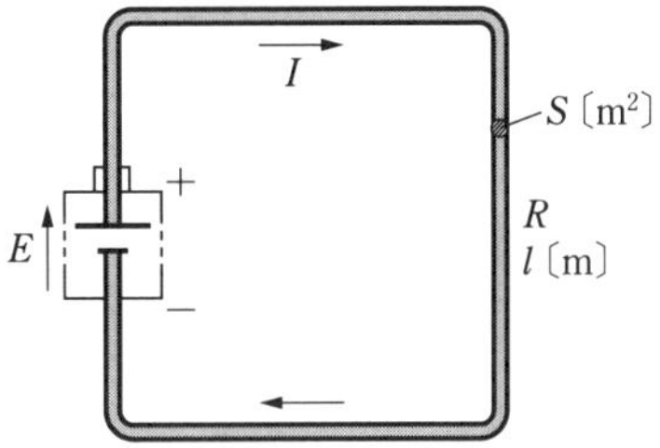

この関係を図9・11のような電気回路と対応して比べてみると，起磁力 F_m は起電力 E，磁気抵抗 R_m は電気抵抗 R，磁束 Φ は電流 I に対応した形になる．

図9・11　図9・10と対比した電気回路

したがって，

$$\Phi = \frac{F_m}{R_m} = \frac{NI}{\frac{1}{\mu} \cdot \frac{l}{S}} \quad \text{は} \quad I = \frac{E}{R} = \frac{E}{\rho \cdot \frac{l}{S}} \tag{9・8}$$

に対応する．この関係から式(9・5)を **磁気回路におけるオームの法則** という．この場合 μ に電気回路の導電率 σ を対応させれば，$1/\mu$ は抵抗率 ρ と全く同じように比べられ，磁気抵抗は電気抵抗の計算式と同じ形で表すことができる．この場合 $1/\mu$ を **磁気抵抗率** (reluctivity) という．

磁気回路は，このほかの点でも同様に電気回路と対応して考えられている．すなわち，電気回路で電位や電位差あるいは電圧降下（電位降下）があるのと同じように，磁気回路では **磁位** (magnetic potential) や **磁位差** (magnetic potential difference) あるいは **磁位降下** を考える．

すなわち，磁束は磁位の高いほうから低いほうに通り，磁気回路全体の磁位差は起磁力によって生じるものと考えている．このため磁位や磁位差も起磁力と同

第9章　磁性体と磁気回路

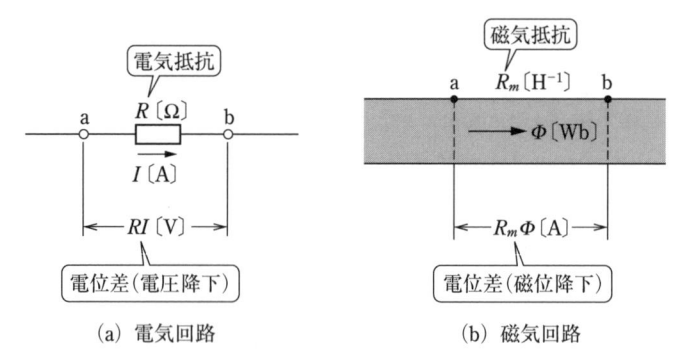

図9・12　電圧降下と磁位降下

(a) 電気回路　　(b) 磁気回路

じアンペア（単位記号：A）の単位で表している．

したがって，任意の磁気回路中の磁位差すなわち磁位降下は図9・12(a)の電気回路と比べて計算することができる．例えば図(b)のように磁気回路中のab間の磁気抵抗が R_m 〔H^{-1}〕で，これに Φ の磁束が通るとき，

$$\text{ab 間の磁位差} = \text{ab 間の磁位降下} = R_m\Phi \text{〔A〕} \tag{9・9}$$

として知ることができる．

また，この磁路の断面積が S〔m^2〕，ab間が l〔m〕，透磁率 μ，磁化力（磁界の強さ）が H〔A/m〕とすれば，式(9・9)は，

$$R_m\Phi = BSR_m = \mu HS \cdot \frac{l}{\mu S} = Hl \tag{9・10}$$

となる．したがって，磁位差は磁束と2点間の磁気抵抗の積，あるいは磁化力（磁界の強さ）と2点間の距離の積で知ることができる．この関係から磁化力すなわち磁界の強さは，磁路の長さ1m当たりの磁位差あるいは磁位降下であるということもできる．

次に磁気回路中の磁化の状態が異なる場合について考えてみよう．図9・13のように磁路の長さがそれぞれ l_1, l_2, l_3〔m〕，磁気抵抗が R_{m1}, R_{m2}, R_{m3}〔H^{-1}〕の磁気回路に起磁力 $F_m = NI$〔A〕を与えた場合，起磁力は磁路全体の磁位差の合成と等しくなる．したがって，それぞれの磁化力（磁界の強さ）が H_1, H_2,

9・4 磁気回路におけるオームの法則

H_3〔A/m〕のとき Φ〔Wb〕の磁束が通った場合は，

$$F_m = NI$$
$$= R_{m1}\Phi + R_{m2}\Phi + R_{m3}\Phi \text{〔A〕}$$
(9・11)

あるいは，

$$F_m = H_1 l_1 + H_2 l_2 + H_3 l_3 \text{〔A〕}$$
(9・12)

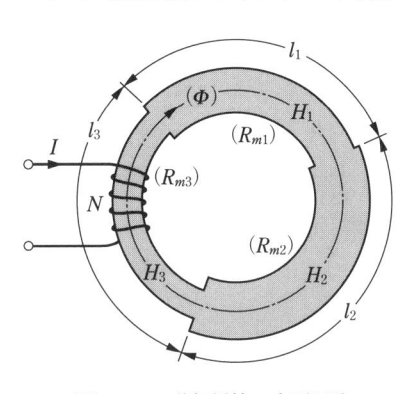

図 9・13 磁気抵抗の直列回路

の関係がある．式(9・12)は結局「8・5 アンペアの周回路の法則」で学んだ法則を表しているだけである．

いままで学んだことから磁気回路と電気回路は非常によく類似していることがわかる．この類似点を表にすると表9・2のようになる．したがって磁気回路は電気回路と類推して考えると扱いやすい．しかし電気回路では導電率 σ がほぼ一定であるのに比べて，強磁性体の磁気回路の透磁率 μ は，「9・1 磁化曲線と透磁率」で学んだように，磁化力よって大きく変わるので，扱いを特に注意しなければならない．

表 9・2 電気回路と磁気回路の対応

電気回路	磁気回路
起電力 E〔V〕	起磁力 F_m〔A〕
電気抵抗 R〔Ω〕 $R = \dfrac{l}{\sigma S}$	磁気抵抗 R_m〔H^{-1}〕 $R_m = \dfrac{l}{\mu S}$
電流 I〔A〕 $I = \dfrac{E}{R}$	磁束 Φ〔Wb〕 $\Phi = \dfrac{F_m}{R_m}$
導電率 σ〔1/Ω・m〕	透磁率 μ〔H/m〕
電圧降下 RI	磁位降下 $R_m \Phi$

第 9 章　磁性体と磁気回路

例題 9・1

比透磁率 $\mu_r = 1\,200$，断面積 $10\,\text{cm}^2$，磁路の長さが $60\,\text{cm}$ の磁気回路に 800 回コイルを巻き，$0.5\,\text{A}$ の電流を流したときいくらの磁束が通るか．また，磁路全体の磁位差はいくらか．

[解答] 式(9・5)より，

$$\Phi = \frac{F_m}{R_m} = \frac{NI}{\dfrac{l}{\mu S}} = \frac{\mu NIS}{l} = \frac{\mu_0 \mu_r NIS}{l}$$

$$= \frac{(4\pi \times 10^{-7}) \times 1\,200 \times 800 \times 0.5 \times (10 \times 10^{-4})}{60 \times 10^{-2}}$$

$$\fallingdotseq 1.0053 \times 10^{-3}\,[\text{Wb}]$$

ただし，$\mu = \mu_0 \mu_r$

また，全磁位差は起磁力と等しいから，式(9・6)より，

$$F_m = NI = 800 \times 0.5 = 400\,[\text{A}]$$

例題 9・2

$5\,\text{cm}^2$ の一様な断面積をもつ，切れ目のない鉄でつくった磁路の長さが $100\,\text{cm}$ の磁気回路に，巻数 170 回のコイルが巻いてある．$1.02\,\text{T}$ の磁束密度を生ずるにはいくらの電流を流せばよいか．ただし，鉄の比透磁率 $\mu_r = 1\,200$，真空の透磁率 $\mu_0 = 4\pi \times 10^{-7}\,[\text{H/m}]$ であり，漏れ磁束はないものとする．

[解答] 磁束 $\Phi\,[\text{Wb}]$ は，式(9・5)から，

$$\Phi = \frac{F_m}{R_m} = \frac{NI}{\dfrac{l}{\mu S}} = \frac{\mu_0 \mu_r NIS}{l}\,[\text{Wb}]$$

よって，電流 I は，

$$I = \frac{\Phi l}{\mu_0 \mu_r NS} = \frac{BSl}{\mu_0 \mu_r NS} = \frac{Bl}{\mu_0 \mu_r N}\,[\text{A}]$$

ただし，$\Phi = BS$

上式に与えられた数値を代入すると，

$$I = \frac{Bl}{\mu_0 \mu_r N} = \frac{1.02 \times (100 \times 10^{-2})}{(4\pi \times 10^{-7}) \times 1\,200 \times 170} \fallingdotseq 3.98\,[\text{A}]$$

問 9・1　　透磁率 $\mu(\mu_0\mu_r)=12.56\times10^{-5}$ H/m，磁路の長さが 1 m で一様な断面積 25 cm² をもつ鉄心にコイルが 200 回巻いてある．この磁気回路に 10 A の電流を流したとき，生じる磁束はいくらか．

9・5　磁気回路中の漏れ磁束

　ある磁気回路に起磁力が与えられた場合，磁気回路中の任意の 2 点間の磁位差を電気回路から類推して考えてみよう．

　図 9・14(b) のような電気回路で ab 間の電位差 V_{ab} を考えると，ab 間の左側の抵抗を R_1，右側の抵抗を R_2，電池の起電力を E，流れる電流を I とすれば，

$$V_{ab}=E-IR_1 \quad \text{または} \quad V_{ab}=IR_2 \tag{9・13}$$

であることはよく知るところである．

　磁気回路でもこれと全く同じように考えることができる．すなわち，図 9・14(a) のように起磁力 F_m，磁束 Φ，磁気抵抗がそれぞれ R_{m1}，R_{m2} とすれば，ab 間の磁位差 U_{ab} は，起磁力から R_{m1} 中の磁位降下を引いたもの，あるいは R_{m2} 中の磁位降下で表されるので，次のように表すことができる．

$$U_{ab}=F_m-R_{m1}\Phi \quad \text{または} \quad U_{ab}=R_{m2}\Phi \tag{9・14}$$

(a)　(b)

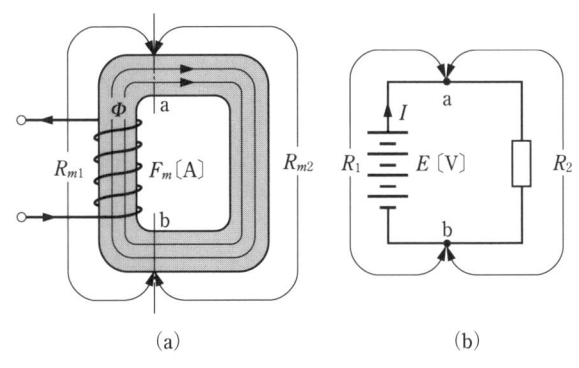

図 9・14　磁位差と電位差

第9章　磁性体と磁気回路

　したがって，磁気回路中の2点間には特別な場合を除いて磁位差を生じ，この磁位差によって磁束が通ると考えることができる．この場合2点間には，その2点間の磁位差を磁気抵抗で割っただけの磁束が通ると考えてもよい．この関係から磁気回路中の2点間に磁位差があれば，磁束は鉄などの強磁性体のみに通るばかりではなく，空気中にもいくらか漏れて通ることになる．

　これは電気回路において，絶縁物を通して，漏れ電流が流れるのと同じことである．しかし，導体に対する絶縁物の抵抗率は少なくとも 10^{16} 倍以上であるのに対し，強磁性体に対する空気の磁気抵抗率は 10^2〜10^4 倍程度のものである．したがって，強磁性体でつくられた磁気回路であっても比較的多くの磁束が空気中に漏れて通ることになる．このような磁束を**漏れ磁束**（leakage flux）という．

　実際に，この漏れ磁束がほとんどないと考えられる場合は「8・8 環状コイルのつくる磁界」で学んだ環状鉄心にコイルを密接にして一様に巻いたときなどである．この場合はコイルが平等に巻かれているため，環状中のどの一部分をとって考えても，その間の起磁力と磁位降下が等しくなって磁位差は0になり，このときは漏れ磁束がないから外部の磁界は全く0になってしまうのである．しかし，電気機器では，このような特別な場合を除き，たいていは磁位差を生ずるので漏れ磁束を生じ，これが全磁束の 10〜40% にも達するものもある．

　したがって，磁気回路では，大抵の場合は漏れ磁束があるので磁界は平等にならないが，考え方を簡単にするために，便宜上いままで漏れ磁束がないものとして扱ってきたのである．

　漏れ磁束は空気の磁気抵抗が等しいと考えた場合，その2点間の磁位差に比例する．したがって例えば図9・15の ab および a′b′ 間の漏れ磁束を比べた場合，磁位差は起磁力からそれぞれ ab および a′b′ 間の左側の磁位降下を引いたもので

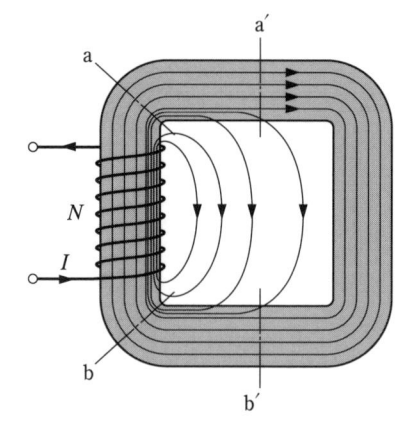

図 9・15　漏れ磁束

あるから，a′b′間よりab間の磁位差が大きいので，漏れ磁束はab間のほうが大きくなるものである．一般に電気機器などでは与えられた全磁束と目的に有効に使われた磁束との比を**磁気漏れ係数**（leakage flux）といい，

$$磁気漏れ係数 = \frac{全磁束}{有効磁束} = \frac{有効磁束 + 漏れ磁束}{有効磁束} \quad (9\cdot15)$$

で表している．この値はだいたい 1.1～1.4 程度である．

9・6 磁気回路の計算

ここで断面積や透磁率の異なる物質の直列や並列の場合の計算法について調べてみよう．

磁気回路の所要起磁力や磁束を計算する方法としては，磁気抵抗から磁気回路におけるオームの法則を応用する方法と，B-H曲線を利用して計算する方法などがある．

（1）磁気回路におけるオームの法則による計算

磁気回路の透磁率がわかっているときには，磁気回路におけるオームの法則によって計算することができる．例えば図 9・16 のように三つの磁気回路が直列になっていて，それぞれの透磁率，断面積および磁路の長さが，μ_1, μ_2, μ_3〔H/m〕，S_1, S_2, S_3〔m²〕および l_1, l_2, l_3〔m〕であるとすると，それぞれ磁気抵抗は，

$$\left. \begin{array}{l} R_{m1} = \dfrac{l_1}{\mu_1 S_1} \\[4pt] R_{m2} = \dfrac{l_2}{\mu_2 S_2} \\[4pt] R_{m3} = \dfrac{l_3}{\mu_3 S_3} \end{array} \right\} \quad (9\cdot16)$$

である．そして磁束が ϕ〔Wb〕で，磁気回路に漏れ磁束がないものとすれば，それぞれの両端

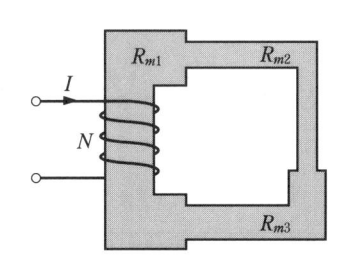

図 9・16 磁気回路の計算

の磁位差は式(9・11)より $R_{m1}\Phi$, $R_{m2}\Phi$, $R_{m3}\Phi$ になるから，全起磁力 $F_m=NI$ は，

$$F_m = NI = R_{m1}\Phi + R_{m2}\Phi + R_{m3}\Phi = (R_{m1} + R_{m2} + R_{m2})\Phi \;[\text{A}] \quad (9・17)$$

$$\Phi = \frac{F_m}{R_{m1}+R_{m2}+R_{m3}} = \frac{F_m}{R_{m0}} \;[\text{Wb}] \quad (9・18)$$

で計算することができる．この場合 R_{m0} は合成磁気抵抗である．したがって，R_{m1}, R_{m2}, R_{m3} の直列に接続された磁気抵抗の合成磁気抵抗 R_{m0} は，

$$R_{m0} = R_{m1} + R_{m2} + R_{m3} \;[\text{H}^{-1}] \quad (9・19)$$

として計算することができる．これは電気回路の抵抗を直列接続した場合の合成抵抗と対応して考えれば，全く同じような形であることがわかる．

したがって，R_{m1}, R_{m2}, R_{m3} の磁気抵抗が並列接続された場合の合成磁気抵抗 R_{m0} は，電気回路と対応して考えれば，

$$R_{m0} = \frac{1}{\dfrac{1}{R_{m1}} + \dfrac{1}{R_{m2}} + \dfrac{1}{R_{m3}}} \;[\text{H}^{-1}] \quad (9・20)$$

として同じように計算することができる．

（2） B-H 曲線を利用する方法

（1）では透磁率がわかっている場合の計算法であるが，実際には透磁率 μ はすでに学んだように B（磁束密度）または H（磁化力）によって大きく変わるので，μ を用いることは非常に困難である．このため，実際には実験から得た B-H 曲線を利用して計算する方法がとられている．

この方法は求めようとする磁束から磁束密度 B を計算し，この B に対する必要な磁化力 H を B-H 曲線から求め，これから所要の起磁力あるいは磁位差を求めたり，逆に与えられた起磁力から磁化力を求め，B-H 曲線から磁束密度を知り，磁束を知る方法である．

次に図9・17(a)のような変圧器用けい素鋼板（T135）でつくった断面積 30 cm²，平均の磁路の長さ 80 cm の一様な正方形の磁気回路に 3.6×10^{-3} Wb の磁束を通すのに必要な起磁力を求めてみよう．

9・6 磁気回路の計算

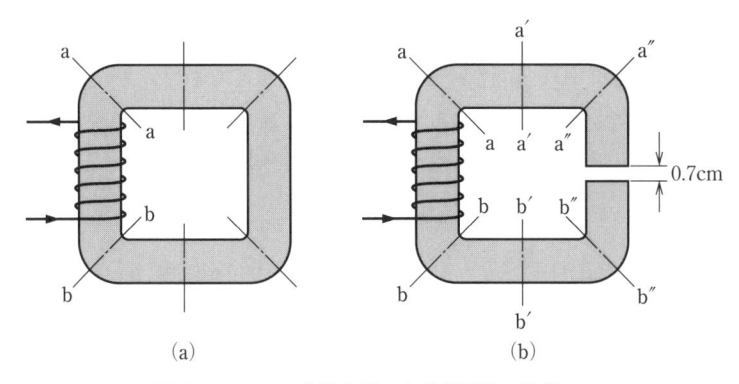

図9・17 $B-H$曲線を用いた磁気回路の計算

この鉄心の磁束密度 B は，

$$B=\frac{\Phi}{S}=\frac{3.6\times10^{-3}}{30\times10^{-4}}=1.2 \text{[T]} \tag{9・21}$$

図9・3の曲線から，T 135 のけい素鋼板では $B=1.2$ T に対する磁化力 H は 500 A/m が必要であることがわかる．したがって，このときの所要起磁力 F_m は，式(9・12)より，

$$F_m=Hl=500\times0.8=400 \text{[A]} \tag{9・22}$$

でなければならない．また，このとき ab 間の磁位差 U_{ab} を参考のために調べてみると，コイルの巻いてある ab 間の長さは 20 cm，右側の鉄心の長さは 60 cm であるから，

$$U_{ab}=400-500\times0.2=300 \text{[A]} \tag{9・23}$$

あるいは，

$$U_{ab}=500\times0.6=300 \text{[A]} \tag{9・24}$$

として知ることができる．

次に，図9・17(a)の鉄心に 0.7 cm の切れ目（ギャップあるいは空げき）を入れた，図(b)のような鉄心に前と同じような 3.6×10^{-3} Wb の磁束を通すのに必要な全起磁力を調べてみよう．この場合，鉄心の長さ l_i は $80-0.7=79.3$ cm であるから，鉄心部に必要な起磁力 F_{mi} は，

$$F_{mi} = Hl_i = 500 \times (79.3 \times 10^{-2}) = 396.5 \text{ [A]} \tag{9・25}$$

また，空気の透磁率は $\mu_0 = 4\pi \times 10^{-7}$ [H/m] で一定であり，ギャップが小さいからギャップの磁束密度 B も鉄心中の 1.2 T と等しい．そしてギャップ中の磁化力を H_g とすれば $H_g = B/\mu_0$ の関係がある．したがって，ギャップの長さを l_g とすれば，ギャップに必要な起磁力 F_{mg} は，

$$F_{mg} = H_g l_g = \frac{B}{\mu_0} \cdot l_g = \frac{1.2}{4\pi \times 10^{-7}} \times 0.7 \times 10^{-2} \fallingdotseq 6\,684.5 \text{ [A]} \tag{9・26}$$

全起磁力 F_{m0} は，

$$F_{m0} = F_{mi} + F_{mg} = Hl_i + H_g l_g = 396.5 + 6\,684.5 = 7\,081 \text{ [A]} \tag{9・27}$$

となる．またこの場合 ab 間の磁位差 U_{ab} は，

$$U_{ab} = F_{m0} - [\text{ab 間の磁位降下（コイル側）}]$$
$$= 7\,081 - 500 \times 0.2 = 6\,981 \text{ [A]} \tag{9・28}$$

となる．このことから，わずか 0.7 cm のギャップを設けると ab 間の磁位差は式(9・23)から式(9・28)のように極端に多くなる．したがって，ギャップを設けると，鉄心ばかりのときに比べて漏れ磁束が急激に増加することになり，また同一の磁束を通すのに極めて大きな起磁力が必要になることがわかる．

例題 9・3

図 9・18 のような磁気回路があり，平均の磁路の長さ 50 cm，鉄心の断面積 6 cm²，比透磁率 $\mu_r = 1\,000$ とする．いま，鉄心の一部に微小ギャップ（空げき）を 1 mm 設け，$\Phi = 7.2 \times 10^{-4}$ Wb の磁束を通すのに必要な起磁力はいくらか．

解答 ギャップが小さいのでギャップの磁束密度も鉄心中と同様である．鉄心およびギャップの磁路の長さを l_i および l_g [m] とし，断面積を S [m²] とすれば，磁気抵抗 R_{m0} は，

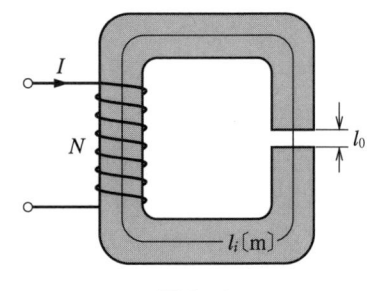

図 9・18

$$R_{m0}=R_{mi}+R_{mg}=\frac{1}{\mu_0\mu_r}\cdot\frac{l_i}{S}+\frac{1}{\mu_0}\cdot\frac{l_g}{S}=\frac{1}{\mu_0 S}\left(\frac{l_i}{\mu_r}+l_g\right)$$

$$=\frac{1}{4\pi\times10^{-7}\times6\times10^{-4}}\left\{\frac{(500-1)\times10^{-3}}{1\,000}+1\times10^{-3}\right\}$$

$$\fallingdotseq 1.99\times10^6\,[\mathrm{H}^{-1}]$$

したがって，起磁力 F_{m0} は，

$$F_{m0}=R_{m0}\varPhi=1.99\times10^6\times7.2\times10^{-4}=1\,432.8\,[\mathrm{A}]$$

問 9・2 図 9・19（a）のような各磁気分路の磁気抵抗が R_{m1}，R_{m2}，R_{m3} の磁気回路に起磁力 F_m を与えたとき，各磁気分路にはどのような磁束が通るか．図 9・19（b）の電気回路と対応させて考えなさい．

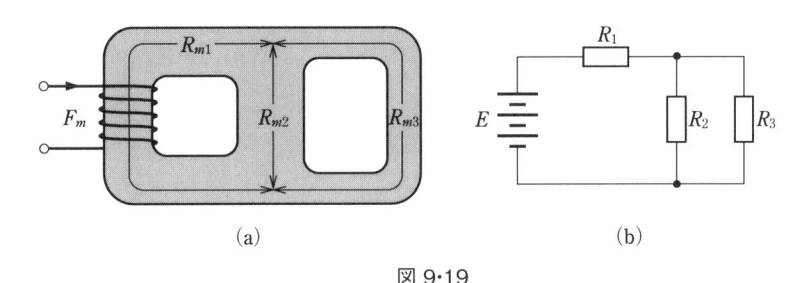

(a) (b)

図 9・19

━━━━━━━━━━━━ **章末問題** ━━━━━━━━━━━━

1. ある変圧器に周波数 50 Hz の交流電圧を加えたときヒステリシス損が 500 W であった．もし最大磁束密度を一定になるように 60 Hz の交流電圧を加えると，ヒステリシス損はいくらになるか．ただし周波数 Hz は 1 秒間に交流電圧が交番的に変化する回数を表した値である．
2. 次の文章の ☐ の中に適当な言葉を入れなさい．
   磁気回路は，これを電気回路と対比して考えることができる．電流は ☐① に，起電力は ☐② ，また電気抵抗は ☐③ に対応する．
3. 巻数 200 回のコイルに，5 A の電流を流したときの起磁力はいくらか．
4. 起磁力 200 A の磁気回路で，2×10^{-6} Wb の磁束が生じている．この磁気回

第9章　磁性体と磁気回路

路の磁気抵抗はいくらか．

5. 断面積が 4 cm²，平均の磁路の長さが 40 cm，透磁率が 5×10^{-3} H/m の磁気回路がある．この回路の磁気抵抗はいくらか．

6. 環状の磁気回路がある．鉄心の透磁率を μ とし平均の磁路の長さを l とする．いまその一部に微小ギャップ l_g を設けた場合，回路の磁気抵抗は前の何倍になるか．

7. 5 cm² の一様な断面積をもつ切れ目のない鉄でつくった平均の磁路の長さ 100 cm の磁気回路に巻数 170 回のコイルが巻いてある．これに電流を通じて 1.02 T の磁束密度を生ずるにはいくらの電流を必要とするか．ただし鉄の比透磁率 $\mu_r=1\,200$，真空の透磁率 $\mu_0=4\pi\times10^{-7}$ [H/m] であり，漏れ磁束はないものとする．

8. 前問の鉄心に 0.25 cm の微小ギャップがあるとき流れる電流は何倍になるか．

9. 図 9・20 のような環状鉄心があり，断面は円形で直径が d [m] である．これに N 巻きのコイルを巻き，ある電流を流したとき，鉄心の平均磁束密度は B [T] となった．このときのコイルに流した電流 I はいくらか．ただし，磁気回路の透磁率を μ [H/m] とし，漏れ磁束はないものとする．

10. 図 9・3 の B-H 曲線 T 135 に示したような特性の薄鋼板を重ねてつくった図 9・21 のような磁気回路がある．中央 a の部分は有効断面積 120 cm²，平均の磁路の長さ 25 cm，b の部分は有効断面積 100 cm²，平均の磁路の長さ 75 cm，c の部分は有効断面積 50 cm²，平均の磁路の長さ 75 cm，いま中央 a に起磁力を与えて 0.0168 Wb の磁束を発生させるにはいくらの起磁力が必要となるか．ただし，漏れ磁束はないものとする．

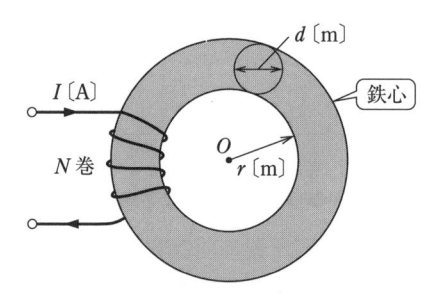

図 9・20

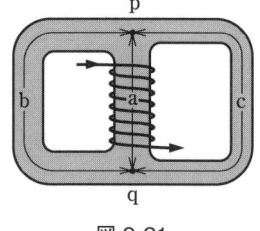

図 9・21

第10章

電磁力

電流によってつくられる磁界に続いて，磁気回路について学んできたが，ここではこれらの知識をもとにして電動機や指示計器などに利用される電流と磁界の間に働く力，電磁力や電流相互間の電流力について学ぶことにしよう．

10・1　電磁力

図10・1のように磁石のN，S極の間にまっすぐな導体をおき，これに矢印の方向に電流を流した場合の磁界について考えてみよう．

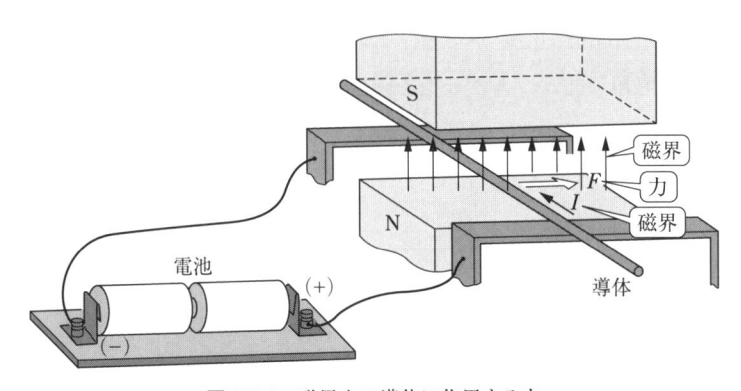

図 10·1　磁界中の導体に作用する力

この場合，磁極間には図10・2(a)のように磁力線がNからSに通っている．また電流による磁力線は，右ねじの法則によって図(b)のように円形に生じる．したがって，この図(a)，(b)の磁力線を合成すると磁極間の磁力線は図(c)の

第10章 電磁力

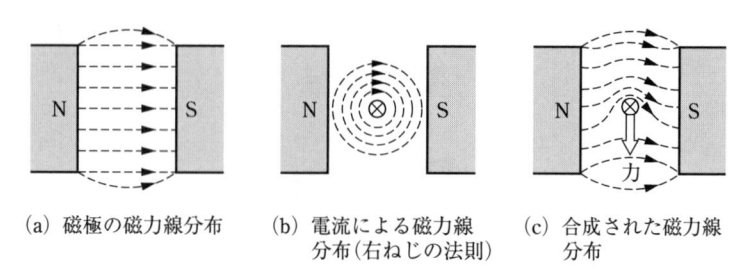

(a) 磁極の磁力線分布　(b) 電流による磁力線分布（右ねじの法則）　(c) 合成された磁力線分布

図 10·2　電磁力の方向の考え方

ように湾曲した形になる．すると磁力線は引張られたゴムのような性質があるので，縮んで一直線になろうとして導体に下向きの力を与える．これは，磁極に対して磁力線が上向きの力を与えると考えることもできる．

この例からもわかるように，一般に磁界の中に電流が通ると磁界と電流，したがって磁極と電流との間には力が働きあうものである．このような力を**電磁力**（electromagnetic force）という．

この電磁力がどちら向きに生じるかを簡単に知るには**フレミングの左手の法則**（Fleming's left-hand rule）がある．これは図 10・3 のように人さし指，中指，親指を互いに直角に曲げ，人さし指を磁界，中指を電流の方向に向ければ，親指の方向が電磁力，したがって導体に加わる力の方向を示すのである．

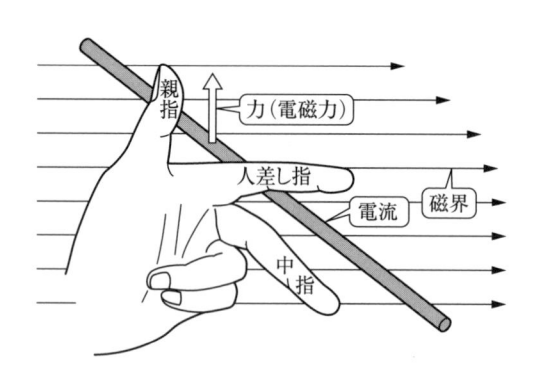

図 10·3　フレミングの左手の法則

問 10・1 図 10・4 のように，N，S の磁極の間にある導体 C に ⊙ の向きに電流を流すと，導体にはどちら向きに電磁力が生じるか．

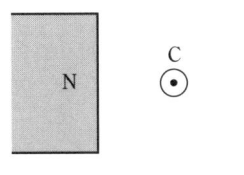

図 10・4

10・2 電磁力の大きさ

電流と磁界の間に電磁力が生じることがわかったところで，その大きさについて調べてみよう．

図 10・5 のように m [Wb] から r [m] 離れた磁界の中に導体があり，これに I [A] の電流が流れているものとする．まず導体上の Δl [m] の電流 I [A] によって，m [Wb] の磁極のところにつくる磁界の強さ ΔH [A/m] は式(8・1)のビオ・サバールの法則によって次のようになる．

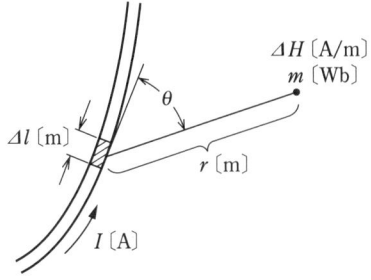

図 10・5 電磁力の計算式の考え方

$$\Delta H = \frac{I \Delta l \sin \theta}{4\pi r^2} \text{[A/m]} \tag{10・1}$$

この ΔH の磁界中に m [Wb] の磁極がおかれているのであるから，m [Wb] の磁極には，式(7・9)によって次のような力 ΔF が生じる．

$$\Delta F = m \Delta H = \frac{m I \Delta l \sin \theta}{4\pi r^2} = \frac{m}{4\pi r^2} I \Delta l \sin \theta \text{ [N]} \tag{10・2}$$

このような ΔF の力が，m [Wb] の磁極に生じるということは，反作用として m [Wb] によって Δl に流れる電流 I [A] に，ΔF と同じ大きさで反対方向の力を生じることになる．ところが，m [Wb] によって r [m] 離れた Δl のところに生じる磁界の強さ H は空気中では，式(7・8)によって，

$$H = \frac{1}{4\pi\mu_0} \times \frac{m}{r^2} \text{[A/m]} \tag{10・3}$$

この式を変形すると，

$$\frac{m}{4\pi r^2} = \mu_0 H \tag{10・4}$$

の関係がある．この関係を式(10・2)に代入すると，

$$\Delta F = \mu_0 H I \Delta l \sin \theta \text{ [N]} \tag{10・5}$$

となる．また，その点の磁束密度 B [T] とすれば $B = \mu_0 H$ であるから，式 (10・5)は，

$$\Delta F = BI \Delta l \sin \theta \text{ [N]} \tag{10・6}$$

として知ることができる．

これが磁界中におかれた導体に，電流が流れるときに生じる電磁力を表す式である．

したがって，Δl を1mの単位長にとったとすれば，$\Delta l = 1$ になるから導体1m当たりに生じる電磁力 F_1 は次のようになる．

$$F_1 = \mu_0 H I \sin \theta = BI \sin \theta \text{ [N]} \tag{10・7}$$

ゆえに，もし I [A] の電流が流れる l [m] の導体が平等磁界中におかれたとすれば，全体の電磁力 F は F_1 の l 倍になり，

$$F = \mu_0 H I l \sin \theta = BIl \sin \theta \text{ [N]} \tag{10・8}$$

で計算することができる．

例題 10・1

磁界の強さ 1 800 A/m の空気中に，磁界の方向と 60°の角度をもった 30 cm の導体がおかれている．これに 10 A の電流を流したとき生じる電磁力はいくらか．

解答 まずは磁界の強さから，導体のおかれている磁界の磁束密度 B を求める．

$$B = \mu_0 H = 4\pi \times 10^{-7} \times 1\,800 \fallingdotseq 0.00226 = 2.26 \times 10^{-3} \text{ [T]}$$

したがって，求める電磁力 F は式(10・8)より，

$$F = BIl \sin \theta = 2.26 \times 10^{-3} \times 10 \times 0.3 \times \sin 60°$$
$$= 2.26 \times 10^{-3} \times 10 \times 0.3 \times \frac{\sqrt{3}}{2} \fallingdotseq 0.00587 = 5.87 \times 10^{-3} \text{ [N]}$$

問 10・2 磁束密度 1.2 T の磁界中に，長さ 40 cm の導体と磁界と直角方向におき，2 A の電流を流した．導体に働く電磁力はいくらか．また，同じ条件で導体を磁界と 45°の方向においたときに働く電磁力はいくら．

問 10・3 磁束密度 1.5 T の磁界中に磁界の方向と 30°の角度においた導体がある．この導体に 4 A の電流を流したら，0.3 N の力が働いた．電線の長さはいくらか．

10・3 磁界中のコイルに働く力

図 10・6 のように，H〔A/m〕の平等磁界中におかれた長さ l〔m〕，幅 d〔m〕の長方形のコイルに I〔A〕の電流を流したとき，電磁力によって生じる力について調べてみよう．

このコイルの場合は a-b と c-d の二辺が磁界に対して直角におかれているので電磁力は働くが，他の二辺 a-d と b-c については磁界と平行になっているので電磁力は働かない．したがって，コイルに働く電磁力 F の大きさは，式(10・

平等磁界中のコイルの電流によるトルク
$$T = BIld\cos\theta \;〔\mathrm{N \cdot m}〕$$

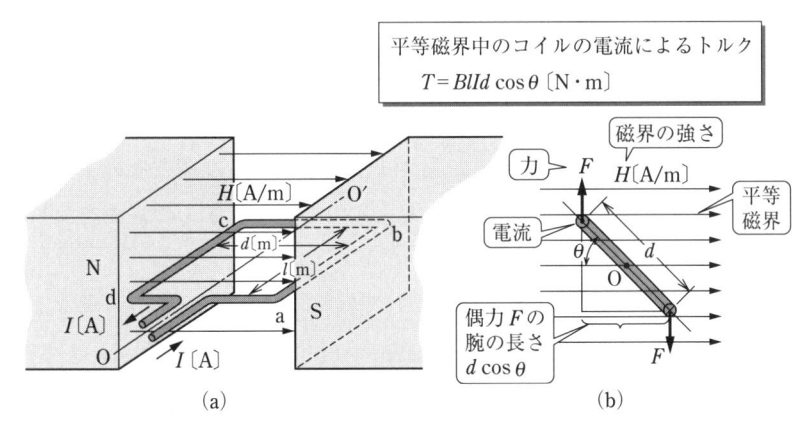

図 10・6 平等磁界中の電流の流れたコイルに作用するトルク

8)から,

$$F = \mu_0 H I l \sin\theta = B I l \sin\theta = B I l \sin 90° = B I l \text{ [N]} \quad (10\cdot 9)$$

で,その力の方向は図10・6(b)のように生じる.したがって,コイルはその軸OO'を中心にして時計回りに回転しようとするトルクを生じる.この場合,トルク T は偶力 F と直角の腕の長さが $d\cos\theta$ となるので,

$$T = Fd\cos\theta = B I l d \cos\theta \text{ [N·m]} \quad (10\cdot 10)$$

となる.そして T は $\theta = 0$ のとき最大で,θ が大きくなるにつれて小さくなり,$\theta = 90°$ のときは 0 になる.このように磁界中にあるコイルの電磁力によって生じる.トルクは,電気計器や電動機などに広く利用されている.

> **参考** 偶力とは
> 偶力とは大きさが等しく,方向が互いに平行で逆向きの二つの力の組み合わせのことをいう.

> **参考** N 巻きのコイルに生じるトルクの大きさ
> 図10・6のコイルは1巻きのコイルであるが,実際の電気計器や電動機においてはこのようなコイルを使用することはなく,鉄心に導線を何重にも巻きつけてコイルをつくる.したがって N 巻きのコイルに働くトルクは,1巻きのコイルに働くトルクの N 倍となる.
>
> $$T' = NFd\cos\theta = NBIld\cos\theta \text{ [N·m]} \quad (10\cdot 10)'$$

例題 10・2

磁束密度 0.5 T の平等磁界中に,長さ 1 m,幅 50 cm の長方形の 1 巻きのコイルが磁界に対して水平におかれている.このコイルに 3 A の電流を流したときに働くトルクはいくらか.

解答 コイルが磁界に対して水平に置かれているということは $\theta = 0$ となる.式 (10・10) より,

$$T = BIld\cos\theta = 0.5 \times 3 \times 1 \times 0.5 \times \cos 0°$$
$$= 0.5 \times 3 \times 1 \times 0.5 \times 1 = 0.75 \text{ [N·m]}$$

問 10・4 磁束密度 0.3 T の平等磁界中に，長さ 45 cm，幅 20 cm，巻数 300 回の長方形のコイルが磁界に対して 60° 傾いておかれている．このコイルに 1 A の電流を流したとき，コイルに生じるトルクはいくらか．

問 10・5 磁束密度 1.5 T の平等磁界中に，長さ 50 cm，幅 50 cm の正方形の 1 巻きのコイルが磁界に対して 45° 傾いておかれている．このコイルに 0.5 N·m のトルクが働いたとしたら，コイルに流した電流はいくらか．

10・4　電流相互間に働く力

電流と磁界の間に電磁力が働くということは，電流相互間にも力が働くことを意味する．なぜならば，一方の電流が流れれば，その周囲に磁界をつくり，その磁界の中には他の電流があると考えられるからである．次に，この電流相互間の力を調べてみることにしよう．

図 10・7 のように互いに平行な 2 本の電線 A，B があり，これに I_a，I_b の電

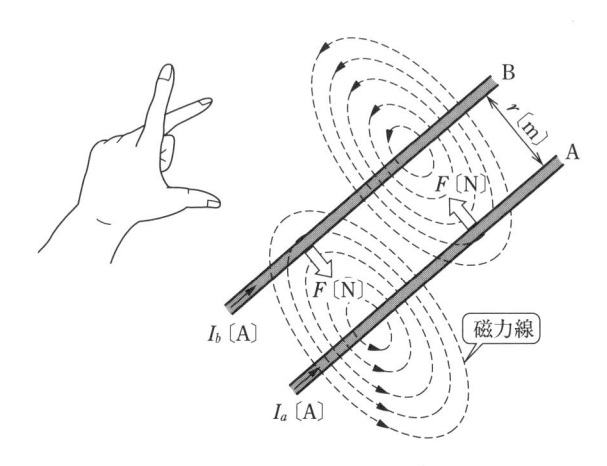

図 10·7　電流相互間に働く力

第10章 電磁力

流が同じ向きに流れていることにしよう．この場合 I_a の電流がつくる磁界だけを考えると，図のように電線 A を取りまいて磁力線を生じ，I_b のところでは電線と直角に下から上の方向に通る．したがって，I_b に対してフレミングの左手の法則を適用すると，図の太い矢印のように電線 A に吸引されるような力を生じる．これと同じように I_b の電流による磁界を I_a のところで考えれば，フレミングの左手の法則によって電磁力は同じように太い矢印の方向に生じる．すなわち，2本の電線に流れる電流が同一方向ならお互いを吸引する力が生じる．

この関係から，もし I_a と I_b の流れる方向がお互いに逆であれば力の方向が反対になるので，電流相互間には反発力を生じるのはわかる．

これは，二つの電流によって生じる磁力線の合成を考えると，電流が同一方向のときは図 10・8(a)，反対方向のときは図(b)のようになる．この結果，図(a)のときは磁力線の収縮しようとする性質のため，電流相互間に吸引力を生じ，図(b)では磁力線相互間に反発力を生じると考えてもよい．

このように，電流と電流相互間に作用する力は，電磁力によるものであるが，

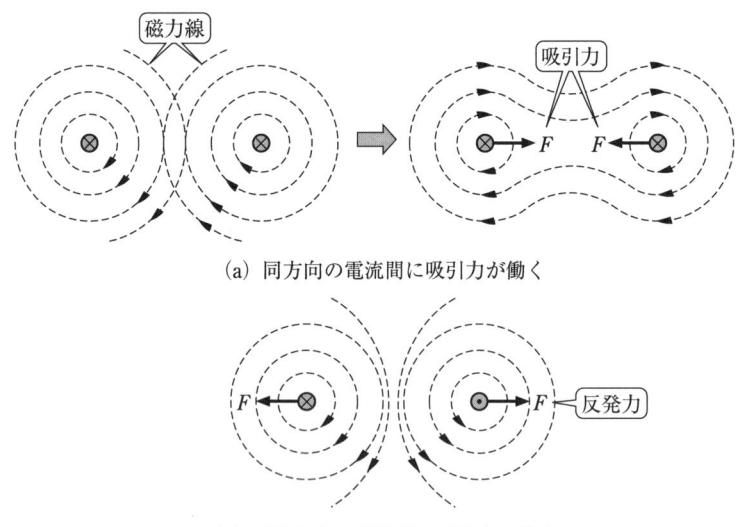

(a) 同方向の電流間に吸引力が働く

(b) 反対方向の電流間に反発力が働く

図 10・8　電流相互間の磁力線分布

形の上からいうと電流相互間の力であるのでこれを**電流力**（electrodynamic force）と呼んでいる．

10・5　平行な直線電流間に働く力

空気中におかれた平行な直線導体相互間に作用する電流力を計算してみよう．

図10・9のように，空気中（真空中）に2本の直線平行導体A，Bをr[m]の間隔におき，それぞれの導体にI_a，I_bの電流を同一方向に流すものとする．また，導体は非常に長いものとする．

まず，導体Aに流れるI_aの電流によって導体Bの部分にできる磁界H_aは図に示すように，右ねじの法則から，導体Bに直角方向でその大きさは式(8・19)より，

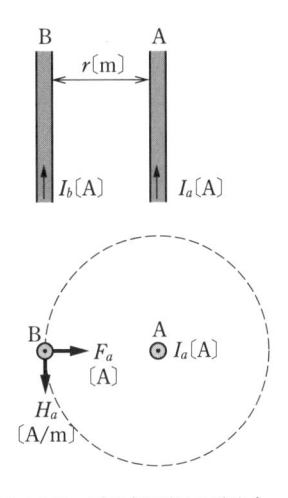

$$H_a = \frac{I_a}{2\pi r} \text{[A/m]} \quad (10・11)$$

図 10・9　電流相互間の電流力

となる．したがって，この部分の磁束密度B_aは真空の透磁率をμ_0とすれば，

$$B_a = \mu_0 H_a = \frac{\mu_0 I_a}{2\pi r} \text{[T]} \quad (10・12)$$

となる．すなわち，導体Bは磁束密度B_aの磁界中に磁界と直角におかれていることになる．

よって，導体BにI_bの電流が流れているとき，導体の長さ1m当たりの電磁力F_aは，

$$F_a = B_a I_b = \frac{\mu_0 I_a}{2\pi r} \times I_b \text{[N/m]} \quad (10・13)$$

となる．これに，真空の透磁率$\mu_0 = 4\pi \times 10^{-7}$ H/mを代入すれば，

$$F_a = 4\pi \times 10^{-7} \times \frac{I_a I_b}{2\pi r} = 2 \times \frac{I_a I_b}{r} \times 10^{-7} \, [\text{N/m}] \tag{10・14}$$

となる.

同様にして，導体 B に流れる電流 I_b の電流によって導体 A の部分にできる磁界 H_b は，

$$H_b = \frac{I_b}{2\pi r} \, [\text{A/m}] \tag{10・15}$$

となる.この磁界中で導体 A に I_a の電流が流れたときの導体の長さ 1 m 当たりの電磁力 F_b は，

$$F_b = B_b I_a = \frac{\mu_0 I_b}{2\pi r} \times I_a = 4\pi \times 10^{-7} \times \frac{I_a I_b}{2\pi r}$$

$$= 2 \times \frac{I_a I_b}{r} \times 10^{-7} \, [\text{N/m}] \tag{10・16}$$

となる.当然のことながら，$F_a = F_b = F$ となり，導体の長さ 1 m 当たりに働く電流相互間の電流力 F は，次のような式で表すことができる.

$$F = 2 \times \frac{I_a I_b}{r} \times 10^{-7} \, [\text{N/m}] \tag{10・17}$$

したがって，空気中（真空中）に 1 m の間隔をもって平行におかれた，極めて細く無限に長い直線状の電線に同一の一定電流を流したとき，導体の長さ 1 m ごとに 2×10^{-7} N の力を及ぼしあう不変の電流を 1 A と定義することができる.

例題 10・3

20 cm の間隔で平行に並んだ 2 本の導体に，それぞれ 2 A の電流を同一方向に流した.導体 1 m 当たりに働く電流力はいくらか.また働く力は吸引力か反発力か.

解答 式(10・17)より，

$$F = 2 \times \frac{I_a I_b}{r} \times 10^{-7} = 2 \times \frac{2 \times 2}{0.2} \times 10^{-7} = 40 \times 10^{-7} \, [\text{N/m}]$$

働く力は，電線に流す電流が同一方向なので吸引力となる.

問 10・6 2 本の平行に並んだ電線にそれぞれ 50 A の電流を流したら，導

体 1 m 当たりに働く電流力が 0.01 N/m であった．導体相互間の距離はいくらか．

10・6　ピンチ効果

いままで，電流力は二つの導体に流れる電流相互間について考えてきた．しかし，同一導体に流れる電流はこれを一歩進んで考えれば，図 10・10 (a) のように多くの電流が集合して流れるものとして考えることができる．

したがって，同一方向の電流相互間には互いに吸引力が働き，外部の導体が内部に引かれ，導体を収縮させようとする力が働く．これはまた磁界は導体の外部だけに生じるものと考えていたが，導体内部の電流によって導体内に図(b)のように磁界 H を生じ，その部分に電流が流れるから，フレミングの左手の法則によって中心に向かう電磁力が生じて，導体に収縮力を与えると考えることもできる．

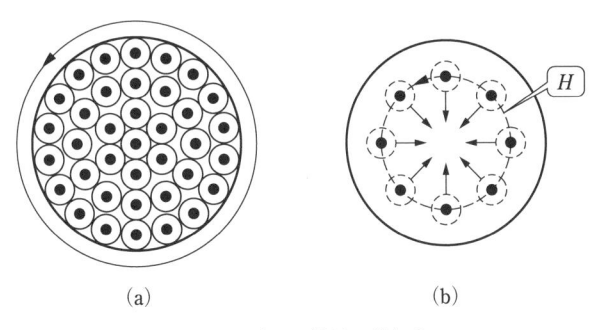

図 10・10　ピンチ効果の考え方

このように導体に収縮力が与えられても，普通の固体の導体では収縮することはない．しかし，電気炉などで溶融中の金属などに電流が流れると収縮が働き，図 10・11(a) のように表面が中央で盛り上がるようになる．そして何かの原因でその断面積の一部が図 (b) のように小さくなると，その部分の電流密度が大き

くなり，その部分の収縮力が強くなって断面積がさらに小さくなり，ついにはその部分がほとんど切れてしまうことになる．

こうなると収縮力がなくなるから溶融金属はもとにもどり，同じようなことを繰り返すという現象を生じる．これを**ピンチ効果**（pinch effect）という．

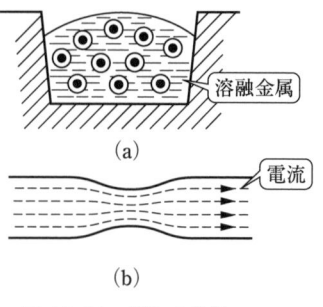

図 10・11 ピンチ効果

10・7 ホール効果

図 10・12 のような磁界 H の中に導体を直角におき，これに電流 I が流れれば，電流にはフレミングの左手の法則に従う方向に電磁力 F が生じることはすでに学んだ．これはよく考えてみると，電流は電荷の移動によって生じたのであるから，結局移動する電荷に電磁力を与えているわけである．したがって，導体内の移動する電荷は電磁力の方向に移動して，図のように導体の端面に正（＋）と負（－）の電荷が現れ，電圧 V を生じる．このような現象を磁界の**ホール効果**（Hall effect）あるいは**横効果**（transversal effect）という．

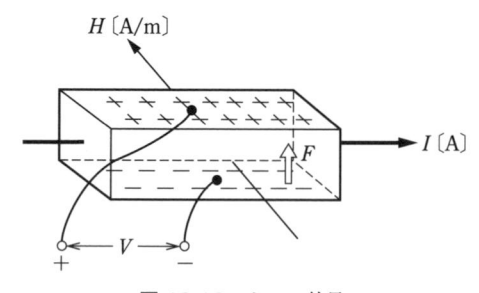

図 10・12 ホール効果

ホール効果によって生ずる**ホール電圧**（Hall voltage）V_H は，流れる電流を I とし，これに直角に磁界 H を与えたとき，その方向の物質の厚さ t，物質によって定まる定数を k_H とすると，

$$V_H = k_H \frac{HI}{t} \text{ (V)} \qquad (10\cdot 18)$$

の関係があることが知られている．この k_H を**ホール定数**（Hall constant）という．一般にビスマス，テルル，ゲルマニウム，シリコン，セレンなどの半導体のホール定数は他の物質に比べて極めて大きいことが知られている．

なお，このホール効果は，導体の種類によっては生じる電荷の極性が反対になり，k_H が負になるものもある．この場合，図 10・12 のようなホール効果を正（＋），これと逆の場合を負（－）のホール効果という．一般にテルル，アンチモン，鉄，コバルトなどは正（＋），ビスマス，ニッケル，銀，銅，アルミニウムなどは負のホール効果を生じることが知られている．

磁界の効果は以上のように横方向ばかりでなく，電流の流れる方向と同方向に電圧を生じる現象がある．

したがって，この現象が生じると，電流に対する電圧降下が変化した形になり，電気抵抗が変化することになる．このように磁界中におかれた導体の電気抵抗が変化する現象を**磁界の縦効果**（longitudinal effect）という．ビスマスは特にこの現象が大ききので，これを利用して抵抗の変化から逆に，磁界の強さや磁束密度を測定する装置がつくられている．

10・8　電磁力による仕事

いままで学んだように，磁界中にある電流はフレミングの左手の法則に従う方向に電磁力が働く．したがって，磁界中に自由に動ける導体をおき，これに電流を流せば，導体はその電磁力を受けてその力の方向に移動する．次に，この場合の機械的な仕事について調べてみよう．

図 10・13 のように紙面に垂直に表から裏に向かう平等な磁界があり，この磁界中に長さ l [m] の導体 ab があるとしよう．

いま，導体 ab に右から左に向かって I [A] の電流を流すと，この導体 ab には下方に向かう F [N] の電磁力が生じる．この F の大きさは磁束密度を B [T]

とすれば，式(10・8)で $\sin \theta = \sin 90° = 1$ になるから，

$$F = BIl \sin \theta = BIl \sin 90°$$
$$= BIl \text{ [N]} \qquad (10・19)$$

で表せる．したがって，この電磁力によって導体が x [m] だけ下方に運動したとすれば，このときの機械的仕事 W は，次のようになる．

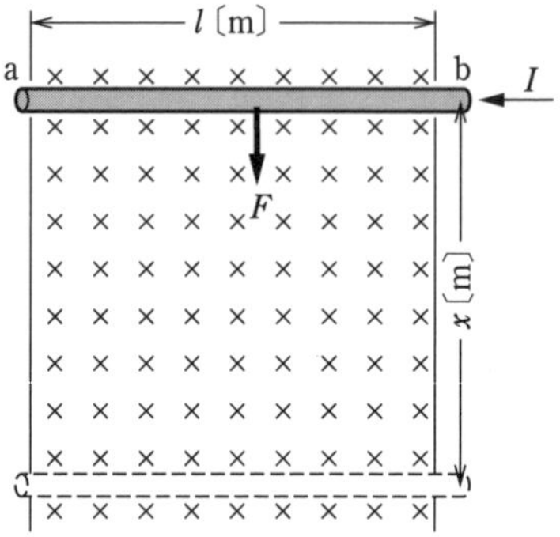

$$W = Fx = BIlx \text{ [N·m]}$$
（あるいは [J]）　　(10・20)

図 10・13　電磁力による機械的仕事

この式の Blx は，電線が x [m] 運動したときに切った全体の磁束数を表しているので，全体の磁束数を $\varPhi$ とすれば，

$$W = I\varPhi \text{ [J]} \qquad (10・21)$$

したがって，電磁力によってなされた機械的仕事は次のように表すことができる．

　　　　機械的仕事＝電流×移動したとき導体が切った全磁束

以上は導体が移動して磁束を切った場合であるが，相対的に考えれば導体が静止して磁束が移動し導体を切った場合も同じである．

なお，この場合の機械的動力 P は，導体が x [m] 移動するのに t 秒間かかったとすれば，1秒間の仕事が動力を表すから，

$$P = \frac{W}{t} = \frac{I\varPhi}{t} \text{ [J/s]} \quad （あるいは [W]） \qquad (10・22)$$

で計算することができる．これは t 秒間に一定の早さで磁束を切った場合の動力であるが，もし導体の磁束を切る速度が変化する場合は，平均の動力を表すことになる．このような場合に任意の瞬時の機械的動力 P は，極めて短時間の $\varDelta t$ 秒間に $\varDelta \varPhi$ [Wb] の磁束を切ったとすれば，次のように表すことができる．

$$P = I \frac{\varDelta \varPhi}{\varDelta t} \text{ [W]} \qquad (10・23)$$

10・9 アンペアの周回路の法則の証明

次に式(10・21)の結果を利用して図10・14のような無限長直線導体を単位正磁極（+1 Wb）が一周したときの仕事について考えてみよう．

この場合，単位正磁極からは1 Wbの磁束が放射状に発生している．したがって，+1 Wb が，I [A] の電流の流れる無限に長い導体の磁界の方向を一周したと仮定すれば，一周する間に1 Wb の全磁束は必ず1回ずつ導体と切りあうことになる．したがって，単位正磁極が一周したときの仕事 W すなわちエネルギーは式(10・21)から次のようになる．

$$W = I\varPhi = I \times 1 = I \text{ [J]} \tag{10・24}$$

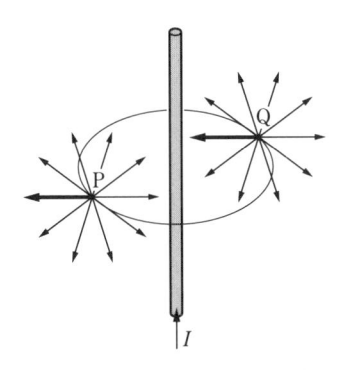

図10・14 単位正磁極が1周したときの仕事

すなわち，+1 Wb が I [A] の電流のつくる磁界の方向に一周したときの仕事は I [J] に等しいことを示している．すなわち，

「単位正磁極を電流のつくる磁界に沿って一周させたときの仕事のジュール数は，その閉路内にあるアンペア数の等しい」

ということができる．したがって単位正磁極を一周させたとき，閉路の中に電流がなければ，その一周したエネルギーは0になる．

次に，これを図10・15のような環状鉄心に NI [A] の起磁力を与えたとき磁路の長さが l_1, l_2, l_3 [m] で各部分の磁界の強さが，それぞれ H_1, H_2, H_3 [A/m] になった場合について考えてみ

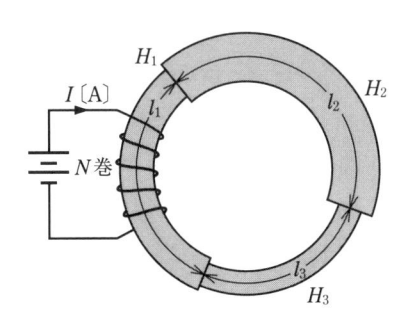

図10・15 アンペアの周回路の法則の証明

よう.

この磁気回路の内部に $+1\,\mathrm{Wb}$ をおけば，H 〔A/m〕なら H 〔N〕の力が働く．したがって，$+1\,\mathrm{Wb}$ を磁界の方向に一周した場合，各磁路の中ではこの $+1\,\mathrm{Wb}$ に対して H_1, H_2, H_3 〔N〕が働き，それぞれ力の方向に l_1, l_2, l_3 〔m〕の移動をする．したがって $+1\,\mathrm{Wb}$ が一周したとき磁界から与えられるエネルギー W_1 は次のようになる．

$$W_1 = H_1 l_1 + H_2 l_2 + H_3 l_3 \text{〔J〕} \tag{10・25}$$

これを別な考え方をすれば，$+1\,\mathrm{Wb}$ が一周したときにする仕事は，一周した閉路内にある電流に等しい．この電流 I 〔A〕が N 巻きであるから NI 〔A〕と考えてよい．したがって，

$$W_2 = NI \text{〔J〕} \tag{10・26}$$

この場合，W_1 は $+1\,\mathrm{Wb}$ が磁界によって与えられたエネルギーであり，W_2 はこれによって $+1\,\mathrm{Wb}$ がなした仕事であるから，当然 $W_1 = W_2$ でなければならない．したがって，

$$NI = H_1 l_1 + H_2 l_2 + H_3 l_3 \tag{10・27}$$

となる．これが実はアンペアの周回路の法則である．この法則はいいかえれば電流によってつくられる磁界では，その磁界の方向に一周したとき，

$$\text{電流×巻数の代数和} = \text{各部の磁界の強さ×距離の代数和} \tag{10・28}$$

になることを表している．

章末問題

1. 図 10・16 のような N, S のつくる磁界中においたコイルに，図の向きに電流 I を通じたとき，コイルにどのような力を生じるか．

2. 図 10・17 のように界磁巻線（磁界をつくる巻線）に電源を接続し，界磁巻線の巻いてある鉄心の間にコイル C に ⊙, ⊗ の向きに電流が流れたとき，コイルはどのように回転しようとするトルクを生じるか．

3. 図 10・18 のように O 軸を中心に回転できる磁石に対し，⊙, ⊗ の向きに電

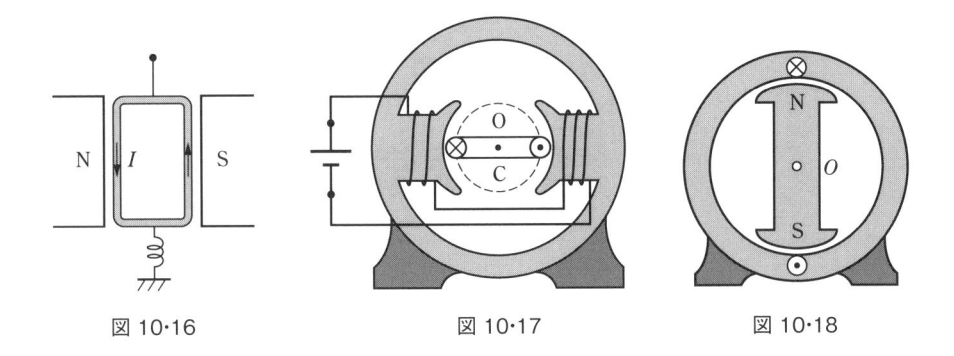

図 10·16　　　　　図 10·17　　　　　図 10·18

流の流れる導体があるとき，磁石はどちら向きに回転しようとするか．

4. 空気中に磁界の強さ 5 000 A/m の平等磁界がある．いま磁界と直角に長さ 30 cm の導体をおいて 10 A の電流を流したとき，導体に生じる電磁力の大きさはいくらか．

5. 空気中で磁界の強さ 4 000 A/m の平等磁界中に，長さ 30 cm，幅 20 cm の 1 巻きの長方形コイルを，磁界の方向と平行におき，これに 20 A の電流を流したとき生じるトルクはいくらか．

6. 次の文章の ☐ の中に適当な言葉を入れなさい．
　　空気中にある無限に長い 2 本の平行導体に電流が流れるとき，導体間には ① が働き，その力の大きさは ② に比例し，③ に反比例する．

7. 5 cm の間隔で平行した 2 本の導体に，それぞれ 100 A の電流を流した．この導体相互間の 1 m 当たり働く電流力はいくらか．

8. 無限に長い 3 本の直線導体を相互の間隔が 50 cm になるように支え，各導体に同一方向に 100 A の電流を流したとき，導体 1 m 当たり働く電流力はいくらか．

9. 20 A の電流を流したら導体が電磁力によって運動し，0.2 秒間に 0.03 Wb の磁束を切った．このとき発生する機械的動力はいくらか．

第 11 章

電磁誘導

　前章で，磁界と電流との間には電磁力が生じることを学んだが，これとは逆に，力が加えられて磁界と導体とが相対的に運動するとき，あるいはコイルを貫く磁束が変化するときは，その間で導体に起電力を誘導し，電流の流れる現象がある．この作用は発電機や変圧器の原理になるばかりでなく，電気工学上，極めて重要な現象である．ここでは，このような電磁誘導を学び，これをもとにして電気回路の重要な定数の一つである相互インダクタンスや自己インダクタンスについて調べてみることにしよう．

11・1　電磁誘導

　図11・1(a)のように磁石をコイルに入れたり出したりすると，コイルに接続した検流計が振れ，コイルに起電力が発生したのを知ることができる．これを細かく観察すると次のようなことがわかる．
（1）　磁石をコイルに入れたり出したりする瞬間だけ検流計が振れ，磁石を静止させると振れない．
（2）　磁石を入れるときと，出すときでは検流計の振れは逆になる．
（3）　磁石を動かす速度を大きくすると検流計の振れは大きくなる．
（4）　磁石を静止させ，コイルを動かしても同じ現象が起こる．
　また図(b)のように導体Cの両端に検流計を接続し，導体を上下させれば，やはり同じような現象を生じる．このことから磁石と導体が相対的に運動すると導体に起電力が発生することがわかる．
　次に図(c)のようにA，B二つのコイルに近づけて向かい合わせておき，コ

11・1 電磁誘導

(a)

(b)

(c)

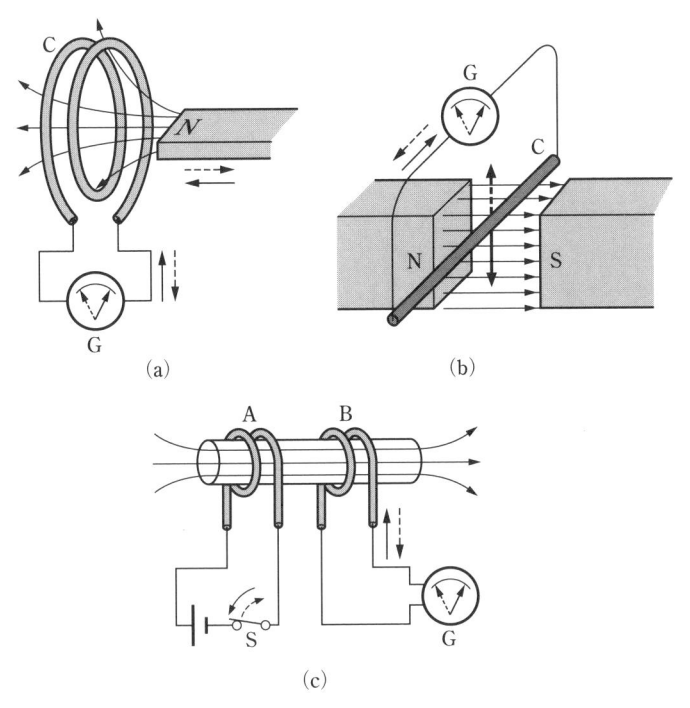

図 11・1　電磁誘導の実験

イルAに電源，コイルBに検流計を接続しておき，スイッチSを開閉してコイルAに流れる電流によってつくられる磁束を変化させてやると，前の場合と同じように検流計が振れ，コイルBに起電力が発生するのを知ることができる．なお，これを細かく調べてみると次のようなことがわかる．

（1）コイルAの電流が大きいほど検流計の振れが大きい．
（2）スイッチを入れたときと切ったときでは検流計の振れが逆になる．
（3）コイルAに電流を流したままでは検流計は振れない．しかしA，Bどちらかのコイルを動かすと検流計が振れる．

以上の実験から，
（a）コイルを貫く磁束が変化したり，導体と磁束が運動して切りあうと起電力ができる．

（b）導体を貫く磁束が増すときと減るとき，あるいは磁束と導体の切りあい方が逆になると起電力の向きは逆になる．

　（c）コイルを貫く磁束の変化や，導体が磁束を切る速度が大きいと起電力が大きくなる．

ということがわかる．

　このようにコイルを貫く磁束が変化したり，導体が磁束を切ると起電力を誘導する現象を**電磁誘導**（electormagnetic induction）といい，この起電力を**誘導起電力**（induced electromotive force），流れる電流を**誘導電流**（induced current）という．

　この電磁誘導は電気分解の法則を発見したファラデーによって1831年に発見されたもので，これについては実験の結果，次のような法則が発表されている．

　　「電磁誘導によって回路に誘導される起電力は，その回路を貫く磁束の時間に対して変化する割合に比例する」

　これを**電磁誘導に関するファラデーの法則**という．

　この電磁誘導の発見は，現在の電気工学の発展上に大きな役割を果たしたものである．現在，起電力を得る方法としては大多数がこれによるもので，発電機や変圧器に応用されるばかりではなく，あらゆる電気工学の方面に広く利用されている．

11・2　誘導起電力の方向

　電磁誘導によって生じる起電力，すなわち誘導電流の向きを簡単に知る方法としてはレンツの法則とフレミングの右手の法則がある．

（1）レンツの法則

　レンツの法則（lenz's law）は反作用の法則ともいわれるもので，次のような法則である．

　　「電磁誘導によって生じる起電力の向きは，その誘導電流のつくる磁束が，

11・2　誘導起電力の方向

もとの磁束の増減を妨げる方向に生じる」

すなわち，図11・2のようにコイルA，Bを向かい合わせておいて，コイルAの電流を変化した場合のコイルBに誘導される起電力の向きは次のように考えることができる．まず，図(a)のようにコイルAのスイッチSを開くときは，コイルAの電流iは減少して，コイルBを貫く磁束は減少しようとする．すると，コイルBにはその磁束の減少を妨げるため，図(a)の矢印の方向に起電力eを生じ誘導電流を流し，もとの磁束と同じ方向に反作用磁束をつくろうとする．

また，もし反対にスイッチSを閉じたとすれば，電流iは増加し，図(b)のようにコイルBを貫くコイルAのつくる磁界は増加しようとする．したがって，その磁束の増加を妨げるため，コイルBにはもとの磁束と反対方向の反作用磁束をつくる方向に起電力（誘導電流）を誘導することになる．

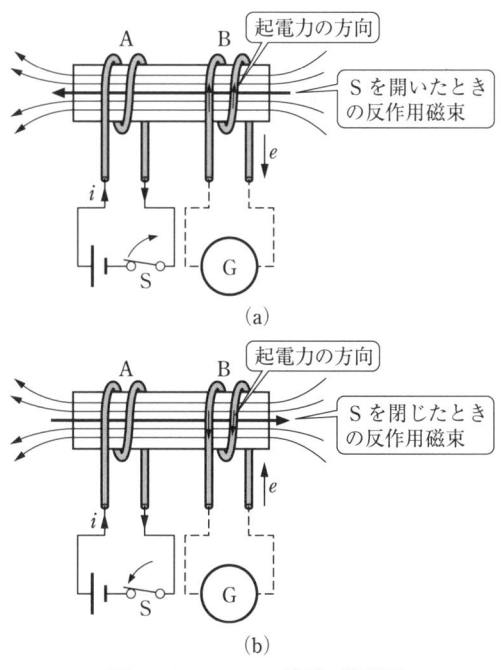

図11・2　レンツの法則の説明図

第 11 章　電磁誘導

　この法則は以上のことからわかるように，磁束の変化によるコイルなどの誘導起電力の方向を知るのに便利な法則である．

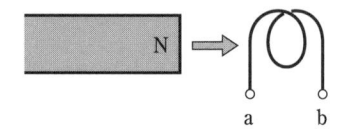

図 11・3

問 11・1　図 11・3 で磁石にコイルを近づけた場合，コイルに発生する起電力の向きを示しなさい．

問 11・2　図 11・4 のような鉄心に P と S の二つのコイルを巻き，P コイルに電源を接続し，スイッチ K を開閉したとき，S コイルにできる起電力の向きを調べなさい．

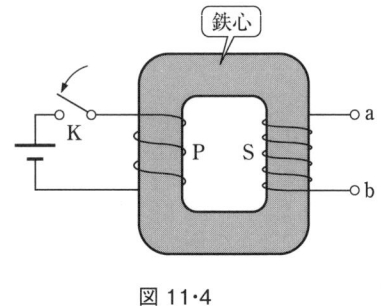

図 11・4

（2）フレミングの右手の法則

　この法則は，導体と磁束とが互いに運動して切りあったときの誘導起電力の方向を知るのに便利な法則である．すなわち，図 11・5 のように右手の人さし指，親指，中指を互いに直角に曲げ，人さし指を磁束（磁界），親指を導体の運動の方向に向けると，中指の方向が導体に生じる起電力の方向を示す．これを**フレミ**

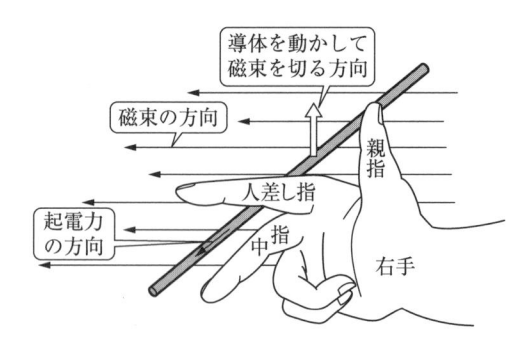

図 11・5　フレミングの右手の法則

ングの右手の法則（Fleming's right-hand rule）という．したがって，図11・6のように永久磁石の中を上方に運動する導体abに生じる誘導起電力は，図のようにb→aの方向に生じるのを知ることができる．

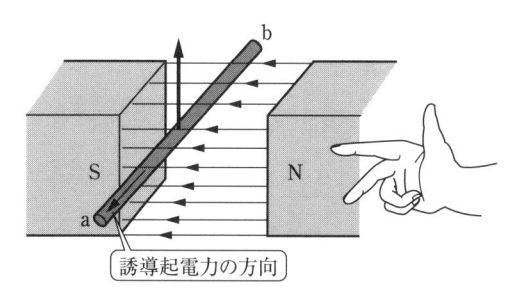

図11・6　フレミングの右手の法則の適用

問11・3　図11・7のように導体を下方に動かしたときの起電力の方向をフレミングの右手の法則を使って調べなさい．

問11・4　図11・8のように導体の近くにある磁石を矢印の方向に動かしたとき，導体に誘導される起電力はどちら向きに生じるか．

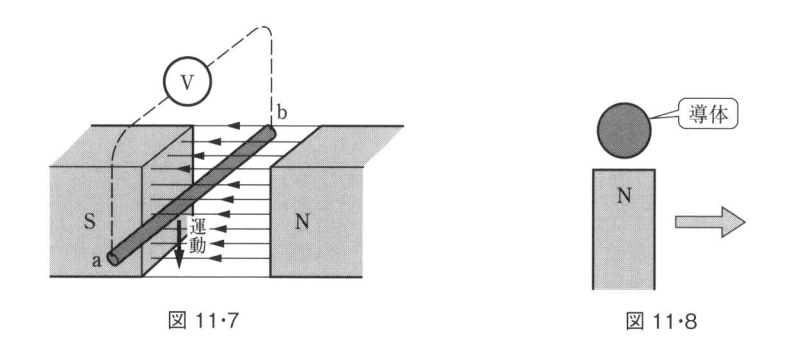

図11・7　　　　　　　　図11・8

以上の電磁誘導の現象は，要するに物理の勉強のときに習う力の作用に対する反作用と同じように現れるものであると考えることができる．すなわち，コイルを貫く磁束が増減すれば，反作用として誘導電流を生じて，磁束の増減を妨げる

方向に反作用磁束が生じようとするものと考えられる．また磁界中で力を加えて導体を運動させようとすれば，これも誘導電流を生じて反対方向の電磁力が働き，その運動を妨げようとするものと考えることができる．

11・3 誘導起電力の大きさ

電磁誘導によって回路に誘導される誘導起電力の大きさは，電磁誘導に関するファラデーの法則によって基本的に定まるが，起電力を誘導する形からいうと，
（a） 磁束の変化によって生じる起電力
（b） 導体の運動による起電力
が考えられるので，これを分けて調べることにしよう．

（1）磁束の変化によって生じる起電力

電磁誘導によって回路に誘導される起電力は電磁誘導に関するファラデーの法則によって，回路を貫く磁束の時間に対する変化の割合に比例する．したがって，図11・9のように1巻きのコイルを貫く磁束 $\varPhi$ が，$\varDelta t$ 秒間に $\varDelta\varPhi$ [Wb] 変化したときの起電力 e_1 は，このときの比例定数を k とすれば，

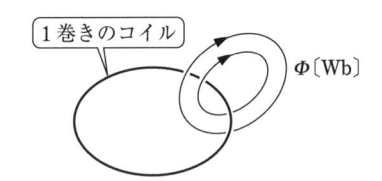

図11・9 磁束の変化によって生じる起電力

$$e_1 = k\frac{\varDelta\varPhi}{\varDelta t} \text{［V］} \tag{11・1}$$

となる．SI 単位あるいは MKS 単位系では，時間の単位に秒［s］，電圧の単位にボルト［V］を用いたとき，比例定数 $k=1$ になるように磁束の単位ウェーバ［Wb］が定められているので式(11・1)は，

$$e_1 = -\frac{\varDelta\varPhi}{\varDelta t} \text{［V］} \tag{11・2}$$

になる．すなわち，1巻きのコイルを貫く磁束が1秒間に1Wbの割合で変化す

11・3 誘導起電力の大きさ

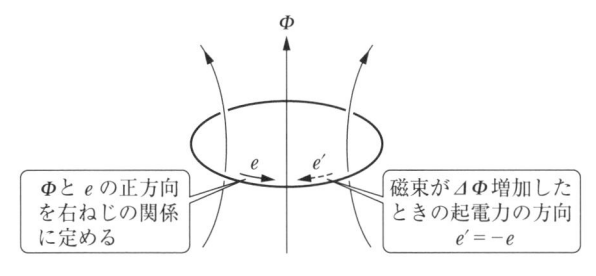

図 11・10 磁束に対する起電力の正方向

- Φと e の正方向を右ねじの関係に定める
- 磁束が ΔΦ 増加したときの起電力の方向 $e' = -e$

ると1Vの起電力を誘導し，その方向は図11・10 のように磁束と起電力の正方向を右ねじの法則の関係に取ると，負の値になる．したがって，図11・11 のように N 巻きのコイルを Φ [Wb] の磁束が全部貫いていて，この磁束が Δt 秒間に $\Delta \Phi$ [Wb] 増加すれば，起電力 e は1巻きの起電力の N 倍になるから次式で表すことができる．

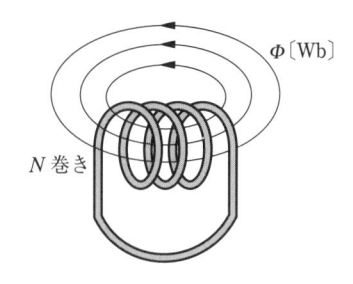

図 11・11 磁束とコイルの鎖交

$$e = -N\frac{\Delta \Phi}{\Delta t} \text{ [V]} \tag{11・3}$$

一般に図 11・11 のようにコイルと磁束とが鎖のように交わるとき，磁束とコイルが**鎖交**（interlink）するといい，巻数を N と磁束 Φ との積 $N\Phi$ を**鎖交数**（number of interlinkage）あるいは**磁束鎖交数**という．磁束鎖交数はウェーバ [Wb] の単位で表す．この磁束鎖交数でいえば，式(11・3)の $N(\Delta \Phi/\Delta t)$ は1秒間における磁束鎖交数の変化量，すなわち磁束鎖交数の変化率を表している．したがって，1秒間に1Wbの磁束鎖交数が変化すると，回路に1Vの起電力を誘導するということがいえる．

これは変圧器や後で学ぶインダクタンスなどの磁束鎖交数の変化を利用したものの起電力を知るのに大切なことである．

（2）導体の運動による起電力

運動する導体に誘導する起電力を(1)の場合と同じように考えてみよう．図 11・12 のように，磁界より外に出るくらいの長い導体 ab の両端に，図のように磁界の外側で検流計 G を接続したとき，abG は1巻きのコイルと考えることができる．この場合，導体 ab が Δt 秒間に $\Delta\Phi$ [Wb] の磁束を切ったとすれば，これは abG の1巻きのコイルと鎖交する磁束が，Δt 秒間に $\Delta\Phi$ [Wb] 増加したのと同じことになるから，このときの起電力 e_1 は式(11・3)から，$N=1$ として，

$$e_1 = -\frac{\Delta\Phi}{\Delta t} \text{ [V]} \tag{11・4}$$

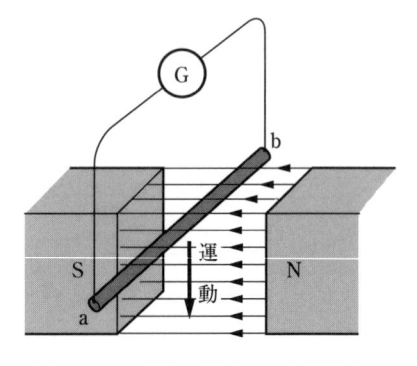

図 11・12 導体の運動による起電力

で表され，起電力の方向はフレミングの右手の法則から知ることができる．これは，別の考え方をすれば導体 ab が Δt 秒間に $\Delta\Phi$ [Wb] の磁束を切ったため生じた起電力を表す．なぜならば，この場合，検流計 G を導体 ab に接続した線の長さや形に全く関係なく，同じように磁束鎖交数が変化して同一の大きさの起電力を発生するからである．ゆえに，

「運動する1本の導体が1秒間に1Wb の磁束を切れば，1Vの起電力を誘導する」

ということができる．以上は導体が磁界中を運動する場合について考えたが，磁束の方が動いても，あるいは導体と磁束が同時に動いても同じことで，導体が1秒間に1Wb の割合で磁束を切りさえすれば，1Vの起電力を誘導するものである．

この考え方は発電機や電動機などの起電力を考えるのに大切なことである．

例題 11・1

巻数 100 回のコイルに鎖交する磁束が 0.1 秒間に 0.02 Wb から 0.01 Wb に変

化した．このときコイルに発生する誘導起電力の大きさはいくらか．

解答 まず磁束の変化 $\varDelta\varPhi$（変化後の磁束－変化前の磁束）は，

$$\varDelta\varPhi = 0.01 - 0.02 = -0.01 \,[\text{Wb}]$$

式(11・3)より，

$$e = -N\frac{\varDelta\varPhi}{\varDelta t} = -100 \times \frac{(-0.01)}{0.1} = 10 \,[\text{V}]$$

問 11・5 巻数 30 回のコイルと鎖交している磁束が，0.2 秒間に一様に 0.2 Wb から 0.15 Wb に変化したとき，コイルに発生する誘導起電力の大きさはいくらか．

問 11・6 ある 1 本の導体が 0.3 秒間に一様な速度で 6 Wb の磁束を切ったという．このとき導体に発生する誘導起電力の大きさはいくらか．

参考 式(11・3)を微分積分の形式で表す．

$$e = -N\frac{d\varPhi}{dt} \,[\text{V}] \tag{11・5}$$

この公式はノイマンの法則と呼ばれているもので，レンツの法則と電磁誘導に関するファラデーの法則をまとめて表したものである．回路と鎖交する磁束の総数（磁束鎖交数）が変化するときに生じる起電力を表す式として知られている．

11・4 平等磁界中を運動する導体の誘導起電力

(1) 直線運動による導体の誘導起電力

図 11・13 のように磁束密度 $B\,[\text{T}]$ の平等磁界中に長さ $l\,[\text{m}]$ の直線導体が磁界と垂直におかれ，導体をその長さおよび磁界の各々の方向と直角に $v\,[\text{m/s}]$ の一定速度で直線運動するときの誘導起電力の大きさを調べてみよう．

この場合，起電力 e はフレミングの右手の法則によって図の方向に生じる．そして，1 秒間に電線は $v\,[\text{m}]$ 移動するから，面積 $lv\,[\text{m}^2]$ 内の磁束 $Blv\,[\text{Wb}]$

が1秒間に切られたことになる．

したがって，磁束の変化量 $\Delta\Phi$ は，
$$\Delta\Phi = Blv \text{ [Wb]} \quad (11\cdot6)$$
となり，1秒間に1 Wbの磁束を切れば1 Vを誘導するから，誘導される起電力の大きさ e は式(11・4)より，
$$e = \frac{\Delta\Phi}{\Delta t} = \frac{Blv}{1} = Blv \text{ [V]}$$
（ここでは大きさのみを考える）
$$\quad (11\cdot7)$$

次に図11・14のように，導体が磁界の方向に対して θ の方向に運動する場合を考えてみると，v の速度は磁界と同一方向の $v\cos\theta$ と直角方向の $v\sin\theta$ の速度に分解することができる．このうち $v\cos\theta$ は磁界と平行で少しも磁束を切らず，$v\sin\theta$ の速度だけで直角に磁束を切るのと全く同じことになる．したがって，この場合の誘導起電力は上式の v が $v\sin\theta$ になるから，
$$e = Blv\sin\theta \text{ [V]} \quad (11\cdot8)$$
で表すことができる．

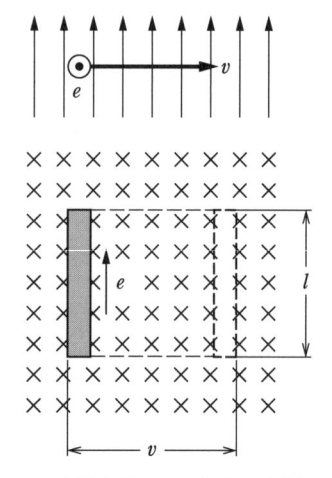

図 11・13　直線運動による導体の誘導起電力

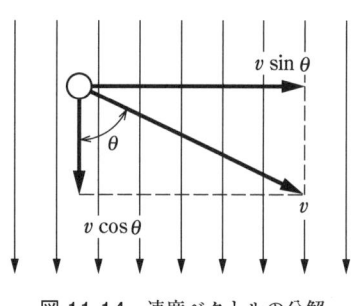

図 11・14　速度ベクトルの分解

（2）回転運動による導体の誘導起電力

次に図11・15(a)のように，平等磁界中を v [m/s]の一定速度で回転運動する導体に発生する誘導起電力の大きさを調べてみよう．図のように n_1 を起点として，反時計方向に φ だけ回転して，a点にきた瞬時の起電力 e は，
$$e = Blv\sin\varphi \text{ [V]} \quad (11\cdot9)$$

11・4 平等磁界中を運動する導体の誘導起電力

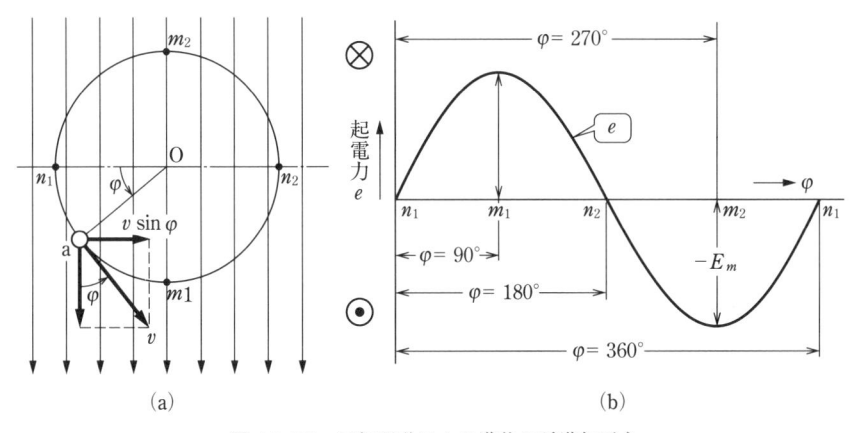

(a)　(b)

図 11・15　回転運動による導体の誘導起電力

である．この式の形は式(11・8)と同じであるが式の意味が異なる．すなわち，この場合は回転につれて φ が変わってくることである．したがって，e のある瞬時の値，すなわち**瞬時値**（instantaneous value）は $E_m = Blv$ 〔V〕を最大として，φ の変化につれて図(b)のように正弦波曲線で変化するので，起電力の瞬時値 e は，

$$e = E_m \sin \varphi \, [\text{V}] \tag{11・10}$$

ただし，$E_m = Blv$

で表せる．この場合 E_m を**最大値**（maximum value）という．

このように，時間とともに起電力の大きさと方向が規則正しく変化する起電力を**交流起電力**（alternating electromotive force）といい，これによって流れる電流を**交流電流**あるいは**交流**（alternating current, **AC**）といっている．これに対して，いままで学んできた電池のように，時間に関係なく大きさも方向も常に一定の起電力を**直流起電力**（direct electromotive force）といい，これによって流れる電流を，**直流電流**あるいは**直流**（direct current, **DC**）という．

われわれが最も多く用いている電気は交流であって，普通は交流発電機によって発生され，その変化もできるだけ正弦波形になるように発電されている．特に正弦波状に変化する交流のことを**正弦波交流**（sinusoidal alternating current）

203

という．

交流起電力や電流が，図 11・16 のように変化して次の全く同じ状態になるまでの1変化を**1サイクル**（cycle）といい，毎秒のサイクル数を**周波数**（frequency）といい，**ヘルツ**（単位記号：Hz）という単位で表す．日本では電力用としては 50 Hz または 60 Hz の周波数の交流が用いられている．

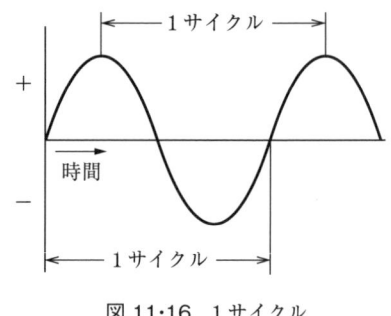

図 11・16　1サイクル

11・5　発電機の原理

(1) 交流発電機の原理

前節で学んだように，平等磁界中を一定速度で回転する導体には正弦波交流が発生する．したがって，図 11・17(a) のようにコイルの両端に**スリップリング**（slip ling）とよばれる金属環を取り付け，これに b_1, b_2 のブラシを通じて外部に取り出せば，外部の負荷 r に交流の電流を供給することができる．これが交流発電機の原理である．実際は製作が簡単なようにコイルが固定し，磁極が回転

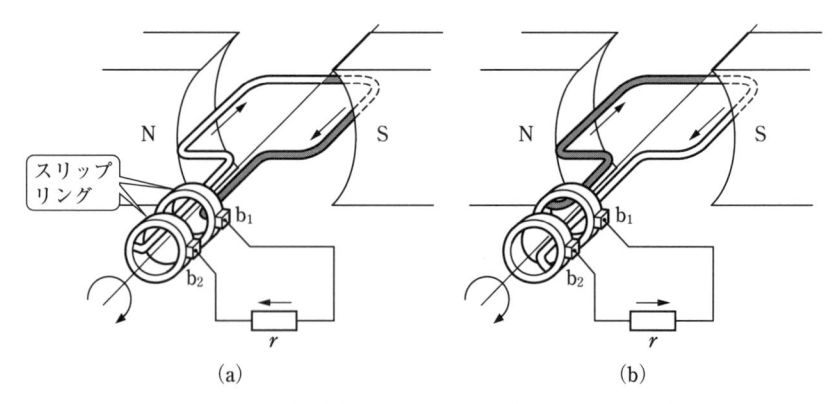

図 11・17　交流発電機の原理

するようにつくられ，起電力や電流が大きくなるように，多くのコイルが直列あるいは並列に用いられている．

（2）直流発電機の原理

交流発電機のスリップリングの代わりに，図 11・18 のように**整流子**（commutater）と呼ばれる竹を割ったような二つの金属片を導体の両端に取り付け，整流子から b_1，b_2 のブラシを通じて外部に負荷 r を接続すると，r に流れる電流はどのようになるであろうか．

この場合，コイルが回転するとき回路に発生した誘導起電力は，交流発電機の場合と全く同じである．しかし，負荷 r に対しては図 11・18(a) の瞬時には b_1 $-r-b_2$ の方向に電流が流れ，また半回転してコイルの起電力が逆になると同時

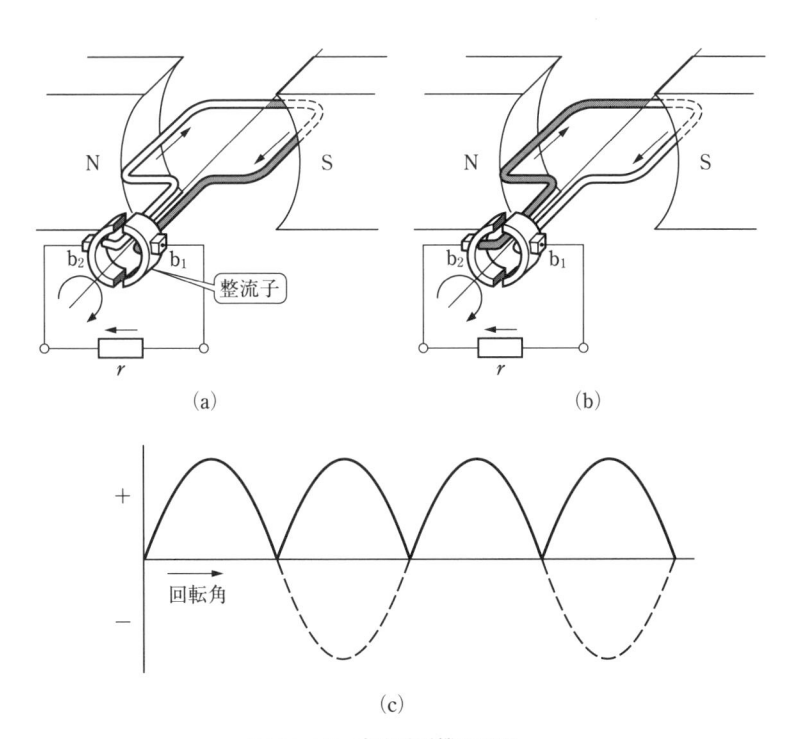

図 11・18 直流発電機の原理

に，整流子は反対のブラシに接続することになるので，図(b)のようになって，やはり同じ向きの電流が r に流れることになる．すなわち，整流子と b_1，b_2 のブラシの働きにより，負荷 r には図(c)の実線で示したような一定方向の電流が流れるようになる．このように交流を一定の向きの電流に変える働きを**整流**(commutation)という．

しかし，このままでは電流や電圧の向きが一定になっても，図(c)のように大きさが変動する．このためコイルの数を増やして，これを適当に接続することによって，図11・19のようにそれぞれのコイルの誘導起電力 e_1，e_2，e_3 の和は E_d のようになり，直流の起電力に近づけている．これが直流発電機の原理である．

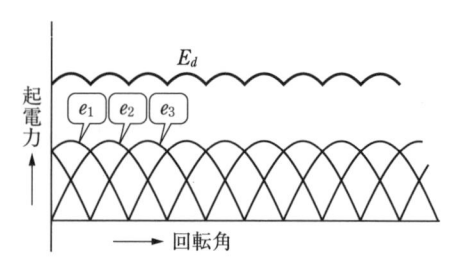

図 11·19 導体が多くなると直流に近づく

11・6 相互誘導と相互インダクタンス

図11・20のように，コイルPとコイルSとを接近して配置し，コイルPに電流を流すと磁束が生じ，この磁束の全部あるいは一部がコイルSに鎖交する．ゆえに，もしコイルPの電流変化によって磁束 Φ_l が変化すればコイルSの鎖交数も変化し，コイルSに起電力を誘導する．このようにコイル相互間における電磁誘導を**相互誘導**(mutual induction)といい，発生する起電

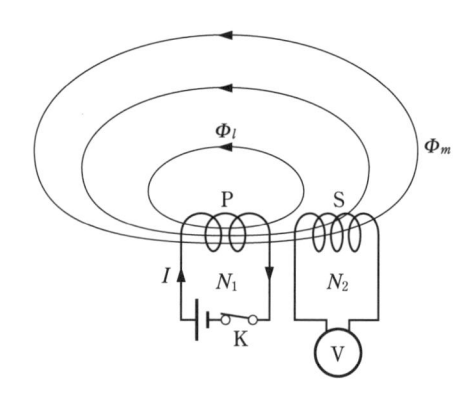

図 11·20 相互誘導

力を**相互誘導起電力**という．いま，コイル P 側を**一次回路**（primary circuit），コイル S 側を**二次回路**（secondary circuit）という．

いまコイル P およびコイル S の巻数を N_1 および N_2 とし，コイル P に I [A] を流したとき，コイル S と鎖交する磁束（相互磁束ともいう）が Φ_m [Wb] で，磁気回路の透磁率が一定であるとすれば，磁束は電流に比例するから，二次回路（コイル S）の鎖交数 $N_2\Phi_m$ は，

$$N_2\Phi_m \propto I \tag{11・11}$$

このときの比例定数を M とすれば，上式は，

$$N_2\Phi_m = MI \tag{11・12}$$

$$\therefore \quad M = \frac{N_2\Phi_m}{I} = N_2\phi_m \text{ [H]} \tag{11・13}$$

ただし，$\phi_m = \Phi_m/I$ で 1 A を流したときの相互磁束の関係がある．この式(11・13)の M を**相互インダクタンス**（mutual inductance）あるいは**相互誘導係数**といい，単位には**ヘンリー**（henry／単位記号：H）を用いる．

したがって，一次回路（コイル P）に電流を 1 A 流したとき，二次回路（コイル S）の磁束鎖交数が M [Wb] なら，相互インダクタンスは M [H] である．ということができる．この相互インダクタンスはコイルや磁気回路の状態によって定まるものであるが，これについてはあとで調べることにしよう．

次に相互インダクタンスを用いて相互誘導起電力を表してみよう．図 11・21 において一次回路（コイル P）の電流が Δt 秒間に ΔI [A] 増加したため相互磁束が $\Delta\Phi_m$ [Wb] 増加したとすれば，二次回路（コイル S）の磁束鎖交数の増加は $N_2\Delta\Phi_m$ で，これは，式(11・12)の関係から $M\Delta I$ と等しい．したがって，二次回路（コイル S）に誘導される起電力 e_2 は，式(11・3)から次式で表される．

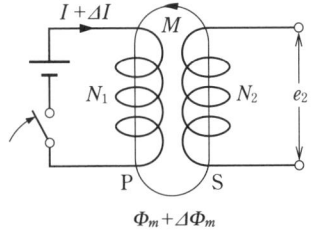

図 11・21　相互インダクタンス

第 11 章 電磁誘導

$$e_2 = -N_2 \frac{\Delta \Phi_m}{\Delta t} = -M \frac{\Delta I}{\Delta t} \text{ [V]} \tag{11・14}$$

で表される．この関係から，

一次回路（コイル P）の電流が 1 秒間に 1 A の割合で変化したとき，二次回路（コイル S）に 1 V の起電力を誘導すれば，相互インダクタンスは 1 H である．ということもできる．

例題 11・2

一次回路に 5 A の電流を流したとき，20 回巻きの二次回路に 4×10^{-3} Wb の磁束が鎖交した．このときの相互インダクタンスはいくらか．

解答 まず二次回路の磁束鎖交数 $N_2 \Phi_m$ は，

$$N_2 \Phi_m = 20 \times 4 \times 10^{-3} = 80 \times 10^{-3} \text{ [Wb]}$$

式 (11・13) より，

$$M = \frac{N_2 \Phi_m}{I} = \frac{80 \times 10^{-3}}{5} = 16 \times 10^{-3} \text{ [H]} = 16 \text{ [mH]}$$

例題 11・3

相互インダクタンスが 30 mH，一次回路に流れる電流が 0.2 秒間に 40 A 増加したとき，二次回路に誘導される起電力はいくらか．

解答 式 (11・14) より，

$$e_2 = -M \frac{\Delta I}{\Delta t} = -30 \times 10^{-3} \times \frac{40}{0.2} = -6 \text{ [V]}$$

問 11・7 相互インダクタンス 100 mH，50 回巻きの二次回路に 3×10^{-3} Wb の磁束が鎖交したという．このとき一次回路に流した電流はいくらか．

11・7　自己誘導と自己インダクタンス

あるコイルに流れている電流が時間とともに変化すれば，その磁束もまた時間とともに変化する．したがって，これが他のコイルと鎖交すれば相互誘導も生じ

11・7 自己誘導と自己インダクタンス

るわけであるが，これは同時にコイル自身の磁束鎖交数の変化によって，自分自身のコイル内にも起電力を誘導する．これを**自己誘導**（self induction）という．発生する起電力を**自己誘導起電力**という．

いま，図11・22のように N 巻きのコイルに I 〔A〕を流したとき，磁束 Φ 〔Wb〕が生じたとすれば，コイル自身の磁束鎖交数 $N\Phi$ は，磁気回路の磁気抵抗が一定ならば，コイルに流れる電流に比例する．すなわち，

$$N\Phi \propto I \tag{11・15}$$

このときの比例定数を L とすれば上式は，

$$N\Phi = LI \tag{11・16}$$

$$\therefore \quad L = \frac{N\Phi}{I} = N\phi \text{〔H〕} \tag{11・17}$$

ただし，$\phi = \Phi/I$ で1A流したときの磁束

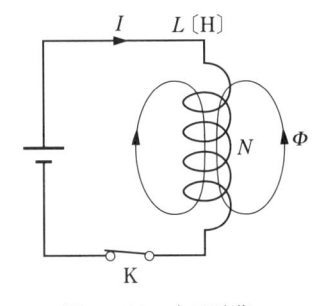

図 11・22　自己誘導

この式(11・7)の L を**自己インダクタンス**（self inductance）あるいは**自己誘導係数**といい，単位は相互インダクタンスと同じように**ヘンリー**（henly／単位記号：H）で表す．したがって，

ある回路に1Aの電流を流したとき，その回路の磁束鎖交数が L 〔Wb〕なら自己インダクタンスは L 〔H〕である．

ということができる．この自己インダクタンスはコイルの巻数，大きさ，磁気回路の状態によって定まるものである．これについてはあとで調べることにしよう．

次にこの自己インダクタンスを用いて自己誘導起電力を表してみよう．図11・23において，自己インダクタンス L 〔H〕のコイルに流れる電流が，Δt 秒間に ΔI 〔A〕増加したため $\Delta\Phi$ 〔Wb〕の磁束鎖交数が増加したとすれば，このときの回路

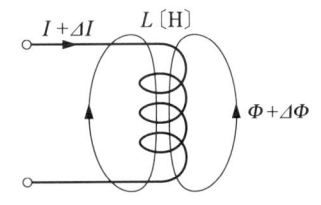

図 11・23　自己インダクタンス

の磁束鎖交数の変化 $N\mathit{\Delta\Phi}$ は式(11・16)の関係から $L\mathit{\Delta I}$ に等しい．ゆえに自己誘導起電力 e は式(11・3)から次式で表される．

$$e = -N\frac{\mathit{\Delta\Phi}}{\mathit{\Delta t}} = -L\frac{\mathit{\Delta I}}{\mathit{\Delta t}} \;[\text{V}] \tag{11・18}$$

で表される．このことから，

ある回路に流れる電流が，1秒間に1Aの電流が変化したとき，その回路に1Vの起電力を誘導すれば自己インダクタンスは1Hである．

ということもできる．

例題 11・4

80回巻きのコイルに0.5Aの電流を流したとき $2.5 \times 10^{-3}\,[\text{Wb}]$ の磁束を生じ，全部のコイルが鎖交したとき，このコイルの自己インダクタンスはいくらか．

[解答] まず，このコイル自身に鎖交する磁束鎖交数 $N\mathit{\Phi}$ は，

$$N\mathit{\Phi} = 80 \times 2.5 \times 10^{-3} = 200 \times 10^{-3} = 0.2\,[\text{Wb}]$$

式(11・17)より，

$$L = \frac{N\mathit{\Phi}}{I} = \frac{0.2}{0.5} = 0.4\,[\text{H}]$$

例題 11・5

自己インダクタンス3Hのコイルに直流電源から100Aの電流が流れている．この電流が0.1秒間に一様な割合で0Aになったとすると自己誘導起電力はいくらか．

[解答] このコイルの電流変化 $\mathit{\Delta I}$ は，

$\mathit{\Delta I} =$ 変化後の電流 － 変化前の電流

$$\mathit{\Delta I} = 0 - 100 = -100\,[\text{A}]$$

式(11・18)より，

$$e = -L\frac{\mathit{\Delta I}}{\mathit{\Delta t}} = -3 \times \frac{(-100)}{0.1} = 3\,000\,[\text{V}]$$

問 11・8 自己インダクタンス3Hのコイルに直流電源から5Aの電流が

流れている．この電流が0.2秒から0.5秒の間に，一様な割合で0Aになったとすると，自己誘導起電力はいくらか．

参考 式(11・14)と式(11・18)を微分積分の形式で表す．

$$e_2 = -M\frac{dI}{dt} \text{[V]} \quad \text{(式(11・14)の微積分の形式)} \quad (11・19)$$

$$e = -L\frac{dI}{dt} \text{[V]} \quad \text{(式(11・18)の微積分の形式)} \quad (11・20)$$

参考 自己インダクタンスに正弦波交流電流を流したとき，電流の位相が電圧の位相より $\pi/2$ [rad](90°)遅れる理由

いま，正弦波交流電流を $i = I_m \sin \omega t$ [A]とする．この電流がコイルに流れているときの自己誘導起電力の大きさを求めると，

$$e = L\frac{dI}{dt} = L \cdot I_m \cdot \frac{d \sin \omega t}{dt} = \omega L \cdot I_m \cos \omega t$$

$$= \omega L I_m \sin\left(\omega t + \frac{\pi}{2}\right) = E_m \sin\left(\omega t + \frac{\pi}{2}\right) \text{[V]} \quad (11・21)$$

ただし，$E_m = \omega L I_m$

したがって，電流 $i = I_m \sin \omega t$ [A]に対して，発生する電圧は $e = E_m \sin\left(\omega t + \frac{\pi}{2}\right)$ [V]ということで，電流が電圧より $\pi/2$ [rad](90°)遅れているのがわかる．

11・8　相互および自己インダクタンスの計算

相互および自己インダクタンスは，電気回路や磁気回路の状態などによってどのように変化するのであろうか．次に簡単な例によってさまざまなインダクタンスを求めてみよう．

第 11 章　電磁誘導

(1) 相互インダクタンス

(a) 環状鉄心に巻いた二つのコイル間の相互インダクタンス

図 11・24 のように鉄心の断面積 S [m²], 磁路の平均の長さ l [m], 透磁率 μ [H/m] の鉄心に巻数 N_1 および N_2 のコイル P およびコイル S を巻き, 漏れ磁束がないものとしたときの相互インダクタンスを調べてみよう. コイル P に電流 I [A] を流したときの磁界の強さは,

$$H = \frac{N_1 I}{l} \text{ [A/m]} \tag{11・22}$$

になるから, 磁束密度 B [T], 磁束を Φ_m [Wb] とすれば,

$$\Phi_m = BS = \mu HS = \frac{\mu N_1 I S}{l} \text{ [Wb]} \tag{11・23}$$

相互インダクタンス M は式 (11・13) から, 次のようになる.

$$M = \frac{N_2 \Phi_m}{I} = \frac{\mu N_1 N_2 S}{l} = \frac{N_1 N_2}{R_m} \text{ [H]} \tag{11・24}$$

ただし, R_m は磁気抵抗で $1/\mu S$ とする.

この式は図 11・24 で N_1 と N_2 を入れ換えても全く同じことになる. 一般に相互インダクタンスは一次回路（コイル P）と二次回路（コイル S）を置き換えても全く同じである.

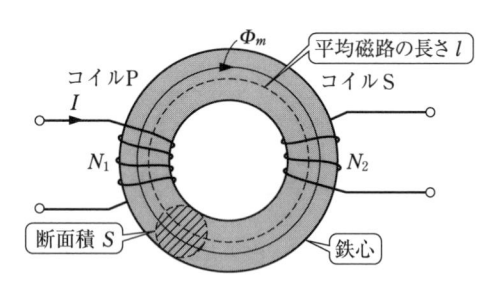

図 11・24　環状鉄心に巻いた二つのコイルの相互インダクタンス

(b) 同心コイル間の相互インダクタンス

図 11・25 のように, 長さ l [m] の細長いコイル P の外側に, 短いコイル S をおいた空心の同心コイル間の相互インダクタンスを調べてみよう. いまコイル P

11・8 相互および自己インダクタンスの計算

の巻数を N_1，直径を $2r$ [m] とすれば，これに I [A] を流したときの内部の磁界の強さ H は，

$$H = \frac{N_1 I}{l} \text{ [A/m]}$$

(11・25)

で，ほぼ平等磁界になる．したがって，コイル内の磁束密度 B は，

$$B = \mu_0 H = \mu_0 \cdot \frac{N_1 I}{l} \text{ [T]}$$

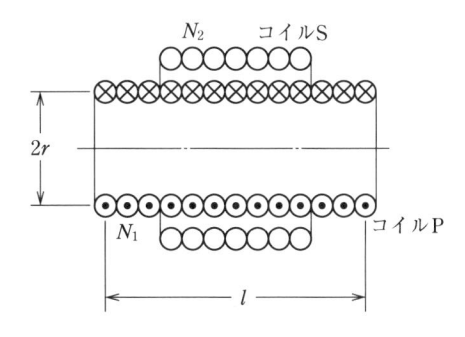

(11・26)

図 11・25 同心コイル間の相互インダクタンス

である．このときコイル S の巻数を N_2 とすれば，コイル S と鎖交する磁束 Φ_m は，

$$\Phi_m = BS = \pi r^2 B = \pi r^2 \mu_0 H = \frac{\pi r^2 \mu_0 N_1 I}{l} \text{ [Wb]} \qquad (11・27)$$

したがって，相互インダクタンス M は式(11・13)から，次のようになる．

$$M = \frac{N_2 \Phi_m}{I} = \frac{\mu_0 N_1 N_2 \pi r^2}{l} \text{ [H]} \qquad (11・28)$$

(2) 自己インダクタンス

(a) 環状コイルの自己インダクタンス

図 11・26 のように断面積 S [m²]，平均の磁路の長さ l [m]，透磁率 μ [H/m] の環状鉄心に，N 巻きのコイルを一様に巻き，これに電流を I [A] を流せば，鉄心内の磁界の強さ H は，

$$H = \frac{NI}{l} \text{ [A/m]} \qquad (11・29)$$

になり，磁束密度 B は，

$$B = \mu H = \frac{\mu I N}{l} \text{ [T]} \qquad (11・30)$$

213

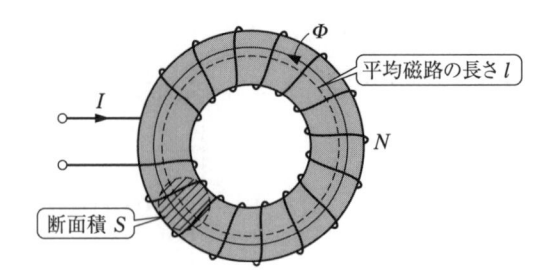

図 11·26 環状コイルの自己インダクタンス

したがって，磁束 Φ は，

$$\Phi = BS = \mu HS = \frac{\mu NIS}{l} \text{ [Wb]} \tag{11·31}$$

ゆえに自己インダクタンス L は，式(11·17)から，

$$L = \frac{N\Phi}{I} = \frac{\mu N^2 S}{l} = \frac{N^2}{R_m} \text{ [H]} \tag{11·32}$$

ただし，R_m は磁気抵抗で $1/\mu S$ とする．

(b) 細長い単層コイルの自己インダクタンス

図 11·27 のように細長い単層巻きの空心コイルがあり，その直径 $2r$ [m]，長さ l [m] のときの自己インダクタンスを求めてみよう．この場合，簡単にするために漏れ磁束がなく，磁界の強さ H は，

$$H = \frac{NI}{l} \text{ [A/m]} \tag{11·33}$$

のほぼ平等な磁界になるとする．そうするとコイル内部の磁束 Φ は，

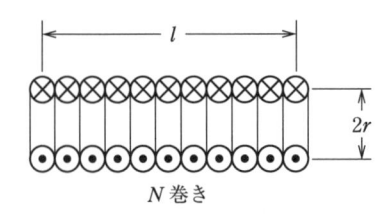

図 11·27 細長い単層コイルの自己インダクタンス

11・8　相互および自己インダクタンスの計算

$$\Phi = BS = \mu_0 HS = \frac{\mu_0 NI\pi r^2}{l} \text{ [Wb]} \tag{11・34}$$

したがって，自己インダクタンス L は次のようになる．

$$L = \frac{N\Phi}{I} = \frac{\mu_0 N^2 \pi r^2}{l} \text{ [H]} \tag{11・35}$$

以上は漏れ磁束がない場合を考えたが，実際は漏れ磁束があるので，L の値は式(11・35)より小さくなる．この係数を λ とすれば式(11・35)は一般に，

$$L' = \lambda \left(\frac{\mu_0 N^2 \pi r^2}{l} \right) \text{ [H]} \tag{11・35}'$$

で表される．この係数 λ を**長岡係数**といい，図 11・28 は $(2r/l)$ に対する λ の概数を示したものである．

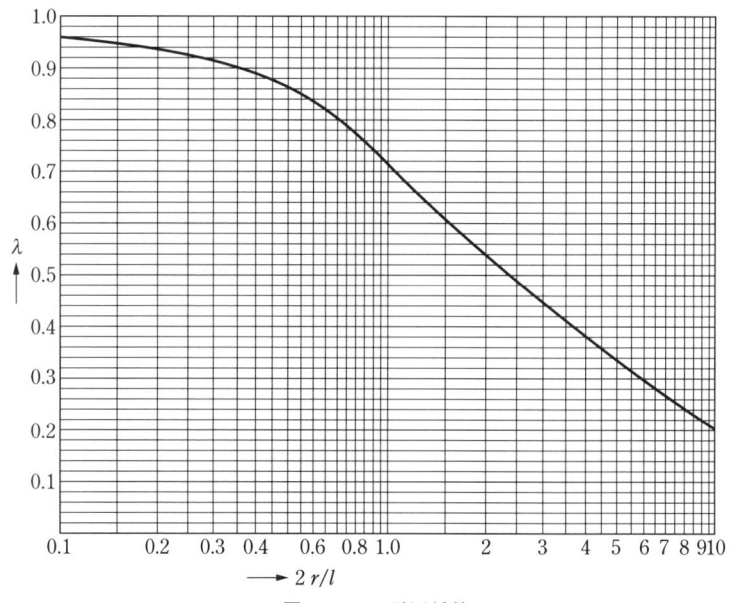

図 11・28　長岡係数

第11章 電磁誘導

11・9 磁気的に結合した相互および自己インダクタンス

ここで自己インダクタンスと相互インダクタンスが組み合わさった場合の両者の関係について調べてみよう．

(1) 二つのコイル間の結合係数

図11・29(a)のように N_1 および N_2 巻きのP，S二つのコイルがあり，図(a)のようにコイルPに I_1 [A] の電流を流したとき相互磁束 Φ_m を生じ，漏れ磁束 Φ_{l1} を生じているものとしよう．この場合コイルP，S間の相互インダクタンス M とコイルPの自己インダクタンス L_1 は式(11・17)および式(11・13)から，

$$\left.\begin{array}{l} L_1 = \dfrac{N\Phi}{I} = \dfrac{N_1(\Phi_m + \Phi_{l1})}{I_1} = \dfrac{N_1\Phi_m}{I_1} + \dfrac{N_1\Phi_{l1}}{I_1} \ [\mathrm{H}] \\ \\ M = \dfrac{N_2\Phi_m}{I_1} \ [\mathrm{H}] \end{array}\right\} \qquad (11・36)$$

次に図(b)のようにコイルSの N_2 巻きのコイルに I_2 [A] の電流を流し，同じように相互磁束 Φ_m を生じ，漏れ磁束 Φ_{l2} を生じているものとしたとき，同様にコイルSの自己インダクタンス L_2 とコイルP，S間の相互インダクタンス M は，

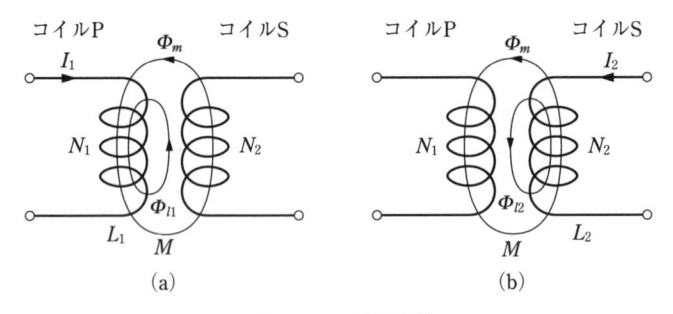

図 11・29　結合係数

$$L_2 = \frac{N\Phi}{I} = \frac{N_2(\Phi_m + \Phi_{l2})}{I_2} = \frac{N_2\Phi_m}{I_2} + \frac{N_2\Phi_{l2}}{I_2} \text{ [H]}$$

$$M = \frac{N_1\Phi_m}{I_2} \text{ [H]} \qquad (11\cdot 37)$$

となる．この場合，式(11・36)と式(11・37)の $(N_1\Phi_{l1})/I_1$ および $(N_2\Phi_{l2})/I_2$ は漏れ磁束によって生じた自己インダクタンスなので，漏れ自己インダクタンスと呼ぶことがあり，変圧器などの電気機器の学習に大切な定数となっている．

さて，式(11・36)と式(11・37)から $L_1 \times L_2$ および $M \times M$ を求めてみると，

$$L_1 L_2 = \frac{N_1(\Phi_m + \Phi_{l1})}{I_1} \cdot \frac{N_2(\Phi_m + \Phi_{l2})}{I_2}$$

$$= \frac{N_1 N_2 \{\Phi_m{}^2 + (\Phi_{l1} + \Phi_{l2})\Phi_m + \Phi_{l1}\Phi_{l2}\}}{I_1 I_2} \qquad (11\cdot 38)$$

$$M^2 = \frac{N_2\Phi_m}{I_1} \cdot \frac{N_1\Phi_m}{I_2} = \frac{N_1 N_2 \Phi_m{}^2}{I_1 I_2}$$

したがって，$L_1 L_2 > M^2$ の関係がある．また，もし漏れ磁束 Φ_{l1}，Φ_{l2} がなく，コイル P，S が Φ_m のみで磁気的に完全に結合していれば，$L_1 L_2 = M^2$ すなわち，$\sqrt{L_1 L_2} = M$ になる．よって，

$$k = \frac{M}{\sqrt{L_1 L_2}} \qquad (11\cdot 39)$$

の比によって，二つのコイルの磁気的な結合の状態を表すことができる．この k を二つのコイル間の**結合係数**（coupling coefficient）という．この結合係数は，漏れ磁束のないときは1すなわち100％で，漏れ磁束が増加するにしたがってしだいに小さくなる．

（2）磁気的に結合した二つの自己インダクタンスの直列接続

図11・30のように巻数 N_1 および N_2 の P，S 二つのコイルがあり，これにそれぞれ単独に I [A] を流したとき，コイル P は Φ_1 [Wb]，コイル S は Φ_2 [Wb] の磁束を生じ，そのうち一部が相互磁束 Φ_{m1} および Φ_{m2} [Wb] になったとしよう．この場合，それぞれの自己インダクタンス L_1 および L_2 [H]，相互インダクタンス M [H] とすれば，すでに学んだように次のようになる．

第 11 章　電磁誘導

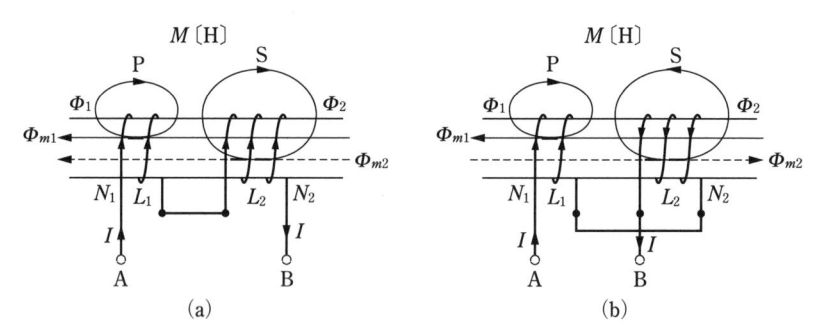

図 11・30　二つのコイルの合成インダクタンス

$$L_1 = \frac{N_1 \Phi_1}{I} \quad , \quad L_2 = \frac{N_2 \Phi_2}{I} \quad , \quad M = \frac{N_1 \Phi_{m2}}{I} = \frac{N_2 \Phi_{m1}}{I}$$

次に，このようなコイルを直列に接続したときの全体の自己インダクタンスについて考えてみよう．

まず，図 11・30(a)のように相互磁束が互いに加わりあうように接続する方法を**和動結合（接続）**という．この場合，コイル P，コイル S の見かけの自己インダクタンス L_1', L_2' は，

$$L_1' = \frac{N_1(\Phi_1 + \Phi_{m2})}{I} \quad , \quad L_2' = \frac{N_2(\Phi_2 + \Phi_{m1})}{I}$$

となる．したがって，A，B 端子から見た全体の自己インダクタンス L_0 は，

$$L_0 = L_1' + L_2' = \frac{N_1(\Phi_1 + \Phi_{m2})}{I} + \frac{N_2(\Phi_2 + \Phi_{m1})}{I}$$

$$= \frac{N_1 \Phi_1}{I} + \frac{N_2 \Phi_2}{I} + \left(\frac{N_1 \Phi_{m2}}{I} + \frac{N_2 \Phi_{m1}}{I} \right)$$

$$\therefore \quad L_0 = L_1 + L_2 + M + M = L_1 + L_2 + 2M \ [\mathrm{H}] \tag{11・40}$$

次に図 11・30(b)のように，それぞれのつくる相互磁束が打ち消しあうように接続する方法，**差動結合（接続）**にすれば，同じようにコイル P，コイル S の見かけの自己インダクタンス L_1', L_2' は，

$$L_1' = \frac{N_1(\Phi_1 - \Phi_{m2})}{I} \quad , \quad L_2' = \frac{N_2(\Phi_2 - \Phi_{m1})}{I}$$

となる．したがって，A，B端子から見た全体の自己インダクタンス L_0 は，

$$L_0 = L_1' + L_2' = \frac{N_1(\Phi_1 - \Phi_{m2})}{I} + \frac{N_2(\Phi_2 - \Phi_{m1})}{I}$$

$$= \frac{N_1\Phi_1}{I} + \frac{N_2\Phi_2}{I} - \left(\frac{N_1\Phi_{m2}}{I} + \frac{N_2\Phi_{m1}}{I}\right) \quad (11・41)$$

∴ $L_0 = L_1 + L_2 - M + M = L_1 + L_2 - 2M$ 〔H〕 (11・42)

以上の結果から相互インダクタンスは和動結合のときは正（＋）に，差動結合のときは負（－）になる．また，式(11・40)と式(11・42)を一つにまとめて次式のように表す．

$$L_0 = L_1 + L_2 \pm 2M \text{ 〔H〕} \quad (11・42)'$$

例題 11・6

自己インダクタンスが $L_1 = 0.5$ H，$L_2 = 0.012$ H のコイルを直列に接続したとき，合成した自己インダクタンス $L_0 = 0.4$ H となった．このとき，二つのコイルは和動結合，差動結合のどちらか．

解答 式(11・42)′ $L_0 = L_1 + L_2 \pm 2M$ 〔H〕より，

$$0.4 = 0.5 + 0.012 \pm 2M = 0.512 \pm 2M$$

ということになる．このとき，上式の右辺の $2M$ の符号は負（－）でなければ式は成立しない．したがって，このときのコイルの接続は差動結合ということになる．

ちなみに，このときの相互インダクタンス M は，

$$0.4 = 0.512 - 2M$$

$$M = \frac{0.512 - 0.4}{2} = 0.056 \text{〔H〕} = 56 \text{〔mH〕}$$

問 11・9 自己インダクタンスが $L_1 = 0.4$ H，$L_2 = 0.225$ H のコイルを直列に接続したとき，合成した自己インダクタンス $L_0 = 0.985$ H となった．このときの相互インダクタンス M はいくらか．

11・10　自己インダクタンスに蓄えられるエネルギー

図 11・31 のように数ボルトの直流電源に大きな自己インダクタンス L と 100 V のネオン電球を接続したものを接続すると，ネオン電球は電圧が低いと点灯しない．しかし，スイッチ S を開くと，その瞬時にネオン電球が輝くのを知ることができる．これは，自己インダクタンスに電流を流しておくと，電磁エネルギーが蓄えられていて，スイッチ S を開く瞬時にそのエネルギーを放出するためである．

次に，この電磁エネルギーについて考えてみよう．

図 11・32 (a) のように自己インダクタンス L [H] のコイルに流れる電流 I_t を，図 (b) のように t 秒間に一様な割合で 0 から I [A] に増加するとき自己誘導

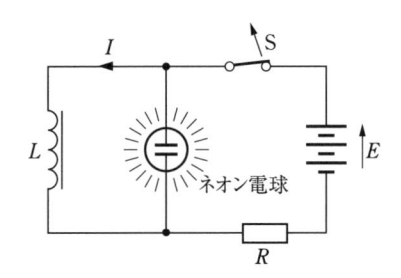

図 11・31　自己インダクタンスに蓄えられる電磁エネルギーの実験

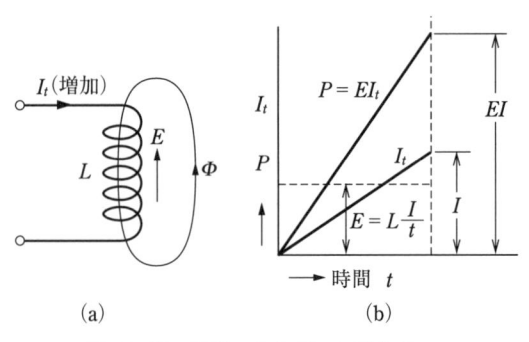

図 11・32　電磁エネルギーの考え方

起電力 E は，

$$E = L\frac{I}{t} \text{ [V]} \tag{11・43}$$

の一定の大きさで，電流と反対の方向に生じる．したがって，この場合には，E の誘導起電力に逆らって I_t の電流が流れることになるので，このとき電源から供給される電力は $P = EI_t$ [W] で，図（b）の EI_t のような直線となる．

すなわち，t 秒間の平均電力は $P = EI/2$ [W] になるので t 秒間に L に供給されるエネルギーは，次のようになる．

$$W = Pt = \frac{EI}{2}t = \frac{1}{2} \cdot L\frac{I}{t} \cdot I \cdot t = \frac{1}{2}LI^2 \text{ [J]} \tag{11・44}$$

次に，このコイルの電流 I を t 秒間に一様な割合で 0 A にすれば，同じように $E = LI/t$ [V] の起電力が誘導されるが，起電力は前とは逆方向で電流と同じ方向に生じ，I_t が 0 になったときは前と同じ $LI^2/2$ [J] のエネルギーを放出する．

この $LI^2/2$ の電気エネルギーは，磁界をつくり，磁気エネルギーとして鎖交数の形で蓄えられているものである．これは式(11・44)でもわかるように，式の中に時間の項を含まず，単に L と I のみに関係するから，電流の増加の仕方には関係がないことを意味している．

例題 11・7

3 mH の自己インダクタンスに，電流を流して 0.15 J の電磁エネルギーを蓄えるには，何アンペアの電流を流せばよいか．

解答 式(11・44)より，

$$W = \frac{1}{2}LI^2 \text{ [J]}$$

この式を I について変形して各値を代入すると，

$$I^2 = \frac{2W}{L} = \frac{2 \times 0.15}{3 \times 10^{-3}} = 100$$

$$\therefore \quad I = \sqrt{100} = 10 \text{ [A]}$$

問 11・10 100 mH の自己インダクタンスに 0.5 A の電流を流したとき，蓄えられる電磁エネルギーはいくらか．

11・11 磁界に蓄えられるエネルギーと吸引力

(1) 磁界に蓄えられるエネルギー

L [H] のコイルに I [A] の電流を流すと，$LI^2/2$ [J] の磁気エネルギーが磁気回路に蓄えられることを学んだが，ここで，このエネルギーを磁界のほうから考えてみよう．

図 11・33 のように断面積 S [m^2]，磁路の平均の長さ l [m]，透磁率 μ [H/m] の磁気回路に N 巻きのコイルを巻き，これに電流 I [A] を流したとき，Φ [Wb] の磁束が通ったとしよう．自己インダクタンス L は式 (11・32) のように，

$$L = \frac{\mu N^2 S}{l} \text{ [H]} \tag{11・45}$$

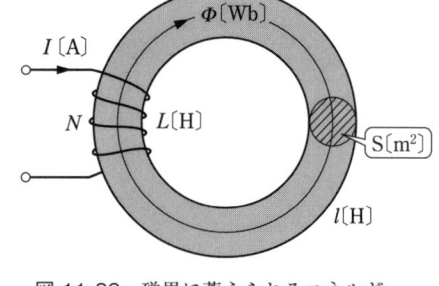

図 11・33 磁界に蓄えられるエネルギー

であるから，この磁気回路に蓄えられる磁気エネルギー W は，

$$W = \frac{1}{2}LI^2 = \frac{1}{2} \cdot \frac{\mu N^2 S}{l} \cdot I^2 = \frac{\mu}{2}\left(\frac{NI}{l}\right)^2 Sl \text{ [J]} \tag{11・46}$$

である．そして NI/l は磁化力 H で磁束密度 $B = \mu H$ であるから，

$$W = \frac{\mu}{2}H^2 Sl = \frac{BH}{2}Sl = \frac{B^2}{2\mu}Sl \text{ [J]} \tag{11・47}$$

この場合，磁気回路の体積は Sl [m^3] であるから，1 m^3 当たりに蓄えられるエネルギー w は次のようになる．

$$w = \frac{W}{Sl} = \frac{BH}{2} = \frac{B^2}{2\mu} \text{ [J/m}^3\text{]} \tag{11・48}$$

11・11 磁界に蓄えられるエネルギーと吸引力

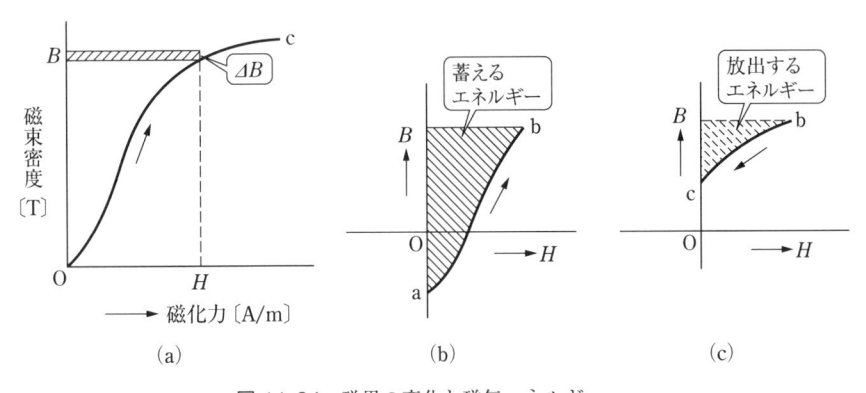

図 11・34 磁界の変化と磁気エネルギー

次に図 11・34(a)のような磁化曲線 Oc になるような，透磁率 μ [H/m] のある媒質内の磁界の強さが H [A/m] のとき，磁束密度 B [T] から ΔB の微小磁束密度を増加するのに必要な $1\,\mathrm{m}^3$ 当たりのエネルギーを考えてみよう．この場合，最初に蓄えられるエネルギーは $BH/2=B^2/2\mu$ [J/m³] であり，磁束密度が ΔB 増加した後のエネルギーは $(B+\Delta B)^2/2\mu$ [J/m³] になる．したがって，ΔB の増加によって変化するエネルギー Δw は，

$$\Delta w = \frac{(B+\Delta B)^2}{2\mu} - \frac{B^2}{2\mu} = \frac{2B\cdot\Delta B}{2\mu} + \frac{(\Delta B)^2}{2\mu} \tag{11・49}$$

この場合，ΔB は極めて小さくとってあるから上式の右辺の第2項は第1項に比べて極めて小さい．したがって，

$$\Delta w = \frac{B\cdot\Delta B}{\mu} = H\cdot\Delta B\ [\mathrm{J/m^3}] \tag{11・50}$$

として知ることができる．これは図 11・30(a)の斜線の面積で表される．したがって，図(b)のような磁化曲線で a から b に磁束を増加するのに要する $1\,\mathrm{m}^3$ 当たりのエネルギーは斜線の面積で知ることができる．また図(c)のように b から c までに磁束を減少するときは $1\,\mathrm{m}^3$ 当たり破線の面積に相当するだけのエネルギーを放出することを意味している．

この関係から，図11・35のようなヒステリシスループでは，実線の斜線をほどこした部分の面積は，電源から1m³当たり1サイクルの間に供給された全エネルギーを表すことになる．これが第9章で学んだ磁界の強さが $+H_m$ から $-H_m$ まで変化したときのヒステリシス損が，ヒステリシスループの面積を表す理由である．

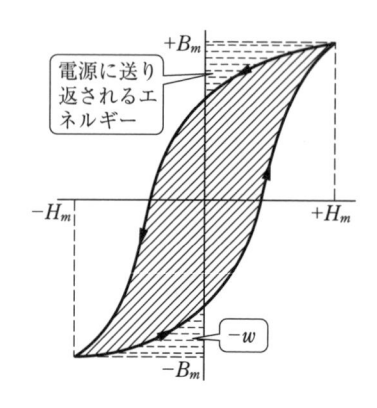

図11・35 ヒステリシスループの面積はヒステリシス損を表す

(2) 磁気的吸引力

図11・36のように，電磁石 M によって鉄片を吸引する場合の磁気的な吸引力を，ギャップの磁気エネルギーの変化から考えてみよう．

いま電磁石を鉄片に近づけたとき，磁気的吸引力 F [N] を生じ，この結果鉄片が Δl [m] 動いたとすれば，$F\Delta l$ の仕事をする．この仕事は別な方向から考えれば，鉄片が Δl [m] 動くことによってギャップ中に蓄えられていた磁気エネルギーが減少した，その機械的な仕事に変換されたものと

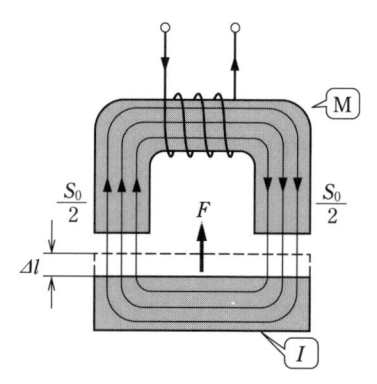

図11・36 磁気的吸引力

考えることができる．この減少したギャップのエネルギー Δw は，ギャップが平等磁界であり，磁界の強さが H [A/m]，磁束密度 B [T]，鉄片の磁極の全対向面積が S_0 [m²] であったとすると，式(11・48)の $S_0\Delta l$ 倍になり，

$$\Delta w = \frac{B^2}{2\mu_0} S_0 \Delta l \text{ [J]} \tag{11・51}$$

この磁気エネルギーが $F\Delta l$ [J] の機械的エネルギーに変換されたのであるから，これを等しいとおくと，

$$F\Delta l = \frac{B^2}{2\mu_0} S_0 \Delta l \qquad (11 \cdot 52)$$

$$\therefore \quad F = \frac{B^2}{2\mu_0} S_0 \,[\mathrm{N}] \qquad (11 \cdot 53)$$

として知ることができる．

11・12 変圧器と誘導コイルの原理

相互誘導を利用した電気機器のうち，最も一般的に多く用いられる変圧器や誘導コイルの原理について簡単に調べてみよう．

(1) 変圧器の原理

図11・37のように同一鉄心に**一次巻線**（primary winding）といわれるコイルPと，**二次巻線**（secondary winding）というコイルSを巻き，交流電圧の大きさを変える装置を**変圧器**（transformer）という．

このような変圧器で一次巻線Pに交流電圧を加えると，交流電流が流れ，その値はたえず増減を繰り返すので，鉄心内の磁束もたえず変化し，電磁誘導によってPとSのコイルに起電力を誘導する．

このときのPとSのコイルに誘導される起電力の大きさをE_1とE_2とすれば，それぞれの巻数がN_1，N_2で漏れ磁束はなく，鉄心内の磁束がΔt秒間に$\Delta \Phi_m$変化したとすれば，式(11・3)から，

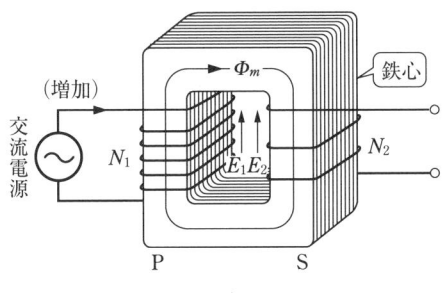

図 11・37 変圧器の原理

第11章　電磁誘導

$$E_1 = -N_1 \frac{\Delta \Phi_m}{\Delta t} \text{ (V)} \quad , \quad E_2 = -N_2 \frac{\Delta \Phi_m}{\Delta t} \text{ (V)} \tag{11・54}$$

である．したがって，このときの起電力の比をとってみると，

$$\frac{E_1}{E_2} = \frac{N_1}{N_2} = a \tag{11・55}$$

になる．このことは一次および二次巻線の起電力がそれぞれの巻数に比例することを表している．この場合 $N_1/N_2 = a$ のことを**巻数比**（turn ratio）という．

このように変圧器は単に巻数比を適当に変えることによって，自由に交流の電圧の大きさを変えることができるので，小さな電源用の変圧器から変電所の巨大な変圧器にいたるまで非常に広く用いられている．交流が一般的に多く用いられているのは，変圧器によってこのように電圧が自由に変えられるということが一つの原因となっている．

（2）誘導コイルの原理

直流では時間に対して電流の変化がないから変圧器は利用できない．このような場合，直流から非常に高い電圧を得るには**誘導コイル**（induction coil）が用いられている．

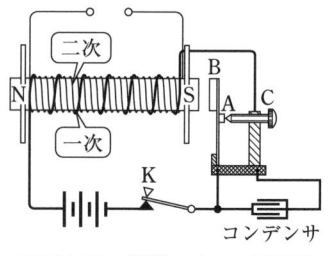

図11・38　誘導コイルの原理図

この構造は図11・38のように，棒状鉄心の上に巻数の比較的少ない一次巻線と，非常に巻数の多い二次巻線とが巻いてある．一次巻線に数ボルトないし100Vぐらいの直流電圧を与えて，これに直流電流を流し，これを**電流断続器**（interrupter）Aによって断続させると，一次巻線の電流変化につれて二次巻線に高電圧が誘起するのを利用したものである．すなわち，図のスイッチKを閉じると，一次巻線に電流が流れ鉄片Bを吸引する．するとAの接点が離れて回路が切れ，Bはバネの力で元に戻りAの接点が接続する．すると前と同じようなことを繰り返して，鉄片Bはたえず振動して一次巻線に流れる電流を断続することになる．

この場合，一次巻線の巻数は比較的少なく，二次巻線は非常に多いので相互イ

ンダクタンスが大きく，非常に高い電圧を誘導することになる．このときの起電力は，電流が変化しているときだけ発生するので直流ではなく，激しく変化する波形の電圧になる．

これは実験室や工場などで直流電源から高電圧を得る場合，あるいは，自動車の点火プラグなどの電源として広く用いられている．

11・13　うず電流

（1）うず電流

コイルを鎖交する磁束が変化したとすれば，電磁誘導によって起電力が誘導することはすでに学んだが，これは単にコイルばかりでなく金属面を貫く磁束が変化したとすれば，同じように起電力が誘導するということもいえる．

例えば，図 11・39 のような金属板を貫く磁束が増加する場合は，金属は直径の違った多数の金属環の集まったものと考えられるから，レンツの法則によって点線の矢印の方向に起電力を生じ，うず巻状に誘導電流が流れる．これを**うず電流**（eddy current）という．

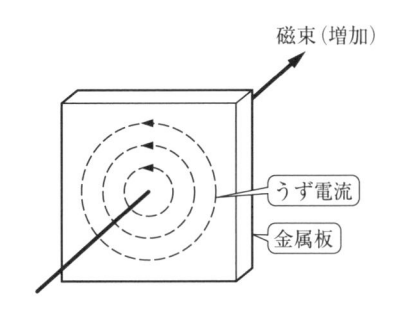

図 11・39　導体に生ずるうず電流

一般に変圧器や交流の電磁石などでは，コイルに交流電流を流すと磁束 ϕ は図 11・40 のように鉄心を貫いて通り，これが時間とともに変化している．

したがって，鉄心が鉄塊でできていれば，鉄心には磁束に対して垂直な面に破線のようにうず電流を生じるものである．このようなうず電流が流れれば，通路の抵抗 r とうず電流 i_e により $i_e^2 r$ の

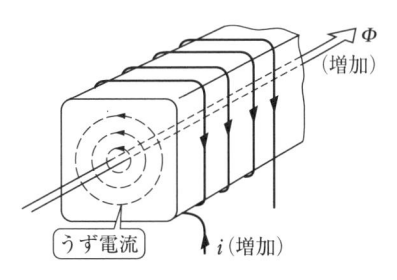

図 11・40　鉄心に生ずるうず電流

電力を消費し鉄心の温度は上昇する．このうず電流による損失を**うず電流損**（eddy current loss）という．

したがって，変圧器などは，うず電流を少なくするため，図11・41のように薄い抵抗率の大きいけい素鋼板を磁束の方向と平行に重ね合わせ，これを電気的に絶縁して，うず電流の通路の電気抵抗を増し，うず電流を減少する方法がとられている．このような鉄心を**成層鉄心**（laminated core）という．

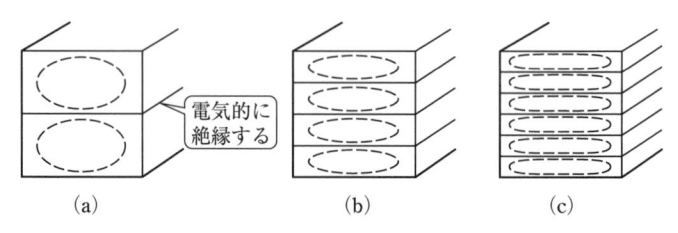

図 11・41　鉄心を成層するとうず電流損を減ずる

成層鉄心では，うず電流損は成層する鉄板の厚さの2乗に比例することが知られている．なお，うず電流損 P_e は周波数 f，交番磁化したときの最大磁束密度 B_m のとき，他の条件が一定なら，

$$P_e \propto f^2 B_m^2 \tag{11・56}$$

の関係があることが理論上確かめられている．

以上のように電気機器の磁束が変化するときは鉄心には，うず電流損が生じるのであるが，これと同時に第9章で学んだヒステリシス損を生じる．このため電気機器では，うず電流損とヒステリシス損の和を**鉄損**（iron loss）と呼んでいる．

（2）うず電流の利用

うず電流には，単に電力損失になるばかりではなく，これを利用することもできる．図11・42(a)のようにN, Sの磁極の中で金属の円板を回転させるときはフレミングの右手の法則によって起電力を生じ，破線のようなうず電流が流れる．すると，うず電流と磁界との間にフレミングの左手の法則によって電磁力が

生じ，円板の回転に逆らった制動力を生じる．このようなうず電流の働きを**うず電流制動**といい，積算電力計の制動などに利用されている．

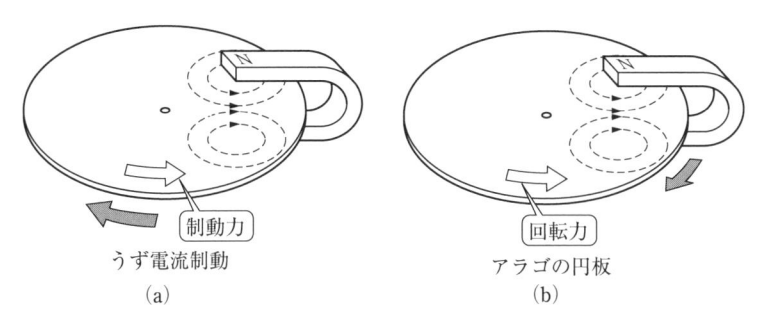

図 11·42 うず電流の利用
(a) うず電流制動 — 制動力
(b) アラゴの円板 — 回転力

また図(b)のように磁石を回転させれば，やはりうず電流が生じ，うず電流と磁界との間の電磁力は磁石の回転する方向に生じて，磁石の回転につれて，円板はその方向に回転するようになる．このような円板のことを**アラゴの円板**（Arago's disc）という．これは誘導電動機の原理になるものである．

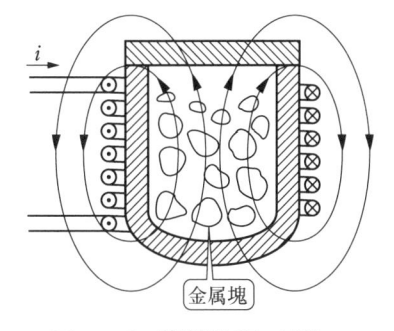

図 11·43 誘導電気炉の原理

うず電流による発熱作用を利用することもできる．例えば，図 11·43 のように耐火性の容器の中に金属の塊を入れて，外部にコイルを巻き，コイルに交流電流を流す．すると，電流によって生じた磁束は金属の塊を貫いて変化するので，うず電流を生じて発熱し，金属は非常に高い温度になり，溶解することもできる．これが誘導電気炉の原理である．

11・14 表皮効果

(1) 電流の表皮効果

　一般に断面積の大きな導体が単独にあり，これに電流を流すときは，直流の場合，電流は一様に分布して流れるが，交流のように時間とともに変化する電流を流すと，電流密度は導体の表面に近いほど大きくなる性質がある．この現象を電流の**表皮効果**（skin effect）という．それではなぜこのような現象が生じるのか調べてみよう．

　図11・44(a)のような大きな断面積の導体に直流の電流が流れた場合，導体は破線で示した円のような細い電線が無数にあり，それぞれの電線に等しい電流が流れているものの集まりであると考えることができる．このように考えると，磁束は導体の外部ばかりでなく，内部の仮想導体に流れる電流によって導体内部にも図(b)のように磁束がつくられている．

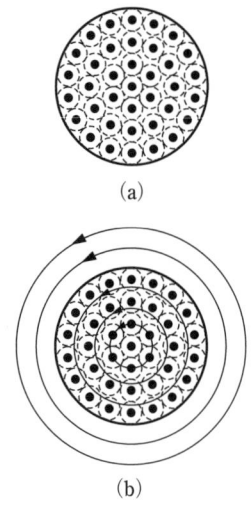

図11・44　電流の表皮効果

　したがって，各仮想導体の鎖交数は図(b)からも明らかなように，導体の中心に近づくにしたがって大きくなり，導体中心の仮想導体ほどインダクタンスが大きいことになる．ゆえに，導体に交流電流のように時間とともに変化する電流が流れると，鎖交数の変化によって電流の増減に反対する方向に起電力を誘導して，電流の通過を妨げようとする．この働きは導体が中心にいくほど大きくなるので，その結果，導体の中心に近づくほど電流が小さくなる．これを電流の表皮効果あるいは表皮作用という．

　このような現象が生じると，電流が実際に通る通路が狭くなったのと同じことになり，実際に用いたときの抵抗すなわち実効抵抗は，直流のときの抵抗よりも大きくなるものである．この電流の表皮効果は，周波数，導体の透磁率および断面積が大きいほど大きく現れる．このため高周波で大電流のときは中空導体を用

い，小電流のときは多くの細いエナメル線を適当により合わせた**リッツ線**（litz wire）を用いて表皮効果の軽減を図っている．

（2）磁束の表皮効果

　磁束の場合にも電流と同じような現象がある．図11・45のように鉄などの強磁性体を交流で磁化した場合，磁束は時間とともに変化して鉄心にうず電流が流れる．このうず電流は反作用磁束を生じ，その磁束密度は鉄の中心に近いほど小さくなる．

　このため鉄心に通る合成の磁束密度は中心になるほど少なくなり，鉄心の中心に近づくにしたがって小さくなる．このような現象を**磁束の表皮効果**といい，周波数が高くなるほど強く現れ，実際の磁気抵抗は大きくなり，うず電流損が多くなる．

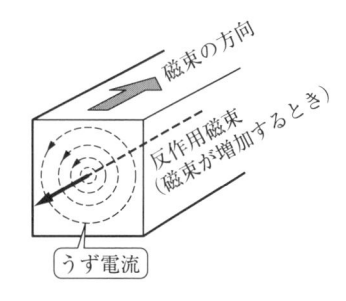

図11・45　磁束の表皮効果

　したがって，通信などで高い周波数（高周波）の交流を用いるときは鉄心を成層しても，磁束の表皮効果は大きく，うず電流損が極めて大きくなる．このため，高周波を用いる回路の各種のコイルには鉄心を用いず，空心コイルを用いることが多い．この場合，もしこのような作用の極めて小さい鉄心があるとすれば磁気抵抗が極めて小さくなり，式(11・32)でもわかるように，小形で大きなインダクタンスのものをつくることができる．この目的のため純鉄，パーマロイ，フェライトなどの高透磁率材料を粉末にし，絶縁塗料を介して固めた圧粉鉄心を用い，うず電流を少なくして磁束の表皮効果を少なくする方法がとられている．

章末問題

1. 図11・46のように磁極間にある導体Cが矢印の方向に移動したとき，導体Cに誘導される起電力の向きを示しなさい．

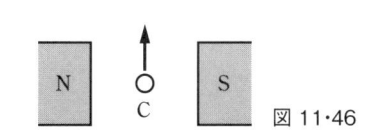

図11・46

第 11 章　電磁誘導

2. 図 11・47 の磁極が O を中心にして時計方向に回転するとき，固定してある a, b 導体に誘導される起電力の向きを示しなさい．

3. 100 回巻きのコイルがある．今，このコイルと鎖交する磁束が 0.01 秒間に 0.05 Wb から 0.01 Wb に変化したとき，このコイルに発生する誘導起電力はいくらか．

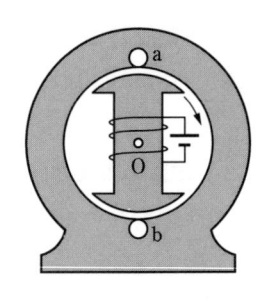

図 11・47

4. 磁束密度が 2 T の平等磁界内に長さ 50 cm の導体をおき，磁界の方向と 30° の方向に 100 m/s の速さで運動したとき，この導体に発生する誘導起電力はいくらか．

5. 自己インダクタンス 25 mH のコイルの電流が一様な割合で 0.02 秒間に 300 A 増加したものとしたとき，誘導される起電力の大きさはいくらか．

6. P, S 二つのコイルがある．コイル P に流れる電流が 1 秒間に 120 A の割合で変化するとき，コイル P には 45 V，コイル S には 15 V の起電力が誘導されるという．コイル P の自己インダクタンスおよび P, S コイル間の相互インダクタンスはいくらか．

7. 自己インダクタンス 15 mH のコイルがある．巻数が 100 回であるとすればコイルに 10 A を流したとき，このコイルに鎖交する磁束はいくらか．

8. 自己インダクタンスがそれぞれ 10 mH および 25 mH のコイルがある．このコイルを和動結合したときの合成した全体の自己インダクタンスはいくらになるか．また，このときのコイル間の結合係数を求めなさい．ただし自己インダクタンス相互間の相互インダクタンスは 15 mH である．

9. 断面積 30 cm², 平均の磁路の長さ 60 cm，比透磁率 1 000 の環状鉄心に，300 回のコイルを巻き，これに 2 A の電流を流した．この環状鉄心に蓄えられる磁気エネルギーはいくらか．ただし，漏れ磁束はないものとする．

第 12 章

静電気の性質

　いままで，電荷の移動によって生じる電流を中心にして，電気回路から電流の発熱作用，化学作用，磁気作用について学び，これらに関連するさまざまな現象を学んできた．これに対して，これからは静止している電荷，すなわち静電気を中心にして，電荷がその周囲に及ぼす現象や働きについて学ぶことになる．この静電気の理論の立て方は，今まで学んできた磁気の場合に類似しているので比較的理解がしやすい．

　この章では，静電気の第一歩として静電気の現象を理解するのに必要な，静電界の基本的な性質と働きについて学ぶことにする．

12・1　静電力に関するクーロンの法則

　第1章の初めの摩擦電気の実験で，電荷には正電荷（＋）と負電荷（－）があり，これらの電荷は摩擦したものの表面にあり，動くことがないので**静電気**（static electricity）と呼ばれている．また電荷相互間には基本的な性質として次のような現象があると学んだ．

　同じ種類の電荷相互間には反発力，異なる種類の電荷間には吸引力が働く．このように電荷相互間に作用する力を**静電力**（electrostatic force）という．この二つの電荷の静電力についてはクーロンにより実験的に次のようなことが確かめられている．すなわち，帯電体が点のように小さいと考えられるときは，

　　「静電力の方向は両電荷を結ぶ直線上にあり，その大きさは両電荷の電荷の
　　　量（電気量）の積に比例し，両電荷間の距離の2乗に反比例する」

これを**静電力に関するクーロンの法則**（Coulomb's law）といい，第7章で学

第12章　静電気の性質

んだ磁気力に関するクーロンの法則と対照をなす法則である．これは図12・1のように，それぞれの点電荷の量を Q_1, Q_2 とし，点電荷間の距離を r とすれば，静電力 F は，比例定数 k として，

$$F = k\frac{Q_1 Q_2}{r^2} \quad (12・1)$$

の式で表すことができる．この場合，静電力 F が正の値のときは反発力を表し，負の値のときは吸引力を表すのは磁気力の場合と同じである．

式(12・1)の k の値は電荷と距離のとり方と，電荷のおかれた場所の絶縁物などの種類によって定まるものである．例えば，真空中において，点電荷 Q_1, Q_2 にクーロン（coulomb／単位記号：C），電荷間の距離 r にメートル（単位記号：m），静電力 F にニュートン（単位記号：N）の単位を用いたときの静電力を F_0 [N] とすると，$k ≒ 9 \times 10^9$ になる．すなわち，真空中では，

$$F_0 = 9 \times 10^9 \frac{Q_1 Q_2}{r^2} [\text{N}] \quad (12・2)$$

また，$9 \times 10^9 = 1/4\pi\varepsilon_0$ とおいて，

$$F_0 = \frac{Q_1 Q_2}{4\pi\varepsilon_0 r^2} [\text{N}] \quad (12・2)'$$

という形で表す．この場合 ε_0 は電荷のおかれた**真空の誘電率**（permittivity）といわれるもので，

$$\varepsilon_0 = 8.854 \times 10^{-12} [\text{F/m}] \quad (12・3)$$

で，**ファラド毎メートル**（farad per meter／単位記号：F/m）の単位で表される．これはちょうど磁気力の場合の真空の透磁率 μ_0 に相当するものである．以上は真空中の場合であるが，真空中以外の一般の絶縁物の中にある場合は，その絶縁物の誘電率を $\varepsilon = \varepsilon_0 \varepsilon_r$ とすれば，一般式は，

$$F = \frac{Q_1 Q_2}{4\pi\varepsilon r^2} = \frac{Q_1 Q_2}{4\pi\varepsilon_0 \varepsilon_r r^2} = 9 \times 10^9 \times \frac{Q_1 Q_2}{\varepsilon_r r^2} [\text{N}] \quad (12・4)$$

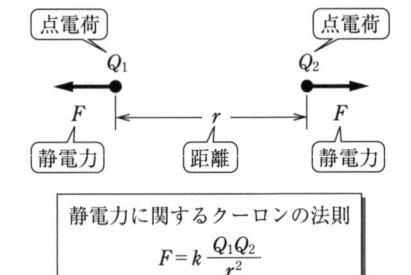

図12・1　静電力に関するクーロンの法則

の式で計算することができる．この場合 ε_r は**比誘電率**（relative permittivity）といい，磁気回路の比透磁率に相当するもので，真空中では1，空気中もほぼ1に近く，その他の絶縁物では1よりも常に大きい値をもっている．このため絶縁物の中の静電力は真空中の場合よりも常に小さい．誘電率や比誘電率については後で学ぶこととするが，静電気の場合は絶縁物は電気を絶縁するという意味と違って，静電気的にはある働きをしている媒質と考えることができる．このため絶縁物と呼ばず**誘電体**（dielectric）と呼んでいる．

例題 12・1

真空中に $2\ \mu C$ と $3\ \mu C$ の電荷が 30 cm 離しておかれているとき，両電荷間に生じる静電力はいくらか．またどのような力が働くか．

解答 両電荷と距離の単位に注意し，$\varepsilon_r=1$（真空中）なので式(12・4)より，

$$F = \frac{Q_1 Q_2}{4\pi\varepsilon_0 \varepsilon_r r^2} = 9\times 10^9 \times \frac{2\times 10^{-6} \times 3\times 10^{-6}}{1\times (30\times 10^{-2})^2} = 0.6\ [\text{N}]$$

両電荷間に働く力は F が正の値であるから，反発力．

問 12・1 大気中 1 m の距離に二つの点電荷があり，それぞれ $-0.2\ \mu C$ と $0.5\ \mu C$ の電荷をもっている．両電荷間に生じる静電力はいくらか．またどのような力が働くか．

12・2 静電誘導

導体の中には，原子核のもつ正電荷と電子のもつ負電荷とが等量あるので，電気的な性質が現れず，中性の状態になっている．したがって，図12・2のように絶縁された中性の導体Aに正電荷をもった帯電体Bを近づければ，電荷の間の静電力によって，導体Aの中の自由電子は帯電体Bの正電荷に吸引されて

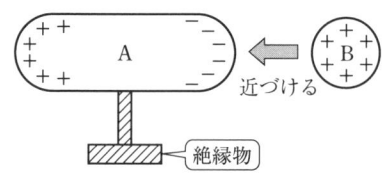

図 12・2 静電誘導

帯電体Bに近づき，負電荷として現れ，帯電体Bから遠い端には正電荷をもつようになる．

このように導体に帯電体を近づけると，帯電体に近い端に帯電体と異種の電荷が集まり，遠い端には同種の電荷が現れる現象を，**静電誘導**（electrostatic induction）という．これは磁気の場合の磁気誘導と同じような現象である．

この現象は静電力によって生じるもので，導体Aに電荷を与えるわけではないから，その原因になった帯電体を取り除けば，導体Aに現れていた正，負の電荷は互いに吸引しあって中性の状態に戻る．しかし，静電誘導を生じているときに，導体Aを接地してから，帯電体Bを取り除けば導体Aは負電荷をもつようになる．

これは図12・3のように帯電体Bに近いほうの導体Aの負電荷は，帯電体Bの正電荷との間に生じる吸引力によって，しっかり引き合っているので自由に動けないが，遠いほうの正電荷は反発力を受けているので，接地すると大地に逃げていってしまうためである．このように静電誘導によって生じた電荷のうち，自由に動けない電荷を**拘束電荷**（bound charge）といい，自由に動くことのできる電荷を**自由電荷**（free charge）という．

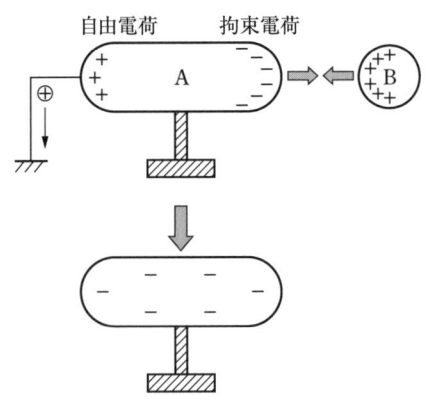

図12・3 自由電荷と拘束電荷

12・3 電界と電界の強さ

ある帯電体の近くに，他の帯電体をおけばその帯電体に静電力が働く．このように，ある帯電体をおいたとき静電力の働く場所を**電界**（electric field）という．これは，磁気の場合の磁界の考え方と全く同じである．この静電力は，帯電

12・3　電界と電界の強さ

体の状態，帯電体の距離，媒質の種類によって異なる．この電界の状態を量的に表したものを**電界の強さ**（intensity of electric field）といい，磁界の強さと同じようにベクトル量である．

この電界の強さは，電界中にもとの電界を乱さないように単位正電荷をもってきたとき，その力の働く方向で**電界の方向**，また，単位正電荷（+1 C）に対する力の大きさをニュートン毎クーロン（単位記号：N/C）で表したものを**電界の大きさ**と定め，単位換算をして**ボルト毎メートル**（単位記号：V/m）の単位で表す．

たとえば，図12・4のように電界中に+1 Cの単位正電荷をおいたとき，5 Nの力が働けば電界の強さは5 V/mで，力の方向が電界の方向を示すことになる．

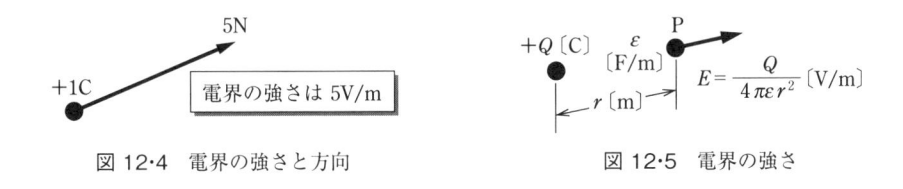

図 12・4　電界の強さと方向

図 12・5　電界の強さ

次に，図12・5のように誘電率 $\varepsilon = \varepsilon_0 \varepsilon_r$ の電界中に電荷量 Q [C] をもった点電荷をおいた場合，これから r [m] 離れた P 点の電界の強さを考えてみよう．電界の強さの定義によって点 P に+1 Cの単位正電荷をおいて，これに加わる力を調べてみると，式(12・4)から，

$$F = \frac{Q \times 1}{4\pi\varepsilon r^2} = \frac{Q}{4\pi\varepsilon_0\varepsilon_r r^2} = 9 \times 10^9 \times \frac{Q}{\varepsilon_r r^2} \text{ [N]} \qquad (12 \cdot 5)$$

したがって，電界の強さ E は，

$$E = \frac{Q}{4\pi\varepsilon_0\varepsilon_r r^2} = 9 \times 10^9 \times \frac{Q}{\varepsilon_r r^2} \text{ [V/m]} \qquad (12 \cdot 6)$$

なお，これは一般の場合であるが，式(12・6)において $\varepsilon_r = 1$ とおけば真空中における電界の強さを求める式となる．実用的には空気中もほぼ同じである．

多数の点電荷によって，生じる電界の強さはそれぞれの点電荷によって生じる

第 12 章　静電気の性質

電界の強さのベクトル和で求めることができる。例えば，図 12・6 のように誘電率 ε の誘電体中におかれた $+Q_1$ および $-Q_2$ [C] の点電荷から，それぞれ r_1 および r_2 [m] はなれた点 P の電界の強さ E_1 および E_2 は式 (12・6) から，

$$E_1 = \frac{Q_1}{4\pi\varepsilon r_1^2} \quad , \quad E_2 = \frac{-Q_2}{4\pi\varepsilon r_2^2} \quad (12\cdot 7)$$

で表され，その方向は図の方向であるから，合成電界の強さ E は図 12・6 のように E_1 と E_2 に比例した長さと E_1 と E_2 の方向をもったベクトル図を描いて，その対角線であるベクトル和 E を求めればよい．

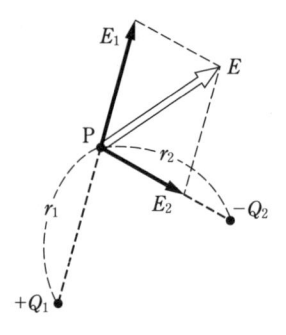

図 12・6　電界の強さの合成

電界の強さは，このように定められているので，これを逆にいえば，電界の強さ E [V/m] のところに $+1$ C の単位正電荷をおけば E [N] の力が働くということができる．したがって，E [V/m] の電界中に Q [C] の点電荷をおけば，

$$F = EQ \; [\text{N}] \quad (12\cdot 8)$$

の力が働き，力の方向は，おかれた点電荷が正電荷なら電界の方向に，負電荷なら電界と逆の方向に生じる．

> **参考**　N/C → V/m への単位換算
>
> $$\left[\frac{\text{N}}{\text{C}}\right] = \left[\frac{\text{N}\cdot\text{m}}{\text{C}\cdot\text{m}}\right] = \left[\frac{\text{J}}{\text{C}\cdot\text{m}}\right] \quad (\because \; [\text{N}\cdot\text{m}] = [\text{J}]) \quad (12\cdot 9)$$
>
> となり，また J = V・C であるから，
>
> $$\left[\frac{\text{N}}{\text{C}}\right] = \left[\frac{\text{J}}{\text{C}\cdot\text{m}}\right] = \left[\frac{\text{V}\cdot\text{C}}{\text{C}\cdot\text{m}}\right] = [\text{V/m}] \quad (12\cdot 10)$$

例題 12・2

真空中 ($\varepsilon_r = 1$) に $\sqrt{2}$ m 離して $3\,\mu$C および $-4\,\mu$C の点電荷をおいたとき，それぞれの点電荷から 1 m 離れた点 P の合成の電界の強さはいくらか．

解答　まず，$3\,\mu$C の点電荷が点 P に及ぼす電界の強さ E_1 は式 (12・6) から，

$$E_1 = 9 \times 10^9 \times \frac{Q}{\varepsilon_r r^2} = 9 \times 10^9 \times \frac{3 \times 10^{-6}}{1 \times 1^2}$$

$$= 27 \times 10^3 \, [\text{V/m}] \quad (反発力) \tag{12・11}$$

次に，$-4\,\mu\text{C}$ の点電荷が点 P に及ぼす電界の強さ E_2 は式(12・6)から，

$$E_2 = 9 \times 10^9 \times \frac{Q}{\varepsilon_r r^2} = 9 \times 10^9 \times \frac{-4 \times 10^{-6}}{1 \times 1^2}$$

$$= -36 \times 10^3 \, [\text{V/m}] \quad (吸引力) \tag{12・12}$$

それぞれの点電荷が点 P に及ぼす合成の電界の強さ E は，これらのベクトル和である．したがって E_1 と E_2 は図12・7のように直行するから，三平方の定理（ピタゴラスの定理）によって算出することができる．

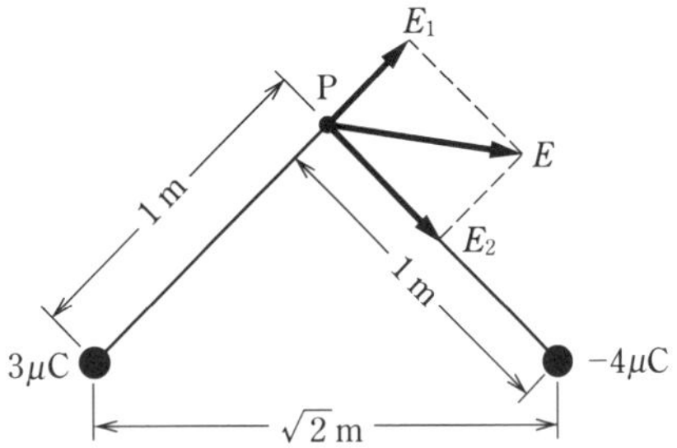

$$E^2 = E_1^2 + E_2^2 \tag{12・13}$$

図 12・7

$$E = \sqrt{E_1^2 + E_2^2} = \sqrt{(27 \times 10^3)^2 + (-36 \times 10^3)^2} = 45\,000$$

$$= 45 \times 10^3 \, [\text{V/m}] \tag{12・14}$$

問 12・2　空気中に $2\,\mu\text{C}$ の点電荷がおかれているとき，点電荷から $20\,\text{cm}$ 離れた点の電界の強さはいくらか．

12・4　電気力線

磁界を表すのに磁力線を仮想して，磁界の解析に便宜を得たのと同様に，電界の状態を表す一種の線を仮想し，**電気力線**（line of electric force）という．

この電気力線は図12・8のように
1. 正電荷から出て負電荷に終わる．

第12章　静電気の性質

2. 電気力線の接線の方向で，その点の電界の方向を表す．
3. 電気力線の数は垂直な断面積 1 m² 当たりの電気力線密度が電界の強さと等しくなる．

ものと約束されている．したがって，図 12・8(a) の点 P の電界の方向は接線の矢印の方向であり，また図(b)のように，電気力線に垂直な 1 m² の断面を 3 本の電気力線が通って 3 本/m² の電気力線密度なら，その方向の電界の強さは 3 V/m になるわけである．そして，この電気力線は磁力線と同じように，引張られたゴムのように自身では縮もうとするのと同様に，電気力線相互間で互いに反発しあっていると考えると，静電力を都合よく説明することができる．

図 12・9 は 2 個の点電荷がある場合の電気力線の分布を示した例であるが，正

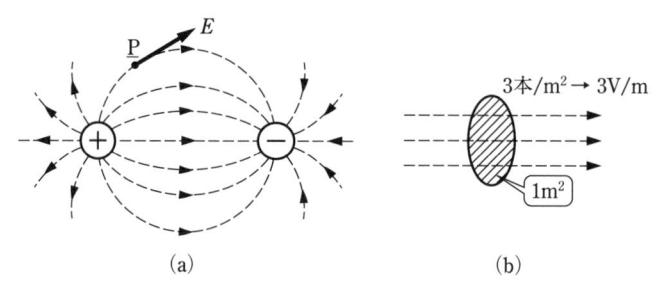

図 12·8　電気力線と電界の強さ

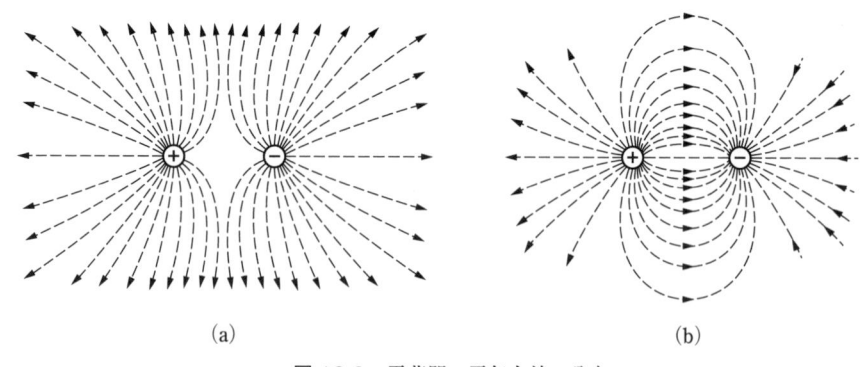

図 12·9　電荷間の電気力線の分布

12・4 電気力線

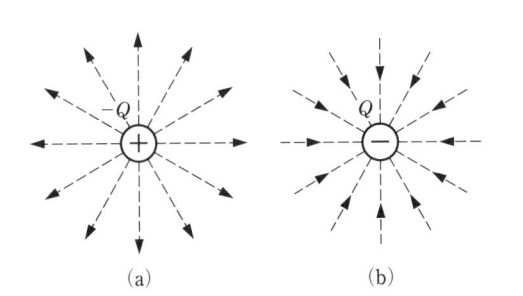

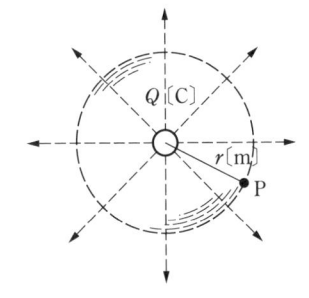

(a)　　　　　　(b)

図 12・10　単独の点電荷による電気力線　　図 12・11　点電荷から発する全電気力線

電荷が単独である場合は図 12・10(a)のように，電気力線が放射線状に出て無限に遠くまで延びており，また図(b)のように負電荷が単独にあるときは，無限遠点から電気力線が入ってくるものと考えることができる．

次に $+Q$ [C] の電荷から何本の電気力線が放射線状に出て行くか考えてみよう．図 12・11 のように Q [C] の正電荷があった場合，正電荷を中心にして半径 r [m] の球を考えると，球面上の半径方向の電界の強さはすべての点で等しく，

$$E = \frac{Q}{4\pi\varepsilon r^2} \; [\text{V/m}] \tag{12・15}$$

である．したがって，電気力線は球面に垂直に通り，電気力線密度は定義によって E 本/m² になる．そして球の表面積は $4\pi r^2$ [m²] であるから，球面を通る全電気力線数，すなわち Q [C] の電荷から出る全電気力線数 N は，

$$N = \frac{Q}{4\pi\varepsilon r^2} \times 4\pi r^2 \tag{12・16}$$

$$\therefore \; N = \frac{Q}{\varepsilon} = \frac{Q}{\varepsilon_0 \varepsilon_r} \; [\text{本}] \tag{12・17}$$

である．

この関係から，誘電率 ε の誘電体の中におかれた Q [C] の正電荷からは Q/ε 本の電気力線が出ており，また $-Q$ [C] の負電荷には Q/ε 本の電気力線が入ってくるということもできる．

なお，式(12・17)は一般の誘電体の中に出ていく電気力線の数であるが，真空

中では $\varepsilon_r=1$ であるから，

$$N=\frac{Q}{\varepsilon_0}\,[\text{本}] \tag{12・18}$$

の電気力線が出ていくことになる．

12・5 電 束

電気力線の数は，電荷が同一であっても式(12・17)のように誘電体の誘電率に反比例する．これに対して誘電体の種類に関係なく電荷の量だけに関係ある仮想的な線を考えると，電荷の量と電気力線すなわち電界の強さとの関係を知るのに都合がよい．このような仮想的な線のことを**電束**（electric flux）という．これは磁界の場合の磁束と対照をなすものである．この電束は次のように定義する．

すなわち，

電束は単位正電荷（+1 C）から 1 本出て単位負電荷（-1 C）に入る．したがって，電荷の量と電束数は同じ数になるので，電束は電荷と同じようにクーロン（単位記号：C）の単位で表している．例えば，図 12・12 のように $+Q\,[\text{C}]$ と $-Q\,[\text{C}]$ があったと

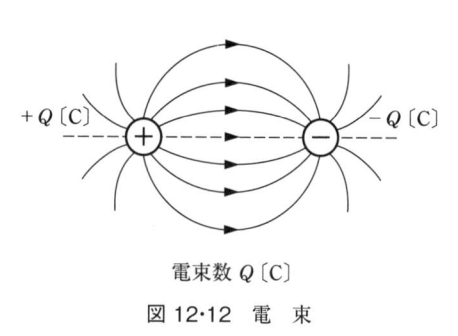

電束数 $Q\,[\text{C}]$
図 12・12 電 束

すれば，電束は媒質の種類に関係なく，正電荷から負電荷に向かって $Q\,[\text{C}]$ だけ通っていると約束する．

この関係から $+Q\,[\text{C}]$ あるいは $-Q\,[\text{C}]$ の電荷が単独にあるときは，媒質の種類に関係なく図 12・13 のように $Q\,[\text{C}]$ の電束が出る，あるいは入っていくことになる．

次に電界中の電気力線と電束との関係を調べてみよう．

図 12・14 のように $Q\,[\text{C}]$ の点電荷が誘電率 ε の媒質中におかれた場合，電荷から発生する全電気力線数 N は式(12・17)より Q/ε 本であり，電束数 $\Psi=Q\,[\text{C}]$

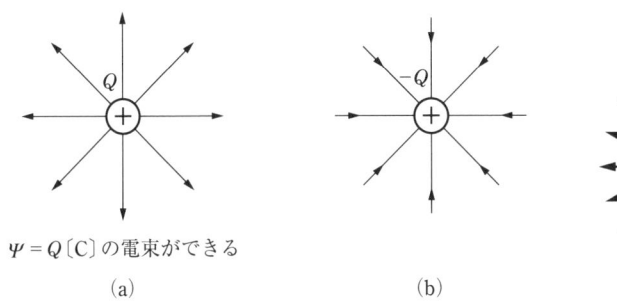

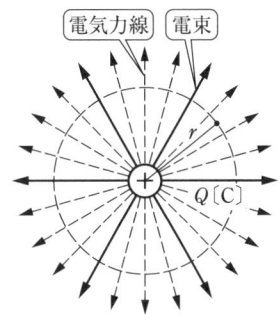

図 12·13 電束　　　　図 12·14 電気力線と電束

である．したがって，電気力線数を ε 倍すると，

$$\frac{Q}{\varepsilon} \times \varepsilon = Q \tag{12·19}$$

となって，電束数と等しくなる．すなわち，

$$\Psi = \varepsilon N \ [\mathrm{C}] \tag{12·20}$$

この関係は電荷を中心とした半径 r [m] の球の上で考えても成り立ち，この球面上の電束および電気力線の密度は，球の表面積 $4\pi r^2$ [m²] を S [m²] とおくと，次の関係がある．

$$\frac{\Psi}{S} = \varepsilon \frac{N}{S} \tag{12·20}$$

この場合，Ψ/S は 1 m² に垂直に通る電束の密度であるので，これを**電束密度** (electric flux density) といい，記号 D で表し，**クーロン毎平方メートル**（coulomb per square meter／単位記号：C/m²）という単位を用いる．また，N/S は電気力線密度で電界の強さ E [V/m] と等しい．したがって，電束密度 D [C/m²] とすれば，

$$D = \frac{\Psi}{S} = \varepsilon E \ [\mathrm{C/m^2}] \tag{12·21}$$

の関係がある．これは図 12·14 のような場合に限らず，一般の電界中でも成立するもので，磁気の場合の $B = \mu H$ の式と対照をなすものである．

例題 12・3

空気中に $0.3\,\mathrm{cm}^2$ の面に垂直に $6\times10^{-6}\,\mathrm{C}$ の電束が通っているとき，電束密度はいくらか．また，その点の電界の強さはいくらか．

解答 式(12・21)より，電束密度は，

$$D=\frac{\Psi}{S}=\frac{6\times10^{-6}}{0.3\times10^{-4}}=0.2\,[\mathrm{C/m^2}]$$

また，電界の強さは式(12・21)を変形して（空気中なので $\varepsilon_r=1$），

$$E=\frac{D}{\varepsilon}=\frac{D}{\varepsilon_0\varepsilon_r}=\frac{0.2}{8.854\times10^{-12}}\fallingdotseq 22.6\times10^9\,[\mathrm{V/m}]$$

問 12・3　空気中のある点の電束密度が $0.6\times10^{-6}\,\mathrm{C/m^2}$ であった．この点の電界の強さはいくらか．

12・6　ガウスの定理

$Q\,[\mathrm{C}]$ の電荷からは，電荷に等しい電束 $\Psi=Q\,[\mathrm{C}]$ が出ているものと約束した．したがって，図12・15のように閉じた面Sの中に多数の正，負の電荷，$+Q_1$，$-Q_2$，$+Q_3$，$-Q_4$，… がある場合，これらの電荷の量の代数和 $Q=Q_1+(-Q_2)+Q_3+(-Q_4)+\cdots$ を考えれば，閉じた面Sから出る全電束数 Ψ は Q に等しい．すなわち，

$$\Psi=Q \qquad (12\cdot22)$$

ただし，$Q=\sum_{k=1}^{n}Q_k$

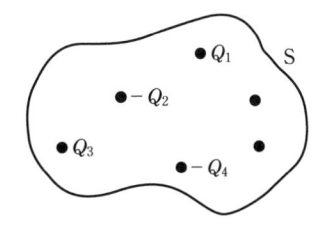

図 12・15　ガウスの定理

したがって，ある閉じた面を通って外に出る電束数は，閉じた面の内にある電荷の量の代数和に等しい．これを**ガウスの定理**（Gauss's theorem）という．

次にこの定理を利用して，大きさのある単純な形の帯電体の電荷によって生じる電界について，調べてみることにしよう．

> **参考** ガウスの定理を微分積分の形式で表す．
>
> $$\int_S D \cdot dS = \int_S D_n dS = \sum_{k=1}^{n} Q_k \tag{12・23}$$
>
> 閉じた面 S 上の微小面積 dS と法線方向の電束密度 D_n に dS をかけて，閉じた面 S 上で積分すると，その閉じた面 S の内にある全電荷の量と等しくなる．すなわち全電束数と等しくなる．

（1）球面上の電荷のつくる電界

図 12・16 のように半径 a [m] の球状導体の表面に Q [C] の電荷を一様に与え，誘電率 ε（$= \varepsilon_0 \varepsilon_r$）の誘電体中においたとき，球の中心から r [m] 離れた誘電体中の点 P の電束密度と電界の強さを考えてみよう．

この場合，球状導体の中心から半径 r [m] の球を考えると，電束も電気力線も面に垂直に通っている．この関係から，点 P の電束密度を D [C/m²] とすれば，閉じた面を通る全電束数は $4\pi r^2 D$ [C] である．したがって電束 Ψ は，

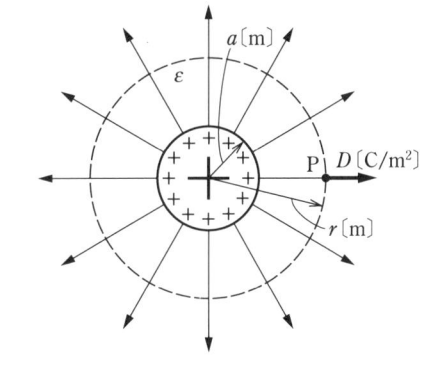

図 12・16 球面上の電荷のつくる電界

$$\Psi = Q = 4\pi r^2 D \tag{12・24}$$

$$\therefore D = \frac{Q}{4\pi r^2} \tag{12・25}$$

また，電界の強さ E [V/m] とすれば，式 (12・21) から，

$$E = \frac{D}{\varepsilon} = \frac{Q}{4\pi \varepsilon r^2} \text{ [V/m]} \tag{12・26}$$

この式は，ちょうど式 (12・6) と全く同じ形になる．このことから球状導体に Q [C] の電荷を与えたときの外部の電界は，球の中心に Q [C] の点電荷をおいたときと同じ形になることがわかる．この電界の強さを図に表すと，図 12・17

第12章　静電気の性質

のようになり，$r=a$ のとき，

$$E_m = \frac{Q}{4\pi\varepsilon a^2} \text{[V/m]} \quad (12・27)$$

となり，最大の値となることがわかる．

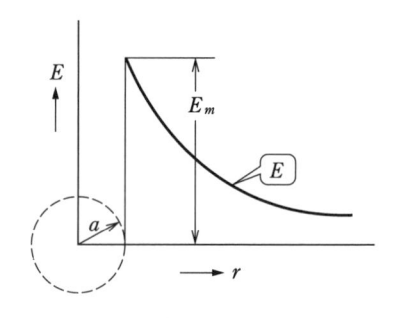

図 12・17　球状導体の電荷によって生ずる電界の強さ

参考　球面上の電荷のつくる電界を微分積分を用いて計算する．

図 12・16 において，球内においては電荷がないため，$D=0$，$E=0$ となるので，球外の中心から半径 r [m] の ($r \geqq a$) の球面 S においてガウスの定理を適用する．

$$\int_S D \cdot dS = D \int_S dS = 4\pi r^2 D = Q \quad (12・28)$$

$$\therefore \quad D = \frac{Q}{4\pi r^2} \text{[C/m}^2\text{]} \quad, \quad E = \frac{D}{\varepsilon} = \frac{Q}{4\pi\varepsilon r^2} \text{[V/m]} \quad (12・29)$$

（2）無限に長い円筒状の電荷による電界

図 12・18 のように無限に長いと考えられる半径 a [m] の導体に 1m ごとに q [C] の電荷を与えたとき，円筒の中心から r [m] 離れた誘電率 ε の誘電体中の点 P の電界の強さと電束密度を求めてみよう．

この場合，電荷は円筒導体の表面に一様に分布していると考えられるから，図のように 1m 当たり q [C] の電束が円筒面から放射状に出て，点 P を通る半径 r [m]，幅 1m の周面上を垂直に通っている．したがって，この面の電束密度 D [C/m²] とすれば，長さ 1m 当たりの電束 ψ は，

$$\psi = q = D \times 2\pi r \times 1 = 2\pi r D \quad (12・30)$$

$$\therefore \quad D = \frac{q}{2\pi r} \text{[C/m}^2\text{]} \quad (12・31)$$

また，このときの電界の強さ E は，$D=\varepsilon E$ であるから，

$$E=\frac{D}{\varepsilon}=\frac{q}{2\pi\varepsilon r}\,[\text{V/m}] \tag{12・32}$$

となる．したがって，電界の強さは r に反比例する．そして $r=a$ の導体表面のところで，最大の電界の強さ，

$$E_m=\frac{q}{2\pi\varepsilon a}\,[\text{V/m}] \tag{12・33}$$

になる．

参考　無限に長い円筒状の電荷による電界を微分積分を用いて計算する．

図 12・18 において，単位長さ（1 m）当たりの円筒についてガウスの定理を適用する．このとき単位長さ当たりの面積は $2\pi r\times 1$，また，その部分に分布する電荷の量は $q\,[\text{C}]$ とする．

$$\int_S D\cdot dS=D\int_S dS=2\pi rD=q \tag{12・34}$$

$$\therefore\ D=\frac{q}{2\pi r}\,[\text{C/m}^2]\ ,\ E=\frac{D}{\varepsilon}=\frac{q}{2\pi\varepsilon r}\,[\text{V/m}] \tag{12・35}$$

ただし，$r\geqq a$

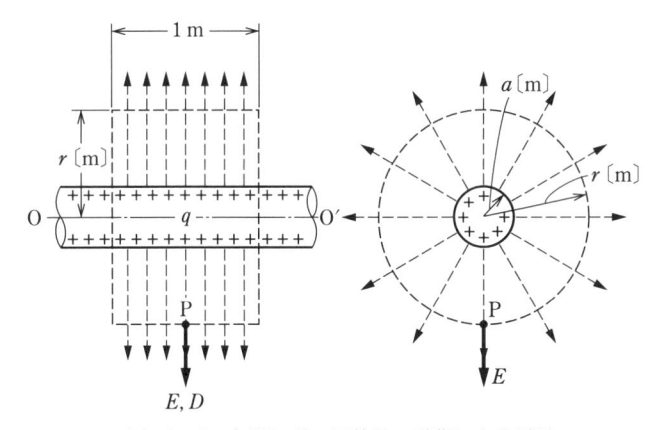

図 12・18　無限に長い円筒状の電荷による電界

12・7 電位と電位差

電位と電位差については，すでに第1章で簡単に学んできたが，ここで改めて電位と電位差の定め方を理論の上から詳しく調べていくことにしよう．

(1) 電 位

図12・19のように，Q [C] の正電荷のつくる電界中の1点Pに単位正電荷 +1C をおけば，クーロンの法則によって矢印のように静電力を受ける．そして，もし自然のままにしておけば，その方向に移動して電界の強さが0と考えられるところまで移動する．

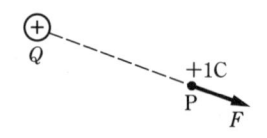

図12・19 電位の考え方

すなわち，点Pにある +1C の電荷は，点Pから電界の強さ0のところまで移動するだけの位置エネルギーをもっていたことになる．この位置エネルギーは，逆にいえば単位正電荷を電界の強さ0のところから，静電力に逆らって点Pにもってくるのに要する仕事が蓄えられている，と考えることができる．

電位は，この単位正電荷 +1C のもつ位置エネルギーで表す．

すなわち，電位は電界の強さ0のところから，もとの電界を乱すことなく単位正電荷（+1C）をその点までもってくるのに要する仕事量をジュール数で表す．

この単位はジュール毎クーロン（単位記号：J/C）であるが，実用上ボルト（単位記号：V）で表す．例えば +1C の電荷を電界の強さ0のところから，ある点にもってくるのに 10J のエネルギーを要するとき，その点の電位は 10V と定めている．

(a) 点電荷による電位

図12・20(a)のように点電荷 Q [C] が誘電率 ε（比誘電率 ε_r）の誘電体中におかれ

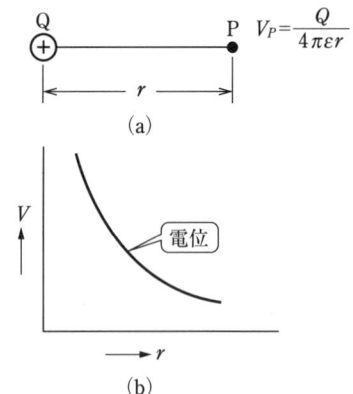

図12・20 点電荷による電位

たとき，この点電荷から r [m] 離れた点 P の電位 V_P は，理論上，次の式で知ることができる．

$$V_P = \frac{Q}{4\pi\varepsilon r} = 9\times 10^9 \times \frac{Q}{\varepsilon_r r} \text{ [V]} \qquad (12\cdot 36)$$

すなわち，r の変化に対する電位の変化を図に示すと図(b)のようになる．そして電位は1Cのもつ位置エネルギーを表すから，電界の強さのようにベクトル量ではない．

したがって，図12・21のように，多くの電荷によって点Pに生じる電位 V_P は，それぞれの電荷によって生じる電位の和を求めればよいから，

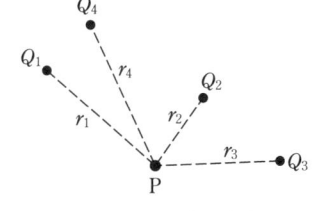

図 12·21 電位の合成

$$V_P = \frac{Q_1}{4\pi\varepsilon r_1} + \frac{Q_2}{4\pi\varepsilon r_2} + \frac{Q_3}{4\pi\varepsilon r_3} + \frac{Q_4}{4\pi\varepsilon r_4} + \cdots$$
$$= \frac{1}{4\pi\varepsilon}\left(\frac{Q_1}{r_1} + \frac{Q_2}{r_2} + \frac{Q_3}{r_3} + \frac{Q_4}{r_4} + \cdots\right) \qquad (12\cdot 37)$$

として知ることができる．

(b) 球状導体による電位

次に球状導体に電荷を与えたときの，導体の外部に生じる電位について考えてみよう．球状導体の外部にできる電界は，以前学習したように，点電荷が中心にあると仮想した場合と同じことになる．したがって，図12・22(a)のように，誘電率 ε の誘電体中に半径 a [m] の球状導体をおき，これに Q [C] を与えたとき，球の中心から r [m] 離れた誘電体内の電位 V_P は式(12・36)から，

$$V_P = \frac{Q}{4\pi\varepsilon r} \text{ [V]} \qquad (12\cdot 38)$$

として知ることができる．この場合，導体内では電位差があれば等電位になるまで電流が流れる．したがって，静電気的な扱いでは導体の内部ではいたるところで電位は等しい．このため導体の表面の電位すなわち，

$$V_m = \frac{Q}{4\pi\varepsilon a} \text{ [V]} \qquad (12\cdot 39)$$

第12章　静電気の性質

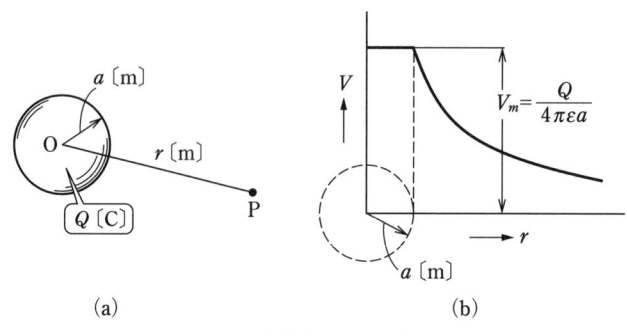

図12・22　球状導体による電位

が導体全体の電位になる．このときの距離 r に対する電位曲線を描くと図(b)のようになる．

> **参考**
>
> 式(12・36)を微分積分によって導く．
> Q〔C〕の点電荷から x〔m〕離れた点Pの電界の強さを E_x は，
>
> $$E_x = \frac{Q}{4\pi\varepsilon x^2} \text{〔V/m〕} \tag{12・40}$$
>
> である．そして，この1点には E_x〔N〕の力が作用し，微小距離 dx 移動するには $-E_x dx$〔J〕を要するので，これを電界の強さ0の∞から r のところまで積分すればよい．
>
> $$V = -\int_\infty^r E_x dx = \int_r^\infty E_x dx = \int_r^\infty \frac{Q}{4\pi\varepsilon x^2} dx = \frac{Q}{4\pi\varepsilon} \int_r^\infty \frac{1}{x^2} dx$$
>
> $$= \frac{Q}{4\pi\varepsilon}\left[-\frac{1}{x}\right]_r^\infty = \frac{Q}{4\pi\varepsilon}\left(0+\frac{1}{r}\right) = \frac{Q}{4\pi\varepsilon r} \text{〔V〕} \tag{12・41}$$

(2) 電位差

図12・23のように点電荷 Q〔C〕から r_a および r_b〔m〕離れた点a，bの電位 V_a および V_b は，式(12・36)から，

$$V_a = \frac{Q}{4\pi\varepsilon r_a} \quad , \quad V_b = \frac{Q}{4\pi\varepsilon r_b} \tag{12・42}$$

そして，$r_a < r_b$ なら $V_a > V_b$ である．この場合，点 a の方が点 b より電位が高いといい，点 a から点 b に向かって $V_a - V_b$ の電位が降下するとか，電位降下が $V_a - V_b$ であるという．

この V_a と V_b の 2 点間の電位の差を**電位差**（potential difference）あるいは**電圧**（votage）という．したがって，このとき a, b 間の電位差を V_{ab} とすれば，

$$V_{ab} = V_a - V_b = \frac{Q}{4\pi\varepsilon r_a} - \frac{Q}{4\pi\varepsilon r_b} = \frac{Q}{4\pi\varepsilon}\left(\frac{1}{r_a} - \frac{1}{r_b}\right) \text{[V]} \quad (12\cdot43)$$

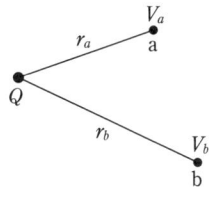

図 12·23　電位差

として知ることができる．

2 点間の電位差は電位の定義から考えると，その 2 点間における単位正電荷（+1 C）のもつ位置エネルギーの差を表している．したがって，図 12·24 のように ab 間の電位差が V [V] で点 b より点 a の電位が高いとき，点 b から点 a に +1 C を運ぶには V [J] のエネルギーを必要とし，逆に電位の高い点 a から点 b に +1 C を運ぶには，途中で V [J] のエネルギーを放出しなければならない．この関係から，もし点 a から点 b に向かって Q [C] の電荷を移動させれば，VQ [J] のエネルギーを ab 間で放出することになる．これは式 (4·1) の電力量を表す根本の式となるものである．

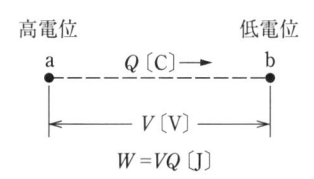

図 12·24　2 点間を移動する電荷の仕事

例題 12·4

空気中および比誘電率 $\varepsilon_r = 3$ の絶縁油の中に 0.1 μC の点電荷をおいたとき，点電荷から 50 cm 離れた点の電位はそれぞれいくらになるか．

解答　式 (12·36) より，

空気中の電位（$\varepsilon_r = 1$）

$$V = \frac{Q}{4\pi\varepsilon r} = 9\times10^9 \times \frac{Q}{\varepsilon_r r} = 9\times10^9 \times \frac{0.1\times10^{-6}}{1\times(50\times10^{-2})} = 1\,800 \text{ [V]}$$

絶縁油の中の電位 ($\varepsilon_r = 3$)

$$V = \frac{Q}{4\pi\varepsilon r} = 9 \times 10^9 \times \frac{Q}{\varepsilon_r r} = 9 \times 10^9 \times \frac{0.1 \times 10^{-6}}{3 \times (50 \times 10^{-2})} = 600 \text{ [V]}$$

問 12・4　空気中に $0.1\ \mu\text{C}$ の点電荷をおいたとき，点電荷から 30 cm 離れた点の電位 V_a と 60 cm 離れた点の電位 V_b はそれぞれいくらになるか．また 2 点間の電位差 ($V_a - V_b$) はいくらか．

12・8　等電位面

電界中の電位の等しい点を連ねていくと一つの面ができる．このような面を**等電位面** (equipotential surface) という．この等電位面を考えると電界の電位分布をはっきり知ることができる．

例えば，図 12・25 のような点電荷 Q [C] によってできる等電位面は球面になるが，この切断面を描くと図の $V_1, V_2, V_3, V_4, \cdots$ のような等電位面になる．

このような等電位面上では単位正電荷のもつ位置エネルギーは等しいから，電荷を一つの等電位面上のいずれの点に移動しても仕事は 0 である．

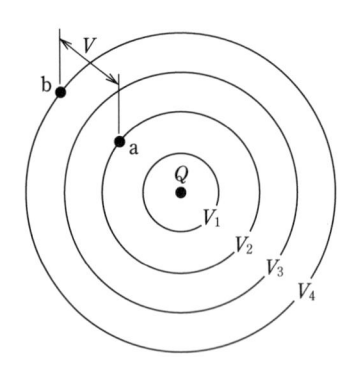

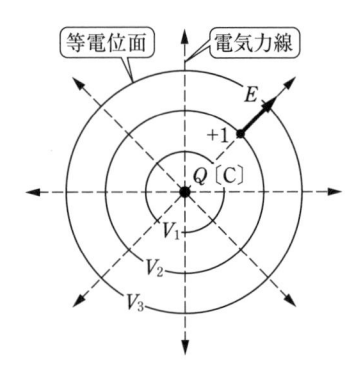

図 12·25　等電位面　　　　図 12·26　等電位面と電気力線

次に，等電位面と電気力線との関係を調べてみよう．点電荷 Q [C] による等電位面と電気力線との関係を図に表すと図 12・26 のようになる．この場合，電気力線上に単位正電荷（+1 C）をおけば，電気力線の接線の方向に静電力 E を生じる．この E の力に対して垂直の方向に単位正電荷（+1 C）を動かした場合の仕事は 0 である．そして電荷が移動しても，その位置エネルギーが変わらないところが等電位面であるから，等電位面と電気力線とは垂直に交わる，ということができる．

この関係から電気力線を描けば，ある点の等電位面の状態がわかり，逆に等電位面がわかれば，電気力線を描くこともできる．各種の電荷の生じる等電位面と電気力線を描くと図 12・27 のようになる．なお図 12・27 の (b)，(c) のように，正負の等しい電荷を対称的に離しておいたときは，その中間に零電位の等電位面が生じるものである．

一般に，一つの導体では導体内に 2 点間に電位差があれば，電子が移動，すなわち電流が流れて，最後には電子の移動が止まり静電気の状態になる．したがって，

「静電気では導体内のすべての点の電位は等しく，導体表面は等電位面になる．この関係から等電位面である導体の表面から出る電気力線は，常に導体

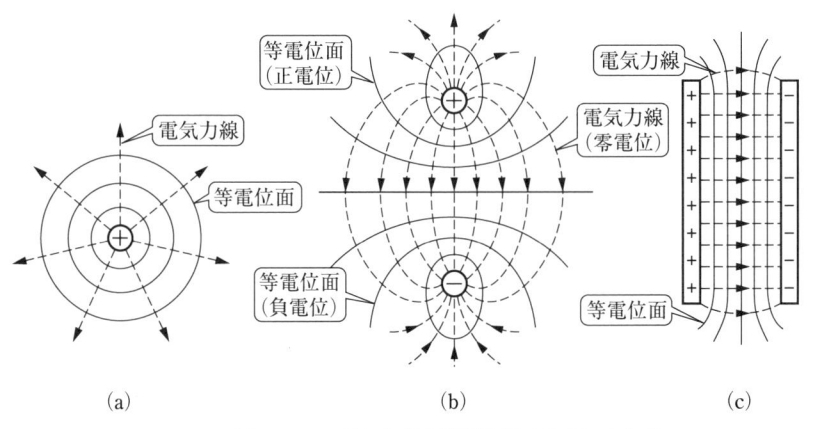

図 12・27 電気力線と等電位面は垂直に交わる

面から垂直に出る（あるいは入る）ということができる」

次に，地上 h [m] の高さに Q [C] の点電荷をおいたときの電気力線の分布について考えてみよう．この場合，大地は十分に大きいので，無限に大きい導体の平板と考えても大差がない．

したがって，Q [C] から出た電気力線は，図 12・28 の点線のように大地に対して垂直に通ることになる．この形はちょうど，図 12・27(b) の等しい正負の電荷によってつくられる電気力線の上半分と同じ形になる．

ゆえに地上で $+Q$ [C] による電界の状態を考えるのに，地表を中心にして点線のように地中の対称的な深さ h [m] の点に，符号が反対で絶対値の等しい $-Q$ [C] の電荷を仮想的に配置し，このときの電界を考えても同じことになる．この $-Q$ [C] の電荷を地上にある $+Q$ [C] の**影像電荷**（image charge）といい，このように影像電荷を用いて電界を解析する方法を**電気影像法**（electric image method）という．

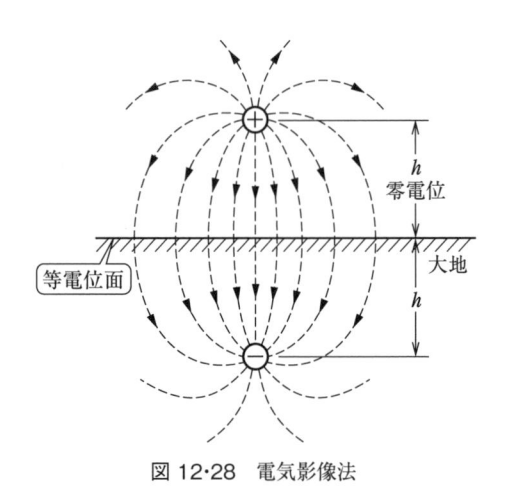

図 12・28　電気影像法

12・9　電界の強さと電位の傾き

図 12・29 のように，接近した 2 枚の大きな金属板の間に誘電体を挟んでおく．

12・9 電界の強さと電位の傾き

この両電極にそれぞれ $+Q$ および $-Q$ [C] の電荷を与えた場合，電気力線は電極の端のほうを除いては，ほぼ同一密度になり極板間の電界の強さはどの点を取ってみても同一になる．このような電界を，**平等電界** (uniform electric field) という．

次に，この電界中の電界の強さと電位差との関係について調べてみよう．

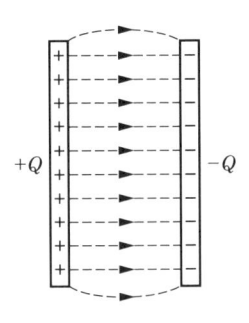

図 12・29 平等電界

この場合，図 12・30(a) のように A，B の 2 枚の金属板の間隔が l [m] で，A，B の電位がそれぞれ $+V/2$，$-V/2$ [V] になり，E [V/m] の平等電界を生じたものとしよう．この電界中に単位正電荷（+1 C）をおけば，電界の定義によって E [N] の力が働く．

したがって，+1 C の電荷が A 板から，B 板に向かって l [m] の距離を自然に移動したとすれば，電界は El [J] の仕事をする．これは AB 間の位置エネルギーの差 $V/2-(-V/2)=V$，すなわち電位差 V [V] によって与えられたのであるから，

$$V = El \tag{12・44}$$

$$\therefore \quad E = \frac{V}{l} \text{[V/m]} \tag{12・45}$$

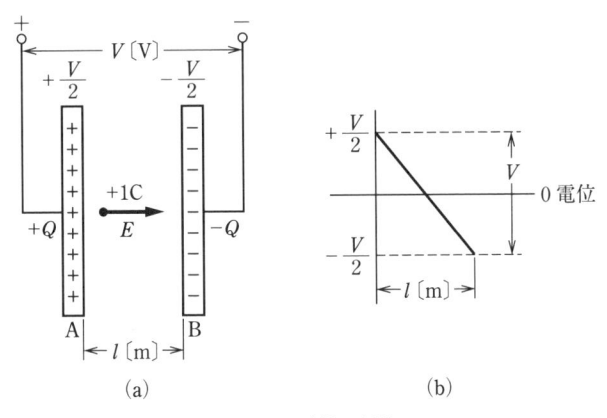

図 12・30 電位の傾き

すなわち，電界の強さは1m当たりの電位差 V で表すことができる．このことから，いままで電界の強さにボルト毎メートル（単位記号：V/m）の単位を用いてきた理由が理解できるであろう．なお，このときの電界中の電位の変化を曲線で表すと図（b）のような直線になる．

一般に，このような電位の曲線があった場合，坂道の勾配と同じように電位の勾配を考え，これを**電位の傾き**（potential gradient）といい，単位長さを進んだときに電位の増加する割合で表す．例えば図（b）では，距離 l [m] 進んだとき，電位が V [V] 降下するから，$-V$ [V] の電位が増加したと考え，電位の傾き g は，

$$g = -\frac{V}{l} \text{ [V/m]} \tag{12・46}$$

となる．これを式(12・45)と比べてみると，g と E は符号が反対で，その絶対値は等しいということができる．

以上は平等電界について考えてきたが，電位の曲線が図12・31のように曲線的に変化するときは，上のようにして求めると平均の値になってしまう．このようなときの電界中の1点の電界の強さや電位の傾きを求めるには，図のように距離 l の微小距離 Δl に対して，電位 V の微小増加 ΔV をとり，

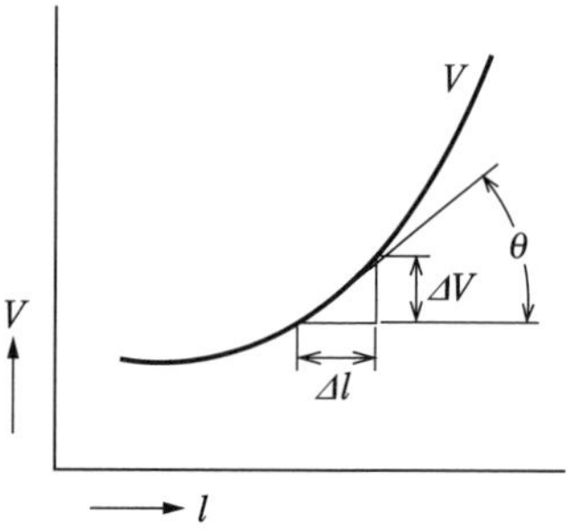

図 12・31 電位の傾きの考え方

$$g = \frac{\Delta V}{\Delta l} = \tan \theta \quad, \quad E = -\frac{\Delta V}{\Delta l} \text{ [V/m]} \tag{12・47}$$

$$\therefore \quad g = -E \tag{12・48}$$

として知ることができる．

参考 電位の傾き（勾配）と電界の強さの関係を微分演算子（∇＝ナブラ）を用いて表す．

$$E = -\nabla V \tag{12・49}$$

ただし，$\nabla = i\dfrac{\partial}{\partial x} + j\dfrac{\partial}{\partial y} + k\dfrac{\partial}{\partial z}$ と定義して，形式的に $\nabla\varphi = \mathrm{grad}\,\varphi$ と表す．したがって，式(12・49)は，

$$E = -\mathrm{grad}\,V \tag{12・50}$$

と表すこともできる．

例題 12・5

空気中に 2 枚の平行板電極を 5 mm 離しておき，これに 1 000 V の電圧を加えたときの電位の傾きと電束密度はいくらか．

解答　まず電位の傾き g は，式(12・46)から，

$$g = \frac{V}{l} = \frac{1\,000}{5\times 10^{-3}} = 200 \times 10^3\,[\mathrm{V/m}]$$

この電位の傾きは，電界の強さ E に等しいから，電束密度 D は式(12・21)より，

$$D = \varepsilon E = \varepsilon_0 \varepsilon_r E = 8.854 \times 10^{-12} \times 1 \times 200 \times 10^3$$
$$\fallingdotseq 1.77 \times 10^{-6}\,[\mathrm{C/m^2}]$$

ただし，空気中なので $\varepsilon_r = 1$ とする．

問 12・5　空気中に 2 枚の平行板電極を 1 cm 離しておき，これに 250 V の電圧を加えたときの電位の傾きと電束密度はいくらか．

12・10　導体内の電界と電荷

（1）導体内の電界は 0 である

いままで誘電体の中の電界について調べてきたが，ここで導体内の電界について調べてみよう．

導体は静電気の場合は，どの点をとっても同電位になる．したがって，導体内

ではどの2点をとって考えても電位差 ΔV は0である。ゆえに式(12・48)で，

$$g = -E = \frac{\Delta V}{\Delta l} = 0 \quad (12・51)$$

になる。すなわち，導体内では電界の強さと電位の傾きは0になる。したがって，図12・22の導体球に電荷を与えたときの電位 V と電界の強さ E を，導体内外にわたって考えると図12・32のようになる。

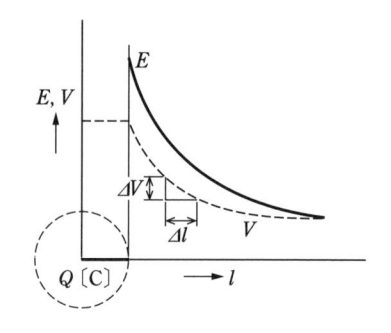

図 12·32 導体内外の電位曲線と電界の強さ

（2）電荷は導体の表面に集まる

図12・33のような導体に電荷を与えたとき，電荷は導体のどこにあるかを調べてみよう。いま導体内に面積 S の任意の閉曲面を考えたとき，導体内では電界の強さ $E=0$ であるから，ガウスの定理によって，

$$Q = DS = \varepsilon ES = 0 \quad (12・52)$$

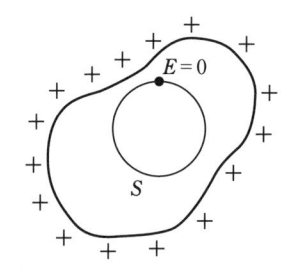

図 12·33 電荷は導体の表面に集まる

になる。したがって，$Q=0$ であるから導体内には電荷はありえない。

このことから電荷は導体の表面にあるということができる。これは導体に電荷を与えると，静電力で互いに反発しあって導体の表面に集まると考えてもよいであろう。

（3）導体表面の電荷の分布

導体の表面に集まった電荷は互いに反発力を及ぼしあっている。したがって，導体が孤立しておかれた場合，導体の形が，球や無限長の導体のように対称的な

12・11 静電シールド

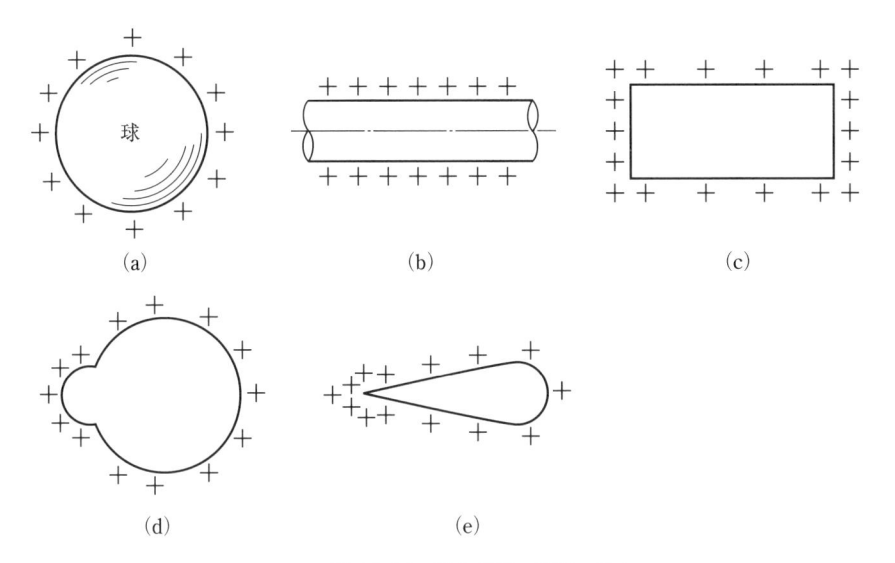

図 12・34 導体表面の電荷の分布

ときは，図 12・34 (a), (b), (c) のように静電力が平衡するように一様に分布する．また，対称的でない場合は曲率半径の小さい，とがった部分に多くの電荷が集まって，互いの静電力が平衡することになる．このため図 (d), (e) のように，導体のとがったところほど電荷の密度が大きくなり，その付近の媒質の電界の強さおよび電位の傾きが大きくなる．

12・11 静電シールド

図 12・35 のように導体 A, B を離して空気中におき，導体 A に電荷 Q を与えると，静電誘導によって導体 B に電荷を生じ，図のような電界ができる．したがって，導体 A に電荷を与えると同時に，導体 B に電荷が現れ，その電位も変化することになる．

この場合，図 12・36 のように，A あるいは B の導体の一方を導体 C で完全に囲み，これを大地につなぐと，自由電荷は大地に逃げ，導体 C は大地と等しい

第 12 章　静電気の性質

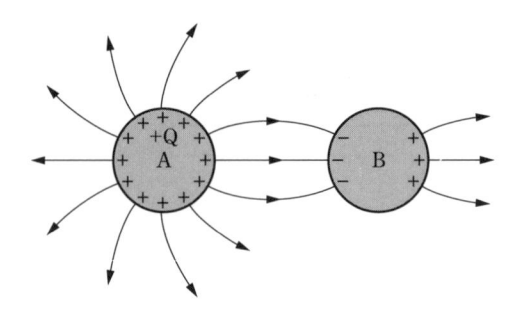

図 12·35　静電誘導

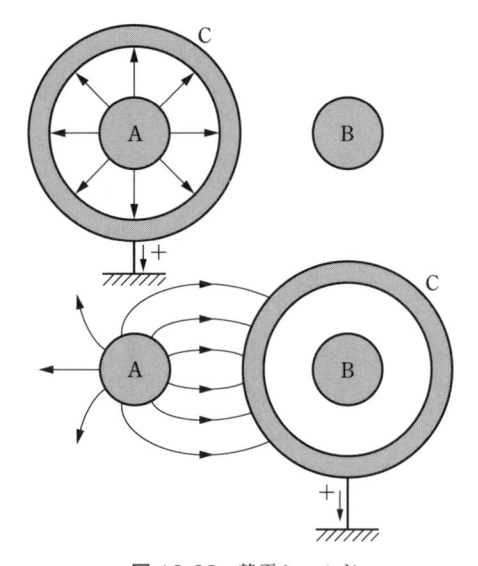

図 12·36　静電シールド

ゼロ電位になる．このため電界は導体 C によって完全に遮断され，導体 A と導体 B との間の静電的影響はなくなる．

　このように電界を導体 C のような一定電位の導体で包んでその影響を遮断することを**静電シールド**（static shield）あるいは**静電しゃへい**（遮蔽）といい，通信機器，測定器などの静電誘導作用を防止するために広く用いられている．

章末問題

1. 空気中に5 cmの距離に2個の点電荷があり，それぞれ$0.1\,\mu C$および$0.2\,\mu C$の電荷をもっているとき，両電荷間に生じる静電力はいくらか．

2. ある電界中に$0.01\,\mu C$の電荷をおいたら，10^{-4} Nの静電力が働いた．電界の強さはいくらか．

3. 大気中で，$0.5\,\mu C$の点電荷から1 m離れた点の電界の強さはいくらか．

4. 比誘電率$\varepsilon_r=3$の絶縁油の中に$5\,\mu C$の点電荷がおかれている．この点電荷から50 cm離れた絶縁油中の電界の強さはいくらか．

5. 図12・37のように空気中に40 cm離して$0.1\,\mu C$と$-0.2\,\mu C$の点電荷がおかれているとき，両電荷を結ぶ垂直二等分線上の1点Pの電界の強さと電位を求めなさい．

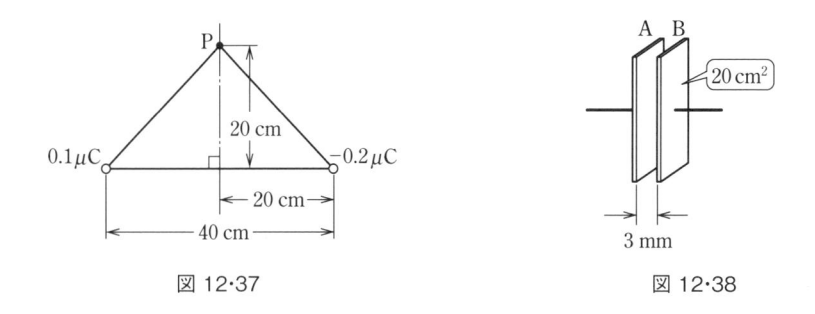

図12・37

図12・38

6. 真空中におかれた直径20 cmの導体球に$1\,\mu C$の電荷を与えたとき，導体の電位はいくらか．

7. 図12・38のように面積20 cm², 間隔3 mmの平行板を空気中におき，Aに$+0.01\,\mu C$, Bに$-0.01\,\mu C$の電荷を与えた．このとき極板間の電束密度はいくらか．また，A，B極板間の電圧はいくらか．

8. 空気中におかれた広い2枚の平行板間に電圧を加え，その電界中においた$50\,\mu C$の正電荷に0.5 Nの力が働いたという．電界の強さはいくらか．また，電極間の距離が5 cmであるとすれば供給電圧はいくらか．

第 13 章

静電容量とコンデンサ

前章で学んだ静電気の性質をもとにして，誘電体の内部の静電現象をさらに詳しく調べ，電気回路の大切な定数の一つである静電容量と静電容量を得る素子であるコンデンサの取り扱いについて学ぶことにする．

13・1 静電容量

一般に，絶縁された導体に与えられた電荷 Q [C] と，生じた電位 V [V] との間には，導体の形や状態によって一定の比例関係がある．すなわち，この比例定数を C とすれば，

$$Q = CV \tag{13・1}$$

の式で表せる．例えば式(12・39)で表されたように，誘電体中におかれた半径 a [m] の導体球に Q [C] の電荷を与えたときは，

$$V = \frac{Q}{4\pi\varepsilon a} \text{ [V]} \tag{13・2}$$

の関係があるから，

$$Q = 4\pi\varepsilon a \cdot V \tag{13・3}$$

となる．したがって，式(13・1)の比例定数 C は，この場合は $4\pi\varepsilon a$ であることがわかる．

一般に，このような比例定数 C を絶縁された導体の**静電容量**（electrostatic capacity），または単に**容量**あるいは**キャパシタンス**（capacitance）という．したがって，静電容量 C は図 13・1 のよう

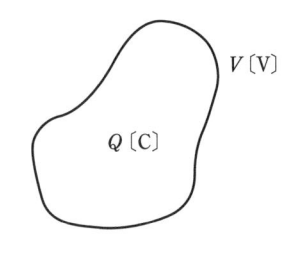

図 13·1 静電容量

に，他のすべての導体を零電位にしておき，空間に絶縁された導体 Q [C] の電荷を与えたとき，その電位が V [V] になったとすれば，

$$C=\frac{Q}{V} \text{ [F]} \tag{13・4}$$

で表される．すなわち静電容量は絶縁された導体の電位を 1 V 高めるのに要する電荷で表される．

したがって，単位はクーロン毎ボルト（単位記号：C/V）となるわけであるが，これを**ファラド**（farad／単位記号：F）の単位を用いている．

次に図 13・2 のように a，b，2 枚の金属板を向かい合わせておき，導体 b を大地につないで 0 電位にしたときの導体 a の静電容量，すなわち ab 間の静電容量を考えてみよう．

まず導体 a に $+Q$ [C] の電荷を与えたとき，導体 a の電位が V [V] になったとすれば，静電容量は Q/V で表される．このとき，導体 b には図のように静電誘導によって $-Q$ [C] の負電荷を誘導する．これはちょうど図 13・3 のように ab 金属板間に V [V] の電位差を与え，導体 a に $+Q$ [C]，導体 b に $-Q$ [C] が蓄えられたときと全く同じである．

この関係から，一般に絶縁しておかれた 2 導体間に V [V] の電位差を与えて，一方に $+Q$ [C]，他方に $-Q$ [C] の電荷が蓄えられたとき，2 導体間の静電容量

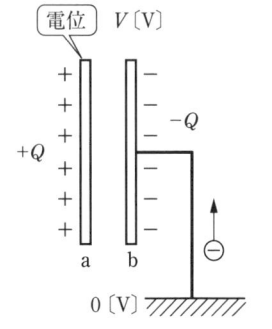

図 13・2　金属板の静電容量
　　　　　（一方を 0 電位にした場合）

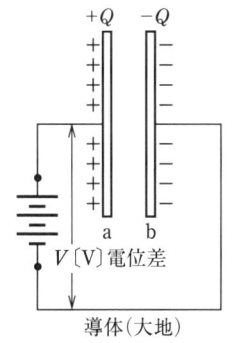

図 13・3　図 13・2 の等価回路

C は，

$$C = \frac{Q}{V} \text{ [F]} \tag{13・4}'$$

であると定義することもできる．したがって，この場合，

「1 ファラドの単位は 2 導体間に 1 V の電位差（電圧）を与えたとき，1 クーロンの電荷を蓄える能力を表すわけである」

しかし，このファラドの単位は実用上大きすぎるので，通常は 100 万分の 1 の**マイクロファラド**（microfarad／単位記号：μF），さらにその 100 万分の 1 の**ピコファラド**（picofarad／単位記号：pF）の単位を用いる．またこれらの単位の間には次の関係がある．

$$1 \text{ [}\mu\text{F]} = 1/10^6 \text{ [F]} = 10^{-6} \text{ [F]}$$
$$1 \text{ [pF]} = 10^{-6} \text{ [}\mu\text{F]} = 10^{-12} \text{ [F]}$$

例題 13・1

ある導体球に 5 μC の電荷を与えたら 2 V の電位になったという．この導体球の静電容量はいくらか．

解答 式(13・4)より，

$$C = \frac{Q}{V} = \frac{5 \times 10^{-6}}{2} = 2.5 \times 10^{-6} \text{ [F]} = 2.5 \text{ [}\mu\text{F]}$$

問 13・1 ある 2 導体間に 100 V の電圧を加えたところ，50 μC の電荷が蓄えられるという．この 2 導体間の静電容量はいくらか．

参考 地球の静電容量を求めてみる．

地球は導体球と考えられ，その周囲は空気の層があり，その外は真空であるから $\varepsilon_0 = 8.854 \times 10^{-12}$ F/m となる．また，地球の半径を約 $r = 6\,350$ km とする．したがって，静電容量を C [F] とすれば，$Q = 4\pi\varepsilon r \cdot V$ より，

$$\frac{Q}{V} = C = 4\pi\varepsilon_0 r = 4\pi \times 8.854 \times 10^{-12} \times 6\,350 \times 10^3$$
$$\fallingdotseq 706.5 \times 10^{-6} \text{ [F]} = 706.5 \text{ [}\mu\text{F]} \tag{13・5}$$

13・2 静電容量の計算

ここで単純な形の導体の静電容量を計算してみよう．

（1） 孤立した導体球の静電容量

半径 a [m] の導体球を比誘電率 ε_r の媒質内におき，これに Q [C] の電荷を与えれば，前節のように電位は，

$$V = \frac{Q}{4\pi\varepsilon a} \text{ [V]} \tag{13・6}$$

になるから，静電容量は式(13・1)より，

$$C = \frac{Q}{V} = 4\pi\varepsilon a = 4\pi\varepsilon_0\varepsilon_r a \text{ [F]} \tag{13・7}$$

で計算することができる．

（2） 金属平行板の静電容量

図13・4のように面積 S [m²] の a, b, 2枚の金属平行板の間に，誘電率 ε，厚さ l [m] の誘電体を入れたときの静電容量を考えてみよう．

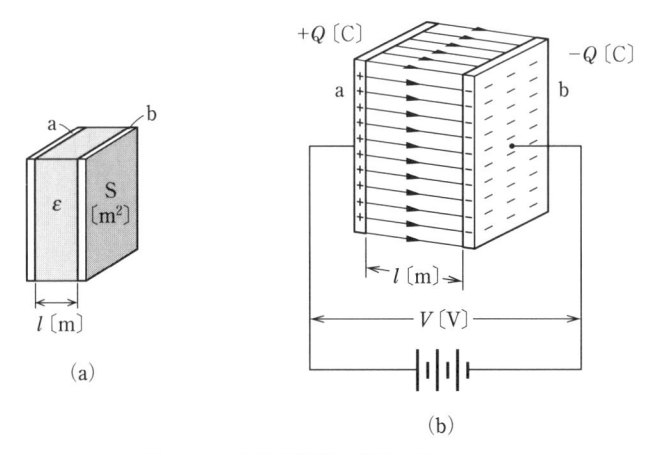

図13・4　金属平行板の静電容量

第13章　静電容量とコンデンサ

図13・4(b)のようにa, b極板の間に V [V]の電圧を加えれば，極板上にそれぞれ $+Q$ [C]と $-Q$ [C]の電荷が蓄えられ平等電界になる．このときの電束密度 D は，

$$D = \frac{Q}{S} \text{ [C/m}^2\text{]} \tag{13・8}$$

であり，電界の強さ E は式(12・21)から，

$$E = \frac{D}{\varepsilon} = \frac{Q}{\varepsilon S} \text{ [V/m]} \tag{13・9}$$

で表される．したがって，電位差 V は式(12・45)から，

$$V = El = \frac{D}{\varepsilon}l = \frac{Ql}{\varepsilon S} \text{ [V]} \tag{13・10}$$

$$\therefore \quad C = \frac{Q}{V} = \frac{\varepsilon S}{l} = \frac{\varepsilon_0 \varepsilon_r S}{l} = 8.854 \times 10^{-12} \frac{\varepsilon_r S}{l} \text{ [F]} \tag{13・11}$$

として知ることができる．

(3) 2種類以上の誘電体を用いた静電容量

次に，図13・5(a)のように2枚の平行な金属板の間に種類の異なる誘電率が ε_1, ε_2, ε_3 でその厚さが l_1, l_2, l_3 の誘電体を重ねておいたときの静電容量を考えてみよう．

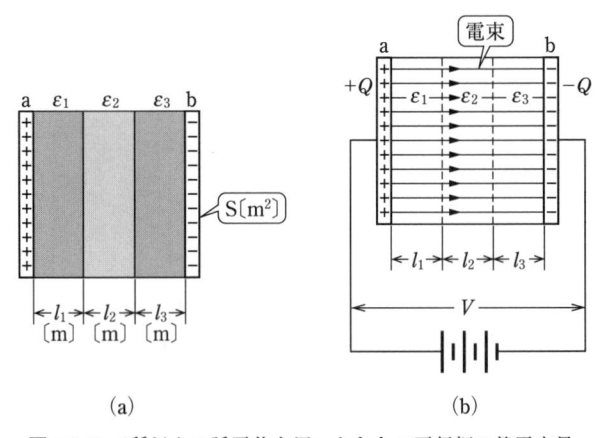

図 13・5　2種以上の誘電体を用いたときの平行板の静電容量

図(b)のように V [V]の電圧を加えたとき Q [C]の電荷が蓄えられたとすると，aからbに向かう電束は誘電体の種類に関係なく Q [C]が通るので，各誘電体の電束密度 D は，それぞれ，

$$D = \frac{Q}{S} \text{ [C/m}^2\text{]} \tag{13・12}$$

である．そして，式(12・21)からそれぞれの誘電体中の電界の強さを E_1, E_2, E_3 とすれば，

$$E_1 = \frac{D}{\varepsilon_1} \text{ [V/m]} \quad , \quad E_2 = \frac{D}{\varepsilon_2} \text{ [V/m]} \quad , \quad E_3 = \frac{D}{\varepsilon_3} \text{ [V/m]} \tag{13・13}$$

したがって，全電圧 V は，

$$V = E_1 l_1 + E_2 l_2 + E_3 l_3 = \frac{D}{\varepsilon_1} l_1 + \frac{D}{\varepsilon_2} l_2 + \frac{D}{\varepsilon_3} l_3$$

$$= D\left(\frac{l_1}{\varepsilon_1} + \frac{l_2}{\varepsilon_2} + \frac{l_3}{\varepsilon_3}\right) = \frac{Q}{S}\left(\frac{l_1}{\varepsilon_1} + \frac{l_2}{\varepsilon_2} + \frac{l_3}{\varepsilon_3}\right) \text{ [V]} \tag{13・14}$$

$$\therefore \quad C = \frac{Q}{V} = \frac{S}{\dfrac{l_1}{\varepsilon_1} + \dfrac{l_2}{\varepsilon_2} + \dfrac{l_3}{\varepsilon_3}} \text{ [F]} \tag{13・15}$$

として知ることができる．

(3) 同軸円筒の静電容量

図13・6(a)のように，半径 r_a [m]の導体の外側に半径 r_b [m]の同軸円筒の導体があり，その中間に誘電率 ε の誘電体が入っている場合の静電容量について調べてみよう．

いま，両導体の間に V [V]の電位差を与えたとき，単位長さ（1 m）当たりについて q [C]の電荷が蓄えられたとする．この場合，両円筒はそれぞれ等電位になり，同心円であるから，単位長さ（1 m）当たり q [C]の電束が放射状に通る．したがって，図13・6(a)のように，中心から x [m]離れた点の電束密度 D_x および電界の強さ E_x は，

$$D_x = \frac{q}{S} = \frac{q}{2\pi x \times 1} = \frac{q}{2\pi x} \text{ [C/m}^2\text{]} \tag{13・16}$$

第13章　静電容量とコンデンサ

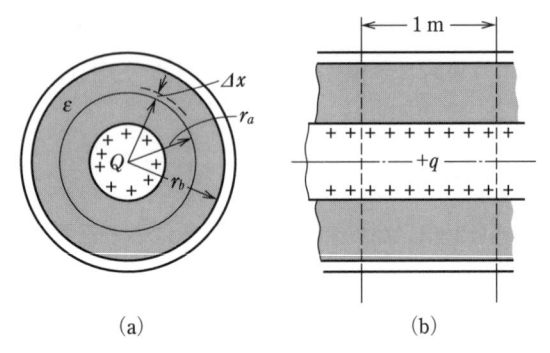

図13·6　円軸円筒の静電容量

$$E_x = \frac{D_x}{\varepsilon} = \frac{q}{2\pi x \varepsilon} \text{ [V/m]} \tag{13・17}$$

ゆえに，x [m] のところに微小距離 $\varDelta x$ を考えれば，この間の電位差は $-E_x \varDelta x$ である．このような微小電圧を r_b から r_a の間まで加え合わせた全電圧 V は次のようになることが知られている．

$$V = \frac{q}{2\pi\varepsilon} \log \frac{r_b}{r_a} \text{ [V]} \tag{13・18}$$

$$\therefore \quad C = \frac{q}{V} = 2\pi\varepsilon \cdot \frac{1}{\log \dfrac{r_b}{r_a}} \text{ [F]} \tag{13・19}$$

参考　同軸円筒の静電容量の計算式を導く．

式(13・19)を導くためには微分積分を用いる．

電界の強さ E_x を微小距離 dx で r_b から r_a まで積分すれば，電圧 V が求まる．

$$V = -\int_{r_b}^{r_a} E_x dx = \int_{r_a}^{r_b} E_x dx = \int_{r_a}^{r_b} \frac{q}{2\pi\varepsilon x} dx = \frac{q}{2\pi\varepsilon} \int_{r_a}^{r_b} \frac{1}{x} dx$$

$$= \frac{q}{2\pi\varepsilon} \Big[\log x\Big]_{r_a}^{r_b} = \frac{q}{2\pi\varepsilon}(\log r_b - \log r_a)$$

$$= \frac{q}{2\pi\varepsilon} \log \frac{r_b}{r_a} \text{ [V]}$$

$$\therefore \quad C = \frac{q}{V} = 2\pi\varepsilon \cdot \frac{1}{\log \dfrac{r_b}{r_a}} \text{ [F]} \tag{13・20}$$

例題 13・2

金属板間の距離が 0.01 m，面積が 2 m² の金属平行板がある．この平行板の静電容量はいくらか．ただし，金属板は空気中におかれ，金属板間の電界は平等電界とする．

[解答] 式(13・11)より，ただし，空気中におかれているので $\varepsilon_r=1$ で計算する．

$$C=8.854\times10^{-12}\frac{\varepsilon_r S}{l}=8.854\times10^{-12}\times\frac{1\times2}{0.01}\fallingdotseq1.77\times10^{-9}\,[\text{F}]$$

$$=1.77\times10^{-3}\,[\mu\text{F}]$$

問 13・2 2枚の金属平行板がある．極板の間隔を 1 mm，面積を 500 cm²，誘電体の比誘電率 4 であるとすると，この金属平行板の静電容量はいくらか．

13・3 誘電体と誘電率

前節で学んだ数例の静電容量の式でもわかるように，一般に静電容量は誘電率に比例するものである．例えば，2枚の金属平行板による静電容量は式(13・11)で，真空の場合は誘電率 ε_0，一般の場合，誘電率を ε とすれば次のように表される．

真空の場合 $\qquad C_0=\dfrac{\varepsilon_0 S}{l}\,[\text{F}]\qquad\qquad(13・21)$

一般の誘電体の場合 $\quad C=\dfrac{\varepsilon S}{l}\,[\text{F}]\qquad\qquad(13・22)$

したがって，同形同大で媒質が一般の誘電体，すなわち絶縁物のときと真空のときとの静電容量の比をとり，これを ε_r とおくと，

$$\frac{C}{C_0}=\frac{\varepsilon}{\varepsilon_0}=\varepsilon_r$$

$\therefore\quad \varepsilon=\varepsilon_0\varepsilon_r \qquad\qquad(13・23)$

の関係がある．これが静電力に関するクーロンの法則のところで与えた誘電率と

比誘電率の関係である．このことから一般の誘電体を用いたときの静電容量は，真空の場合の値の比誘電率（ε_r）倍になることを意味している．このことを逆にいえば，

「ある誘電体の比誘電率は，真空の場合の静電容量に対するその誘電体の用いたときの静電容量の比であるということができる」

このように絶縁物または誘電体は，静電界では単に電気的に絶縁するだけではなく，電界に影響を与え静電容量を大きくする働きをするので，いままで絶縁物といわずに**誘電体**（dielectric）と呼んできたわけである．一般の誘電体の比誘電率 ε_r のおよその値を示すと表13・1のようになる．

この表でもわかるように，空気などの気体の比誘電率は，ほぼ真空の比誘電率の1と等しい．したがって，実用的には真空の誘電率と同じように ε_0 として扱って大差ないのである．これが，いままで空気の誘電率に ε_0 を用いてきた理由である．

表13・1 誘電体の比誘電率

物 質	比誘電率	物 質	比誘電率	物 質	比誘電率
固 体		クラフト紙	2.9	パラフィン油	2.2
アルミナ	8.5	ボール紙	3.2	変圧器油	2.2
ステアタイト	6	シリコンゴム	8.6〜8.5	ベンゼン	2.284
雲 母	7.0	天然ゴム	2.4	水	80.3572
NaCl	5.9	ネオプレンゴム	6.5〜5.7		
サファイア	9.4	パラフィン	2.2	**気 体**	
水 晶	4.5			アルゴン	1.000517
ダイヤモンド	5.68	**液 体**		空気（乾）	1.000536
ソーダガラス	7.5	四塩化炭素	2.24	酸 素	1.000494
鉛ガラス	6.9	シリコーン油	2.2	窒 素	1.000547
アンバー	2.8〜2.6	トルエン	2.39	二酸化炭素	1.000922
大理石	8	二硫化炭素	2.64		

〔注〕 温度20°Cのときの値である． （理科年表2006年度版）

13・4 電解中の誘電体の働き

次に電界中にある誘電体はどのような働きをしているのか調べてみよう．

(1) 分　極

　一般に，平常の状態の誘電体内部の原子は，正電荷をもった原子核を中心として，いくつかの電子が回転しており，電気的に中性の状態にあることは，すでに第1章で学んだ．このいくつかの電子を1個の電子で代表させて表してみると，図13・7(a)のような形になる．しかし，これが図(b)のように電界中に入ると，電子は電界のために力を受けて，電子の運動する中心は原子の中心からずれてくる．この結果，誘電体の原子は見かけの上では図(c)のように正，負の電荷をもった原子になり，正と負の等量の電荷をもった**電気双極子**（dipole）になる．このように双極子になる状態を**電気分極**（polarization）という．

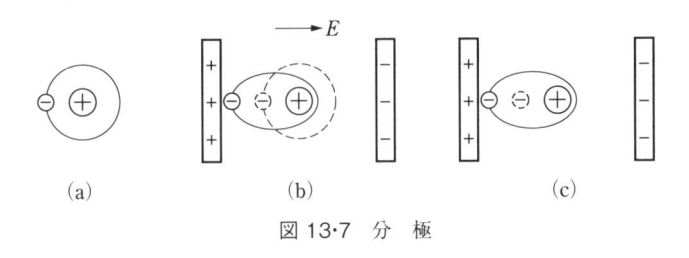

図 13·7　分　極

　以上は単に1原子についてのみ考えたのであるが，誘電体全体では多くの原子がこのような双極子になり，図13・8(a)のように配列することになる．この場合，誘電体の内部では正電荷（＋）と負電荷（－）が互いに接しているので，打ち消し合って中性の状態になり，図(b)のように両端に分極した電荷が現れる．

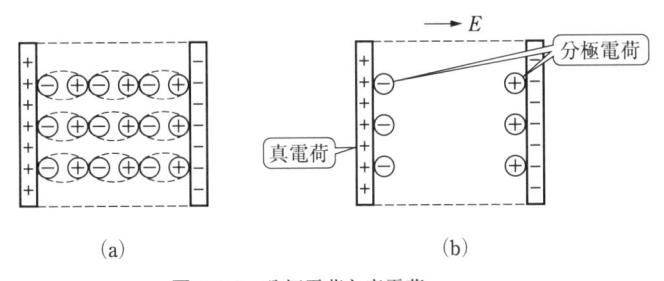

図 13·8　分極電荷と真電荷

このような電荷は，分極によって現れてくる電荷であるから，自由電子によって現れる**真電荷**（true electric charge）と異なり，自由に取り出すことはできない．このため，これを特に**分極電荷**（polalization charge）という．したがって，図(b)のように，真電荷と極性の異なる分極電荷が接していても中和して消滅することはない．

（2）分極電荷と電界の強さ

ここで，分極電荷が電界の強さに与える影響について考えてみよう．図13・9(a)のように面積 S [m²] の金属平行板を真空中に向かい合わせておき，これに Q [C] を与える．このときの電界の強さ E_0 は式(13・9)で学んだように，

$$E_0 = \frac{Q}{\varepsilon_0 S} \text{ [V/m]} \tag{13・24}$$

である．ところが，図(b)のように誘電体を入れると，分極電荷 Q' [C] が現れる．この結果，見かけは真空中にある電極上に $Q-Q'$ [C] の電荷があるときと同じことになり，電界の強さ E は，

$$E = \frac{Q-Q'}{\varepsilon_0 S} \text{ [V/m]} \tag{13・25}$$

になる．したがって，常に $E_0 > E$ の関係が生じる．このことから極板に蓄えられている電荷が一定の場合，誘電体内部の電界は真空の場合より小さくなるということができる．

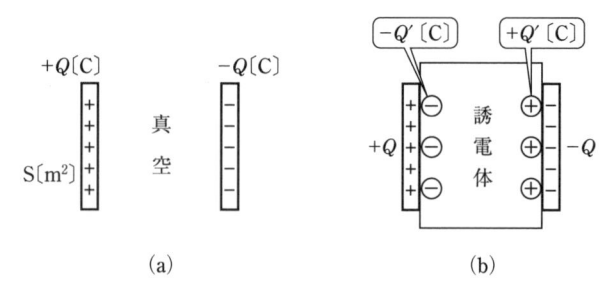

図 13・9 電荷が一定のときの分極電荷

13・4 電解中の誘電体の働き

（3）誘電体を用いるとなぜ静電容量が大きくなるのか

誘電体を用いたときの静電容量は真空の場合より大きくなることはすでに学んだが，ここでその理由について考えてみよう．

まず，図13・10(a)のように真空中に面積 S [m²] の2枚の電極を平行に l [m] の間隔に離しておき，これに V [V] の電圧を加えたとき，極板上に Q_0 [C] の電荷が蓄えられたとするとする．このときの電界の強さ E は，電圧 V が一定なら誘電体に関係なく一定で，式(12・45)から次のようになる．

$$E = \frac{V}{l} = \frac{Q_0}{\varepsilon_0 S} \text{ [V/m]} \tag{13・26}$$

次に，図(a)の極板間に図(b)のように誘電体を入れれば，誘電体は分極して，図(b)のように Q' [C] の分極電荷を生じる．このとき，もし極板上の真電荷がもとのままであるとすると，全体として $Q_0 - Q'$ の電荷のある真空の場合と同じになり，電界の強さは小さくなってしまう．しかし供給電圧 V が一定であるから，電界の強さ E は一定でなければならない．このため極板上の真電荷は図(b)のように Q' だけ増加し，全体の真電荷 Q は，

$$Q = Q_0 + Q' \tag{13・27}$$

になる．すなわち，電界の強さが一定の場合に，平行電極間に蓄えられる電荷は，誘電体を用いると真空の場合より分極電荷に相当する真電荷 Q' が余分に蓄えられる．

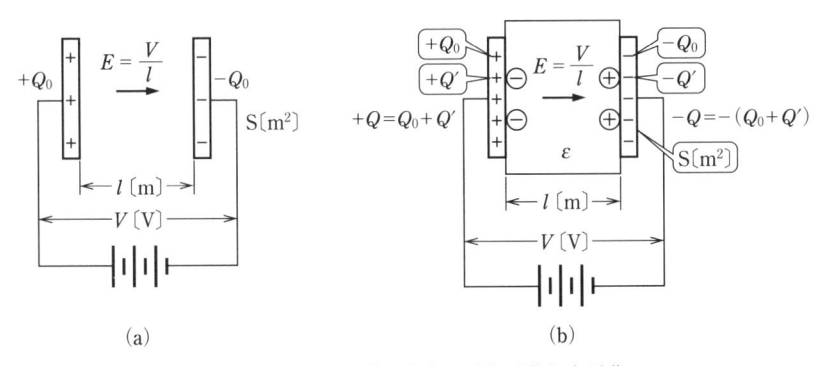

(a)   (b)

図 13·10　電荷の強さが一定のときの分極電荷と真電荷

そして真空の場合の静電容量 C_0,誘電体を用いたときの静電容量を C とすれば式(13・23)から,$C=\varepsilon_r C_0$ の関係があるから,

$$Q=CV=\varepsilon_r C_0 V=\varepsilon_r Q_0 \tag{13・28}$$

したがって,余分に蓄えられる電荷 Q' は,

$$Q'=Q-Q_0=\varepsilon_r Q_0 - Q_0 =(\varepsilon_r-1)Q_0 \tag{13・29}$$

となる.すなわち,電圧が一定の場合は比誘電率 ε_r の誘電体を用いると,真空の場合に比べて (ε_r-1) 倍の電荷が余分に蓄えられるということができる.

さらに,誘電体内の電束密度を調べてみると,

$$D=\frac{Q}{S}=\frac{\varepsilon_r Q_0}{S}=\frac{\varepsilon_0 \varepsilon_r Q_0}{\varepsilon_0 S}=\varepsilon_0 \varepsilon_r E \;[\text{C/m}^2] \tag{13・30}$$

ただし,$E=\dfrac{Q_0}{\varepsilon_0 S}\;[\text{V/m}]$

となり,一般の誘電体の中では式(12・21)の関係が成り立つこともわかる.

13・5 コンデンサ

一般に静電容量を得る目的でつくられた装置(素子)を**コンデンサ**(**蓄電器**)(condenser)あるいは**キャパシタ**(capacitor)という.

コンデンサは特殊な場合を除き,平行板間の静電容量を利用するものが多い.これらの平行板間の静電容量 C は式(13・11)で学んだように,

$$C=\frac{\varepsilon S}{l}=\frac{\varepsilon_0 \varepsilon_r S}{l}=8.854\times 10^{-12}\frac{\varepsilon_r S}{l}\;[\text{F}] \tag{13・31}$$

で表される.したがって,コンデンサは誘電体の誘電率 ε(あるいは比誘電率 ε_r),極板の対向面積 S,両極板の間隔 l を変えることによって,適当な静電容量を得ることができる.しかし,一般に誘電体の種類は,その使用目的によって性質や価格などの関係から定まり,また極板の間隔 l は両極板に加える電圧によって,絶縁破壊の強さの関係から定まってくる.このため一般には極板の対向面積を変えて適当な静電容量を得る場合が多い.

13・6 コンデンサの種類と構造

前節でも少し説明したが,コンデンサは使用電圧,用途,使用している誘電体,構造などの違いによって,いろいろなものがある.

(1) 構造による分類

構造によって分類すると,巻回形コンデンサ,積層形コンデンサ,電界コンデンサなどがある.
- 巻回形コンデンサ:図 13・11(a)のように,長い紙などの誘電体(絶縁物)の両面に金属はくをはり,これを誘電体で絶縁して,小形にするために筒型に巻いたもので,一番外側の部分を除いて金属はくの両面が対向面積として利用される.
- 積層形コンデンサ:図(b)のように,スズやアルミニウムなどの金属はくと誘電体を交互に重ね,これを並列に接続した構造のものである.
- 電解コンデンサ:高純度のアルミニウムなどの金属を陽極とし,電解液中で電流を流したとき,その表面に形成される酸化金属を誘電体とするコンデンサである.一般に小形で大容量が得られるが,極性があり,普通は直流回路専用である.

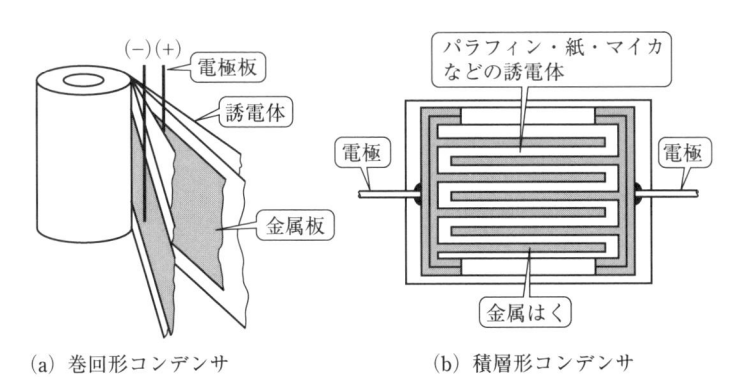

(a) 巻回形コンデンサ　　(b) 積層形コンデンサ
図 13・11　巻回形コンデンサと積層形コンデンサの構造

（2） 誘電体の種類による分類

使用されている誘電体によって分類すると，空気コンデンサ，紙コンデンサ，マイカコンデンサ，プラスチックコンデンサ，磁器コンデンサなどがある．

図 13・12 はマイカコンデンサと磁器コンデンサの構造を示したものである．

紙コンデンサなどでは，使用中に湿気を含んで絶縁不良を起こすのを防ぐため，真空中で加熱乾燥した後，パラフィンあるいは絶縁油を含ませる．この処理の仕方でパラフィンコンデンサ，油入コンデンサなどと呼ばれる．

(a) マイカコンデンサ　　(b) 磁器コンデンサ

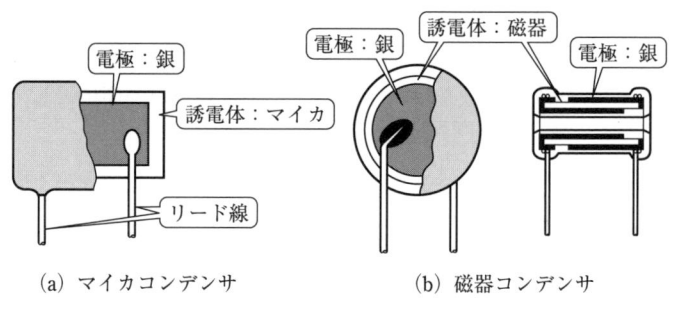

図 13・12　各種コンデンサの構造例

（3） 静電容量の変化の仕方による分類

コンデンサを使用する場合，用途によって静電容量を変化させたい場合がある．このような場合，静電容量の変化できるコンデンサを**可変コンデンサ**（variable capacitor）または**バリコン**という．これに対して静電容量が一定のコンデンサを**固定コンデンサ**（fixed capacitor）という．

なお，可変コンデンサの一種に，可変容量ダイオードがある．これは，半導体の性質を応用したもので，電極間に加えた電圧の大きさによって静電容量が変化するものである．

また，固定コンデンサと可変コンデンサの中間のもので，図 13・13 のような，ねじを回して電極間隔などをかえて静電容量を調整し，目的の値になったときに固定して使用する**半固定コンデンサ**などもある．

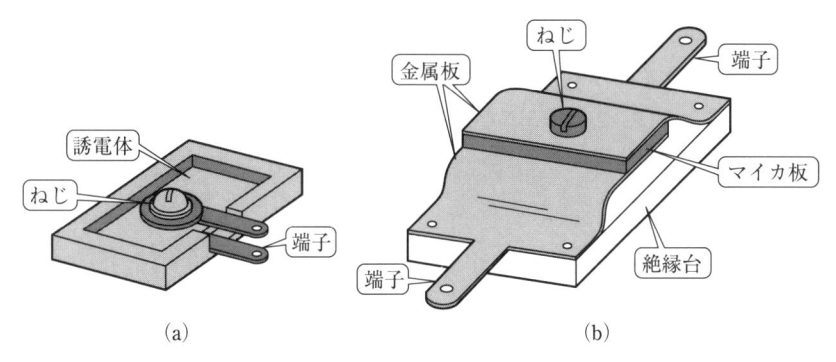

13・6 コンデンサの種類と構造

図 13・13 半固定コンデンサ

（4） 用途による分類

コンデンサを用途によって大きく分類すると，電力用コンデンサ，電気機器用コンデンサ，電子機器用コンデンサなどになる．

（5） コンデンサの表示

回路図などでコンデンサを表示する場合には電気用図記号を用いるが，一般にコンデンサを表すには図 13・14（a）①の図記号を用いる．②は可変容量コンデ

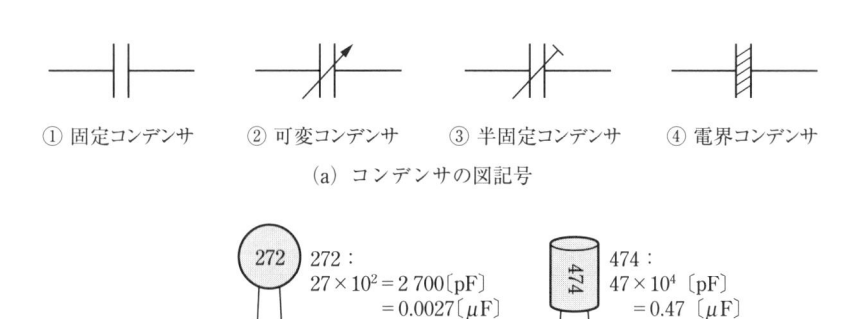

① 固定コンデンサ　② 可変コンデンサ　③ 半固定コンデンサ　④ 電界コンデンサ
(a) コンデンサの図記号

272：
$27 \times 10^2 = 2\,700$ 〔pF〕
$= 0.0027$ 〔μF〕

474：
47×10^4 〔pF〕
$= 0.47$ 〔μF〕

(b) 静電容量の表記例

図 13・14 コンデンサの図記号と静電容量の表記の例

ンサ，③は半固定コンデンサ，また④は電解コンデンサを表す図記号である．

また，コンデンサに静電容量を表記する場合，小形のものでは3桁の数字で表すことがある．例えば，図(b)の272は27×10^2 pF，474は47×10^4 pFのことである．単位がピコファラド（単位記号：pF）であることに注意しなければならない．

なお，このほかに，電解コンデンサなどには，使用に耐える電圧（耐圧）の表記がされている．

13・7 コンデンサの接続法

ここで多くのコンデンサを直列，あるいは並列に接続した場合の合成静電容量や電荷，電圧の加わり方などについて調べてみることにしよう．

(1) コンデンサの並列接続

図13・15(a)のように，静電容量がそれぞれ C_1，C_2，C_3 [F] の3個のコンデンサを並列に接続し，これに V [V] の電圧を供給したものとしよう．この場合，各コンデンサの両導体間には，いずれも V [V] の電圧が供給されているから，各コンデンサにはそれぞれ，

$$Q_1 = C_1 V \quad , \quad Q_2 = C_2 V \quad , \quad Q_3 = C_3 V \qquad (13・32)$$

の正，負の電荷が充電される．この場合，全体の電荷 Q_t はコンデンサの電荷の

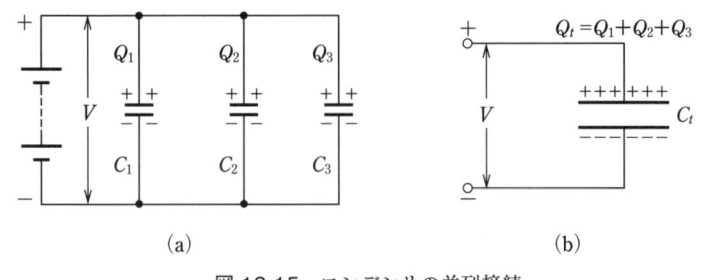

図13・15 コンデンサの並列接続

和になり，
$$Q_t = Q_1 + Q_2 + Q_3 = C_1 V + C_2 V + C_3 V = (C_1 + C_2 + C_3) V \quad (13 \cdot 33)$$
になる．ゆえに，これを図(b)のように1個の合成静電容量 C_t におきかえて考えれば，
$$C_t = \frac{Q_t}{V} = \frac{(C_1 + C_2 + C_3) V}{V} = C_1 + C_2 + C_3 \quad (13 \cdot 34)$$
となる．これは3個のコンデンサについて考えたが，一般に C_1, C_2, C_3, …, C_n の n 個のコンデンサを並列に接続したときの合成静電容量 C_t は，
$$C_t = C_1 + C_2 + C_3 + \cdots + C_n \,[\text{F}] \quad (13 \cdot 35)$$
となる．すなわち，コンデンサを並列に接続した場合の合成静電容量は，各コンデンサの静電容量の総和となる．また，式(13・32)から，
$$Q_1 : Q_2 : Q_3 = C_1 V : C_2 V : C_3 V = C_1 : C_2 : C_3 \quad (13 \cdot 36)$$
の関係を得る．すなわち，コンデンサを並列に接続したとき，各コンデンサに蓄えられる電荷の量の比は，各コンデンサの静電容量の比に等しいことがいえる．

以上は3個のコンデンサの並列接続について考えたが，この関係は任意の個数のコンデンサの並列接続の場合についても成り立つものである．

例題 13・3

静電容量が $5\,\mu\text{F}$，$3\,\mu\text{F}$，$7\,\mu\text{F}$，$4\,\mu\text{F}$ の4個のコンデンサを並列に接続したときの，合成静電容量を求めなさい．

解答 コンデンサを並列に接続した場合の合成静電容量 C_t は，各コンデンサの静電容量の総和となるので，式(13・35)より，
$$C_t = C_1 + C_2 + C_3 + C_4 = 5 \times 10^{-6} + 3 \times 10^{-6} + 7 \times 10^{-6} + 4 \times 10^{-6}$$
$$= (5 + 3 + 7 + 4) \times 10^{-6} = 19 \times 10^{-6} \,[\text{F}] = 19 \,[\mu\text{F}]$$

問 13・3 静電容量がそれぞれ $0.1\,\mu\text{F}$，$0.2\,\mu\text{F}$，$0.3\,\mu\text{F}$ の3個のコンデンサを並列に接続して，これに500Vの直流電圧を加えたとき，蓄えられる電荷はいくらか．

(2) コンデンサの直列接続

静電容量がそれぞれ C_1, C_2, C_3 [F] の3個のコンデンサを図 13・16(a) のように接続し，これに V [V] の電圧を加えた場合について考えてみよう．

このとき電源に直接接続されている極板 a, f に Q [C] が蓄えられたとすれば，中間の b, c および d, e の極板には静電誘導により，それぞれ等量の $+Q$ [C] と $-Q$ [C] の電荷が誘導される．すなわち，コンデンサを直列に接続したときは，静電容量に関係なく各コンデンサに等しい電荷が蓄えられる．したがって，各コンデンサの両端の電位差を V_1, V_2, V_3 [V] とすれば，

$$V_1 = \frac{Q}{C_1} , \quad V_2 = \frac{Q}{C_2} , \quad V_3 = \frac{Q}{C_3} \tag{13・37}$$

この和が全体の供給電圧 V に等しくなるはずであるから，

$$V = V_1 + V_2 + V_3 = \frac{Q}{C_1} + \frac{Q}{C_2} + \frac{Q}{C_3} = \left(\frac{1}{C_1} + \frac{1}{C_2} + \frac{1}{C_3}\right)Q \tag{13・38}$$

このときの全電荷 Q_t は b, c および d, e の電荷は合成すると 0 になるから，図 (b) のように a, f の極板上の電荷と同じになる．したがって，全電荷 Q_t はそれぞれの電荷 Q と同じになる．ゆえに合成静電容量を C_t とすれば，

$$C_t = \frac{Q_t}{V} = \frac{Q}{V} = \frac{1}{\dfrac{1}{C_1} + \dfrac{1}{C_2} + \dfrac{1}{C_3}} \text{[F]} \tag{13・39}$$

となる．これは3個のコンデンサについて考えたが，一般に C_1, C_2, C_3, …，

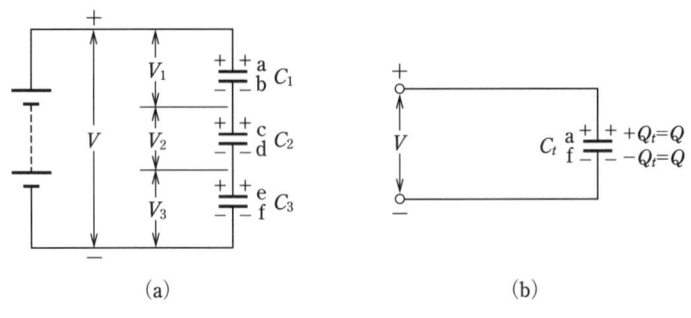

図 13・16 コンデンサの直列接続

C_n の n 個のコンデンサを直列に接続したときの合成静電容量 C_t は，

$$C_t = \frac{1}{\dfrac{1}{C_1} + \dfrac{1}{C_2} + \dfrac{1}{C_3} + \cdots + \dfrac{1}{C_n}} \ [\text{F}] \tag{13・40}$$

となる．すなわち，コンデンサを直列に接続した場合の合成静電容量は，各コンデンサの静電容量の逆数の和の逆数になる．

また，式(13・37)から，

$$V_1 : V_2 : V_3 = \frac{Q}{C_1} : \frac{Q}{C_2} : \frac{Q}{C_3} = \frac{1}{C_1} : \frac{1}{C_2} : \frac{1}{C_3} \tag{13・41}$$

の関係を得る．すなわち，コンデンサを直列に接続したとき，各コンデンサに加わる電圧の比は，静電容量の逆数の比に等しいことがいえる．

以上は3個のコンデンサの直列接続について考えたが，この関係は任意の個数のコンデンサの直列接続の場合についても成り立つものである．

参考 2個のコンデンサの直列接続の合成静電容量

式(13・40)から，

$$C_t = \frac{1}{\dfrac{1}{C_1} + \dfrac{1}{C_2}} = \frac{C_1 C_2}{C_1 + C_2} \ [\text{F}] \quad (\text{和分の積}) \tag{13・42}$$

となり，抵抗の並列接続の合成抵抗を求める式と全く同じ形となる．

例題 13・4

静電容量 $0.5\ \mu\text{F}$，$1.5\ \mu\text{F}$，$3\ \mu\text{F}$ の3個のコンデンサを，直列に接続した場合の合成静電容量を求めなさい．

解答 式(13・38)から合成静電容量 C_t は，

$$C_t = \frac{1}{\dfrac{1}{C_1} + \dfrac{1}{C_2} + \dfrac{1}{C_3}} = \frac{1}{\left(\dfrac{1}{0.5} + \dfrac{1}{1.5} + \dfrac{1}{3}\right) \times \dfrac{1}{10^{-6}}}$$

$$= \frac{1}{\dfrac{6+2+1}{3} \times 10^6} = \frac{1}{3} \times 10^{-6} \fallingdotseq 0.33 \times 10^{-6}\ [\text{F}] = 0.33\ [\mu\text{F}]$$

問 13・4 静電容量 $4\,\mu\mathrm{F}$, $6\,\mu\mathrm{F}$ の 2 個のコンデンサを直列に接続した場合の合成静電容量を求めなさい．

13・8　コンデンサに流れる電流

　コンデンサに直流や交流の電圧を加えたとき，どのような電流が流れるか，最も簡単な場合について考えてみることにしよう．

（1）コンデンサに直流電圧を加えたときの過渡現象

　図 13・17 のように，コンデンサ C に検流計 G を通じて直流電源を接続する．まず，スイッチ K を a 側に閉じると，その瞬時だけ電流が流れ G が振れるが，その後は電流は流れない．次にスイッチ K を b 側へ閉じると，閉じた瞬時だけ G が前と反対に振れ，電流が前の場合と逆方向に流れるのを実験することができる．次に，この理由について調べてみよう．

　図 13・17 では抵抗がないように表しているが，実際は導線その他に多少の抵抗 R があるので，スイッチ K を a 側に閉じたときの回路は図 13・18 のような回路になる．この場合，電圧を加えた瞬時にはコンデンサには電荷がなく，電流を制限するものは抵抗 R だけである．したがって，この瞬時に流れる電流は $I = V/R$ で，供給電圧は全部抵抗中の電圧降下に費やされる．このように電流が流れると，コンデ

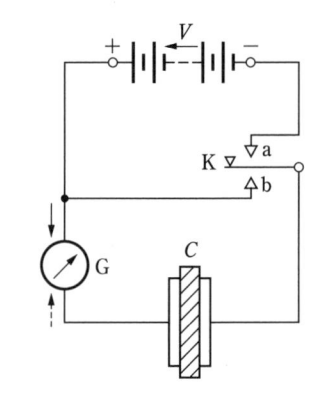

図 13・17　コンデンサに流れる電流

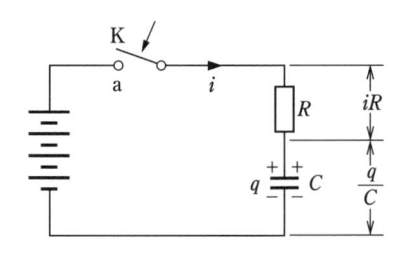

図 13・18　$R \cdot C$ の直列回路に直流電圧を加えたときの過渡現象

サは充電され電荷 q が蓄えられ始める．このときは，

$$V = iR + \frac{q}{C} \quad \therefore \quad i = \frac{V - \frac{q}{C}}{R} \quad (13 \cdot 43)$$

の関係が成立し，電流 i は V/R より小さくなる．そして電流が流れるにしたがって q は大きくなるので，電流 i はしだいに減少し，最後に $q = CV$ になると電流は 0 になる．この時間中の電流 i と電荷 q の変化を表すと，図 13・19(a)のようになる．また，この一定電圧 V で充電されたコンデンサを放電する場合，すなわち図 13・17 でスイッチ K を b 側に閉じたときは，いままでと同じような考え方から，電気量および放電電流は図 13・19(b)のようになり，ついには 0 になる．

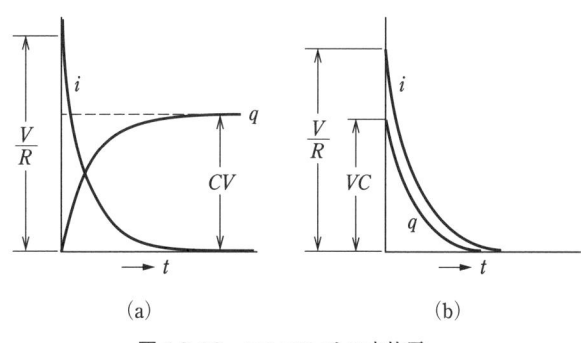

図 13・19　コンデンサの充放電

このように直流電圧を加えたとき，あるいは充電したコンデンサが放電するとき，放電電流や電荷が一定の定常状態なるまでの現象を，**過渡現象**（transient phenomena）という．この過渡現象に関しては回路理論で詳しく学んでいただきたい．

(2) コンデンサに交流電圧を加えたとき流れる電流

コンデンサに直流電圧を加えるとき，定常状態では電流が 0 になることを学んだが，交流電圧を加えた場合は引き続いて電流が流れるものである．これについ

第13章　静電容量とコンデンサ

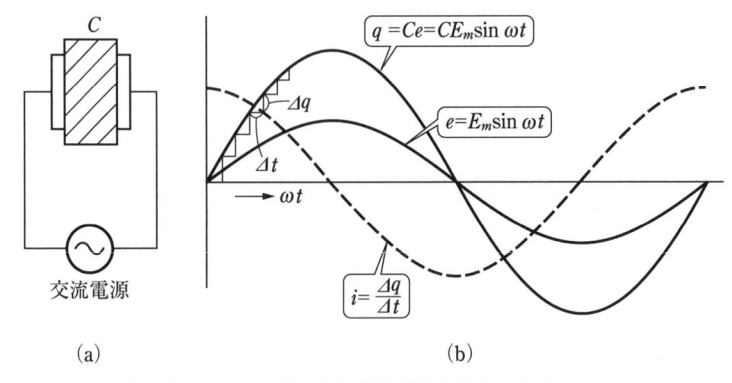

図 13・20　コンデンサに変流電圧を加えたとき

ては，回路理論で詳しく学ぶこととして，ここでは簡単に調べていこう．

コンデンサCに図13・20(a)のように，正弦波形の起電力 $e=E_m\sin\omega t$ を供給した場合，電荷 q は式(13・4)′ によって，

$$q=Ce=CE_m\sin\omega t \tag{13・44}$$

となり，図(b)のように正弦波状に変化する．このとき導体に流れる電流 i は，$\varDelta t$ 秒間に $\varDelta q$ [C]の電荷が変化したとすれば，式(1・1)で学んだように，

$$i=\frac{\varDelta q}{\varDelta t} \text{[A]} \tag{13・45}$$

で表される．したがって，各瞬時における電荷は図(b)の点線のような電流が流れることになる．この電流はコンデンサが充電あるいは放電するときに，電荷の移動によって生じる導体中の充放電電流を表している．このとき流れる電流は，この導体中ばかりでなく，誘電体の内部にも一種の電流が流れて，その周囲に磁界をつくることが知られている．この誘電体に流れる電流は，$\varDelta t$ 秒間に $\varDelta D$ [C/m²]の電束密度が変化したとすれば 1 m² 当たり，

$$i_0=\frac{\varDelta D}{\varDelta t}=\frac{\varepsilon\varDelta E}{\varDelta t} \text{[A/m}^2\text{]} \tag{13・46}$$

になることが知られている．したがって，誘電体の断面積が S [m²]なら，誘電体中に流れる電流 i' は，

$$i' = i_0 S = \frac{\Delta D}{\Delta t} S = \frac{\Delta q}{\Delta t} \text{ [A]} \qquad (13 \cdot 47)$$

になり，導体の電流と同じ大きさの電流が流れると考えることができる．この場合，導体に流れる電流を**伝導電流** (conduction current)，誘電体を流れる電流を**変位電流** (displacement current) という．

したがって，この両者を合わせて考えると，コンデンサに交流電圧を加えると導体と誘電体を通じて電流が流

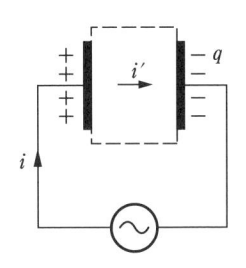

図 13・21 変位電流

れるとも考えることができる．これをふつうコンデンサの**充電電流** (charging current) という．

変位電流は以上のように考えられるので，交流電圧によって変化する電気力線あるいは電束が生じると，その方向に変位電流が流れ，その周囲に磁界をつくる．すなわち，変位電流は空気中でも絶縁物の中でも流れ，その周囲に磁界をつくるものと考えることができる．このように変位電流によってできる磁界のことを**誘導磁界** (induction magnetic field) という．

参考　コンデンサに正弦波交流電圧を加えたとき，コンデンサに流れる電流の位相が電圧の位相より $\pi/2$ [rad](90°) 進む理由

いま，正弦波交流電圧を $e = E_m \sin \omega t$ [V] をコンデンサに加えた場合，電荷 q は，

$$q = Ce = CE_m \sin \omega t \qquad (13 \cdot 48)$$

となる．したがって，図 13・20 の回路に流れる電流 i は，

$$i = \frac{dq}{dt} = \frac{dCE_m \sin \omega t}{dt} = CE_m \frac{d \sin \omega t}{dt} = \omega CE_m \cos \omega t$$

$$= \omega CE_m \sin\left(\omega t + \frac{\pi}{2}\right) = I_m \sin\left(\omega t + \frac{\pi}{2}\right) \text{ [A]} \qquad (13 \cdot 49)$$

ただし，$I_m = \omega CE_m$

したがって，電圧 $e = E_m \sin \omega t$ [V] に対して，回路に流れる電流は $i = I_m \sin(\omega t + \pi/2)$ [A] ということで，電流が電圧より $\pi/2$ [rad](90°) 進んでいるのがわかる．

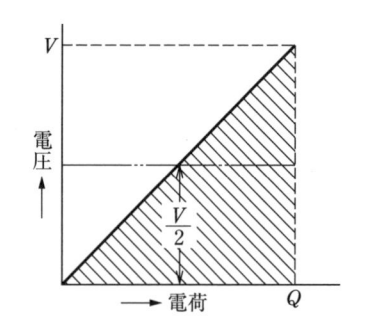

第13章　静電容量とコンデンサ

13・9　コンデンサに蓄えられるエネルギー

図13・22のようにスイッチをa側に閉じて静電容量C〔F〕のコンデンサにV〔V〕の電圧を加えれば，式(13・4)によって，$Q=CV$〔C〕の電荷が蓄えられる．このときスイッチをb側に閉じれば（＋）と（－）の電荷は抵抗Rを通じて放電し，電流iが流れ抵抗Rの中の熱エネルギーとして消費され，コンデンサにエネルギーが蓄えられていたことがわかる．

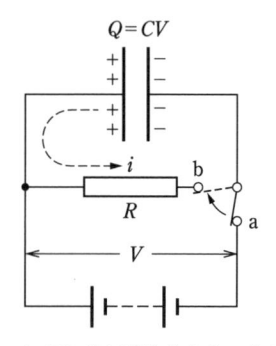

図 13・22　コンデンサに蓄えられるエネルギー (1)

次にこの充電されたコンデンサに蓄えられるエネルギーについて調べてみよう．

静電容量C〔F〕のコンデンサに蓄えられる電荷は電圧に比例する．したがって，コンデンサの両極板に加える電圧を0からしだいに増加してV〔V〕にしたときの電荷は，図13・23のように，0からしだいに増加して最後に$Q=CV$〔C〕の電荷が蓄えられる．この場合，電位差を0からV〔V〕まで変化したということは，平均して$V/2$〔V〕の一定電圧を加えたのと全く同じことである．

図 13・23　コンデンサに蓄えられるエネルギー (2)

したがって，電源は $V/2$〔V〕の一定電圧で Q〔C〕の電荷を極板上に移動させるのに要するエネルギーを与えたことになる．このエネルギーは電圧×電荷で表されるから，$V/2$〔V〕の電圧によって Q〔C〕の電荷を移動させるのに要するエネルギー W は次のようになる．

$$W = \frac{1}{2}QV \text{〔J〕} \tag{13・50}$$

このエネルギーは結局誘電体の中に静電エネルギーの形で蓄えられている．なお，式(13・50)は $Q=CV$ の関係を代入すると，

$$W = \frac{1}{2}CV^2 = \frac{Q^2}{2C} \text{〔J〕} \tag{13・51}$$

の形でも表すことができる．

次に，この静電エネルギーが誘電体内の電界とどんな関係があるか調べてみよう．いま静電容量 C〔F〕が図 13・24 のような平行板コンデンサであるとすれば，式(13・11)から，

$$C = \frac{\varepsilon S}{l} \text{〔F〕} \tag{13・52}$$

となる．また，電界の強さ E〔V/m〕とすれば，式(13・51)は，

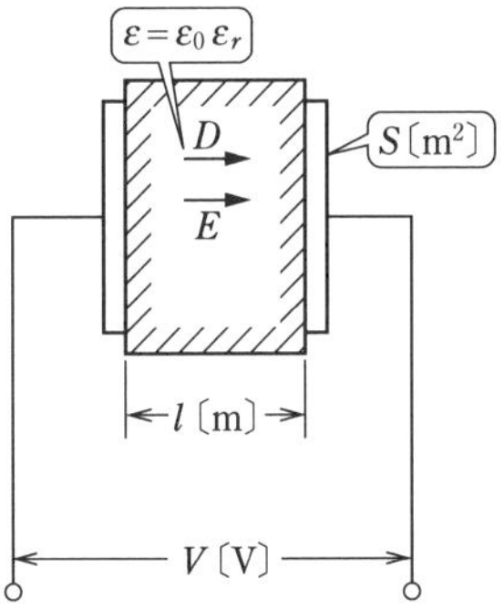

$$W = \frac{1}{2}CV^2 = \frac{1}{2} \cdot \frac{\varepsilon S}{l} \cdot (El)^2$$

$$= \frac{1}{2}\varepsilon E^2 Sl = \frac{1}{2}DESl \text{〔J〕} \tag{13・53}$$

図 13・24 誘電体に蓄えられるエネルギー

で表すこともできる．

この場合 Sl〔m³〕は両極板間の誘電体の体積であるから，1 m³ の単位体積中に蓄えられるエネルギー w は次のようになる．

$$w = \frac{W}{Sl} = \frac{1}{2}\varepsilon E^2 = \frac{1}{2}DE \text{〔J/m³〕} \tag{13・54}$$

第13章　静電容量とコンデンサ

例題 13・5

30 μF の静電容量をもつコンデンサに 200 V の直流電圧を加えたとき，コンデンサに蓄えられる電荷およびエネルギーはいくらか．

[解答] コンデンサに蓄えられる電荷は式(13・4)を変形して，
$$Q = CV = 30 \times 10^{-6} \times 200 = 0.006 = 6 \times 10^{-3} \text{ [C]}$$
このとき，コンデンサに蓄えられるエネルギーは，式(13・50)より，
$$W = \frac{1}{2}QV = \frac{1}{2} \times 6 \times 10^{-3} \times 200 = 0.6 \text{ [J]}$$

[別解] 式(13・51)から，コンデンサに蓄えられるエネルギーを求める．
$$W = \frac{1}{2}CV^2 = \frac{1}{2} \times 30 \times 10^{-6} \times 200^2 = 0.6 \text{ [J]}$$

問 13・5　コンデンサに 30 V の電圧を加えたら，10×10^{-3} C の電荷が蓄えられた．このコンデンサの静電容量はいくらか．また，このコンデンサに蓄えられるエネルギーはいくらか．

13・10　静電吸引力

正，負の点電荷相互間に働く静電力はクーロンの法則によって知ることができるが，ここで面積のある平行板に蓄えられた電荷の相互間の静電力について調べてみよう．

図 13・25 のように，l [m] 離れた面積 S [m^2] の a，b 2枚の平行板に電圧 V [V] を加え，Q [C] の電荷が蓄えられれば，この電荷相互間には静電力が働き，両極板は互いに吸引しあう．

いま，板 a を固定しておいたとき，板 b が F [N] の力で吸引され Δl [m] 動いたと

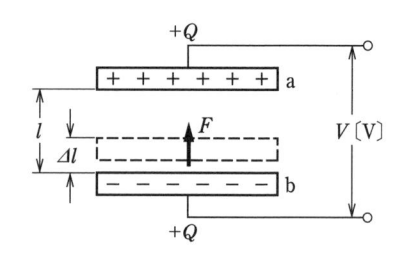

図 13・25　静電吸引力

すれば $F\Delta l$ [J] の仕事をする．この仕事は別なほうから考えれば，b板が Δl [m] 動くことによって，$S\Delta l$ [m³] に蓄えられた電界のエネルギーが減少して，機械的な仕事に変換されたものと考えることができる．この減少したエネルギー Δw は，電界の強さが E [V/m]，電束密度が D [C/m²] の平等電界とすれば，式(13・54)の $S\Delta l$ 倍になるから，

$$\Delta w = \frac{1}{2}DE \cdot S\Delta l \text{ [J/m³]} \tag{13・55}$$

である．このエネルギーは $F\Delta l$ と等しくなければならないから，

$$F\Delta l = \frac{1}{2}DE \cdot S\Delta l \tag{13・56}$$

$$\therefore \quad F = \frac{1}{2}DES = \frac{D^2 S}{2\varepsilon} \text{ [N]} \tag{13・57}$$

また，$D = \varepsilon E = \varepsilon \dfrac{V}{l}$ の関係があるから上式は，

$$F = \frac{\left(\varepsilon \dfrac{V}{l}\right)^2 S}{2\varepsilon} = \frac{\varepsilon V^2 S}{2l^2} \text{ [N]} \tag{13・58}$$

で表すことができる．すなわち，静電力は極板間に加えた電圧の2乗に比例するということがわかる．この電圧の2乗に比例した静電力を利用したものに，静電電圧計などがある．

13・11 圧電効果

水晶，ロシェル塩，チタン酸バリウム等の特殊な結晶は，これに機械的なひずみ力を与えると，その物質の中に電気分極を生じ，また逆に外部から電界を与えるとひずみを生じる現象がある．これを**圧電効果**（piezoelectric effect）または**ピエゾ電気効果**という．機械的ひずみを与えると電気分極を生じる現象を**圧電正効果**，この逆を**圧電逆効果**という．

このひずみと電気分極の関係はその結晶の状態によって方向性をもっている．すなわち，図13・26(a)のようにひずみ力を与えたとき，電気分極が力と同じ

第13章　静電容量とコンデンサ

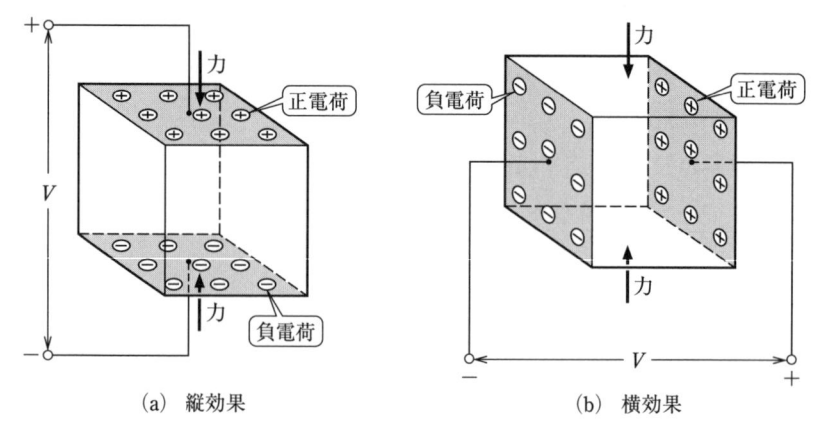

(a) 縦効果　　　　　　(b) 横効果

図 13・26　圧電効果

方向に生じたり，図(b)のように力と垂直の方向に生じたりする．図(a)のように，機械的ひずみ力を与えると，その方向と同一方向に電荷を生じるものを**縦効果**といい，図(b)のように，ひずみ力と電荷生じる方向が垂直になるものを**横効果**という．

この圧電効果は，マイクロホン，圧力計，ガス点火器，スピーカ，発信機用振動子（超音波用）その他に広く利用されている．

13・12　放電現象

一般に電荷をもっているものが，その電荷を失う現象を**放電**（discharge）という．ここでは電荷が，空気やその他の絶縁物の絶縁を破壊して生じる放電現象，特に気体中の放電現象について調べていくことにしよう．

（1）絶縁破壊

二つの電極の間に絶縁物をおき，電極の間に電圧を加えてもほとんど電流が流れない．ところが絶縁物に加わる電圧が高くなったり，ある条件になると絶縁が破壊されて大電流が流れる．このように絶縁物がその性質を失って電気を通すよ

うになることを**絶縁破壊**（breakdown）といい，この現象を**放電現象**という．そして，その絶縁物が絶縁破壊を起こす電圧を**絶縁破壊電圧**（breakdown voltage）という．そのときの電界の強さ，すなわち電位の傾きを**絶縁破壊の強さ**（dielectric breakdown strength）または**絶縁耐力**（dielectric strength）という．

一般に絶縁破壊の強さは電位の傾きの大小によるばかりでなく，絶縁物の種類，温度，湿度，気圧，その他の条件によって異なってくる．表13・2 に各種の物質の絶縁破壊の強さの例を示す．

表13・2 物質の絶縁破壊の強さ

物 質	絶縁破壊の強さ 〔kV/mm〕	物 質	絶縁破壊の強さ 〔kV/mm〕
石英ガラス	20〜40	パラフィン	8〜12
ゴム		プラスチックス	
クロロプレンゴム	10〜15	エポキシ	16〜22
シリコーンゴム	5〜25	ポリ塩化ビニル(軟)	10〜30
天然ゴム	20〜30	〃　　　(硬)	17〜50
セラミックス		テフロン	20
アルミナ	10〜16	ナイロン	15〜20
ステアタイト	8〜14	ポリエチレン	18〜28
長石磁器（素地）	10〜15	ポリスチレン	20〜30

〔注〕 絶縁破壊の強さは，1〜3 mm の板状試料について商用周波数で得た値である．
（理科年表 2006 年度版）

（2）火花放電

図13・27 のように空気中に 2 枚の平板電極を平行に向かい合わせておき，これに直流電圧 V を加えると，極めてわずかな電流が流れる．このとき，直流電圧 V をしだいにあげていって，そのときの電圧と電流との関係を調べてみると，図13・28 のような変化をする．

このように，大気を通じて極めてわずかではあるが，電流が流れるのは大気中には宇宙線や放射性物質によって生じたわずかのイオンや電子があり，電極間に電圧を加えると，これらが移動して電流を生じるためである．このような状態では，電流が流れていても光を発しないので，**暗電流**（dark current）という．

第13章　静電容量とコンデンサ

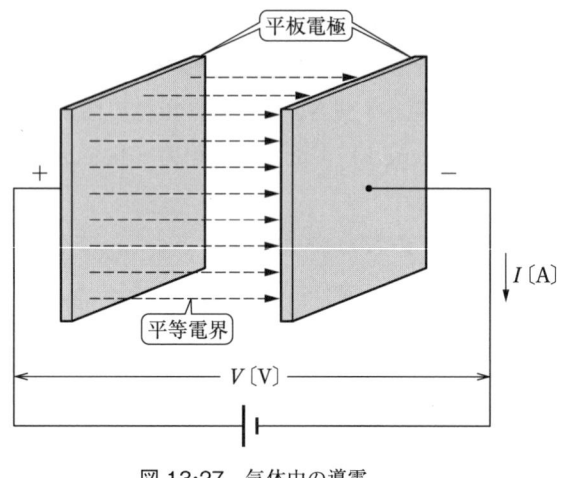

図13・27　気体中の導電

図13・28のAの部分より電圧をさらに高くして電界を強くすると，イオンや電子が電界で加速されて激しく気体の分子に衝突をしてこれを電離し，新たに多くのイオンや電子を生じ，ついに気体の絶縁が破壊して，火花を伴った放電を生じる．これを**火花放電**（spark discharge）という．

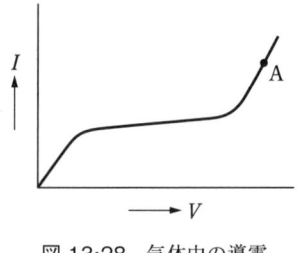

図13・28　気体中の導電

一般に火花放電は短時間に消滅するものである．しかし，電源の電圧降下が少なければ，引き続いて電流が流れ強烈な光を生じ，通路の絶縁が全面的に破壊され，放電の最終形である最も激しいアーク放電（後で学ぶ）に移行する．

（3）**コロナ放電**

電極間で平等電界の場合には，電圧を高くしていくと全面が同時に絶縁破壊を起こし火花放電となる．しかし，図13・29(a)のように，針状電極と平板電極を数cm以下で離して向かい合わせて直流電圧を加え，その値をしだいに大きくしていくと，図(b)のように針状電極の先端の電界の強さが他の部分の電界より

図 13·29　コロナ放電

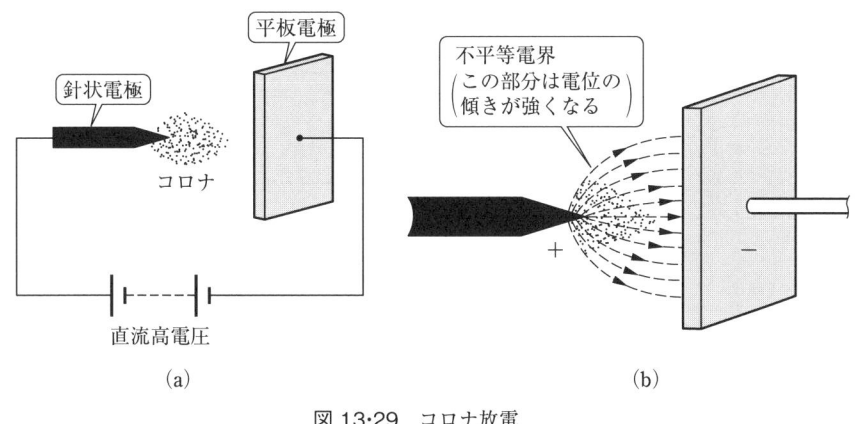

大きくなり，この部分のみが電離して局所的に絶縁破壊を起こし放電し，かすかな光を生じるようになる．このような放電を**コロナ放電**（corona discharge）という．

（4）グロー放電

　図 13·30 のように，ガラス管の両端に電極を封入し，管内の気圧を数千 Pa くらいにして，電源から安定抵抗と呼ばれる直列抵抗 R を通して電極に高電圧を加えると，発光を伴った放電を起こす．これを**グロー放電**（glow discharge）という．グロー放電のとき発生する光の色は，内部の気体の種類によって異なる．気圧が 133.3 Pa（1 mmHg）くらいのときのグロー放電は図 13·31 のような光の明暗を生じ，それらには名称がつけられている．ネオンサインはグロー放電の陽光柱の光を利用したものである．

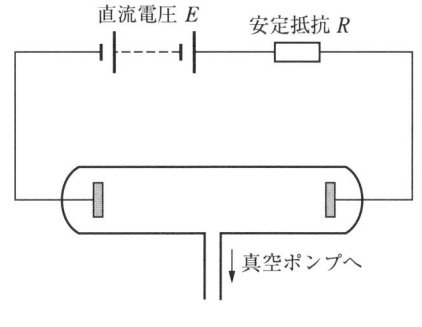

図 13·30　グロー放電の実験

第13章　静電容量とコンデンサ

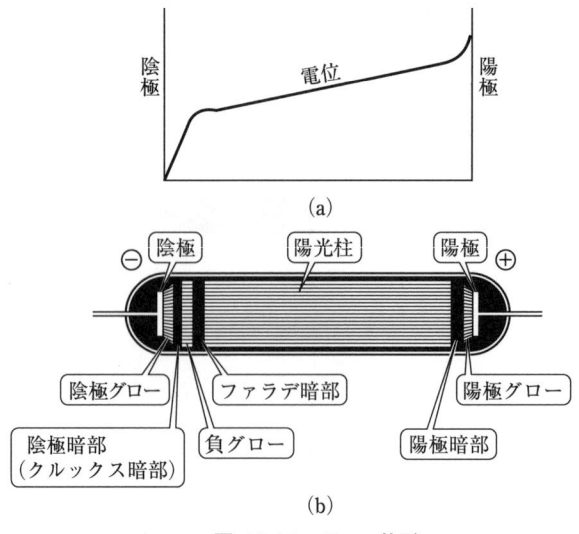

図 13·31　グロー放電

（5）アーク放電

　グロー放電の状態から，さらに電圧を高めたり安定抵抗を減らしたりして放電電流を流すと，激しい光と熱を伴った放電が生じる．これを**アーク放電**（arc discharge）という．このときには，加速された陽イオンが陰極に激しく衝突し，陰極が加熱されて電子を放出する．

　この電子を**熱電子**（thermion）という．この熱電子が電流に加わるので，さらに温度が上昇する．したがって，このようにひとたび熱電子放出が始まると，電流が局部的に集まって，原因と結果が助け合って大電流が流れることになる．

　この場合は，電流はほとんど熱電子放出が原因になって生じ，陰極が高温に保たれるので，管内全体はグロー放電よりさらに強い光を放つ陽光柱となり，陰極も白熱状態になる．アーク放電の光を利用するものには，水銀灯，アーク灯，蛍光灯などがあり，熱を利用するものにはアーク炉，アーク溶接などがある．

　グロー放電，アーク放電のときの電圧と電流の関係をグラフに示すと図13·32のようになる．

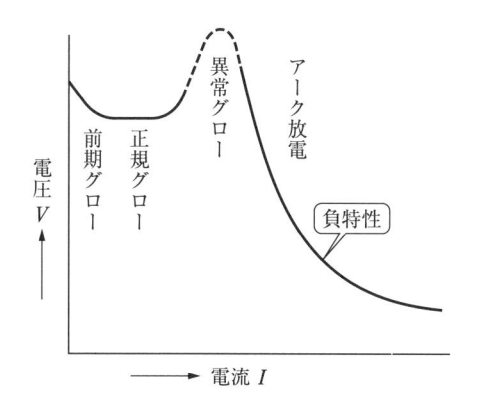

図13·32 グロー放電からアーク放電への特性

　アーク放電の電流に対する電圧の特性のように，放電電流が増加すると放電電圧が下がる特性を**負特性**（negative characteristic）といい，一定電圧の電源で放電を安定に行わせるには直列抵抗などを用いた安定器が必要である．

章末問題

1. 絶縁しておかれた2導体間に100 Vの電圧を加えたら，$2\,\mu\mathrm{C}$の電荷が蓄えられた．このときの静電容量はいくらか．
2. 図13·33のような扇形金属板2枚を，空気中に0.5 mm離して平行においたときの静電容量はいくらか．
3. 面積$10\,\mathrm{cm}^2$の2枚の平行板間に，図13·34のような比誘電率が$\varepsilon_{r1}=3$および$\varepsilon_{r2}=5$の2種類の誘電体を$l_1=0.5\,\mathrm{mm}$および$l_2=1.0\,\mathrm{mm}$の厚さで，重ねておいたときの静電容量はいくらか．
4. $2\,\mu\mathrm{F}$と$3\,\mu\mathrm{F}$のコンデンサを並列に接続したときの合成静電容量はいくらか．また，直列にしたときの合成静電容量はいくらか．

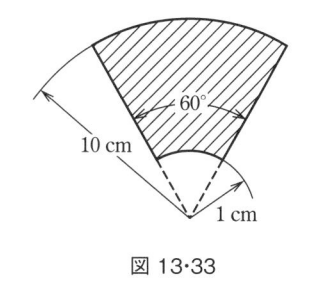

図13·33

第13章 静電容量とコンデンサ

5. $0.15\,\mu\mathrm{F}$ と $0.25\,\mu\mathrm{F}$ のコンデンサを直列に接続して，ある電圧を供給したところ，$0.15\,\mu\mathrm{F}$ のコンデンサの端子電圧が $75\,\mathrm{V}$ となったという．このときの供給電圧および各コンデンサに蓄えられる電荷はいくらか．

6. 2個のコンデンサがある．これを並列に接続したときその合成静電容量は $10\,\mu\mathrm{F}$，直列に接続するとその合成静電容量は $2.4\,\mu\mathrm{F}$ になったという．それぞれのコンデンサの静電容量はいくらか．

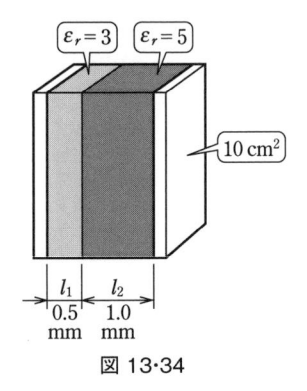

図 13·34

7. 図13·35のように $15\,\mu\mathrm{F}$，$4\,\mu\mathrm{F}$，$6\,\mu\mathrm{F}$ の3個のコンデンサを接続したとき，合成静電容量 C_0 はいくらか．また，端子 ab 間に $125\,\mathrm{V}$ の電圧を加えたとき，各コンデンサの端子電圧，および蓄えられる電気量はいくらか．

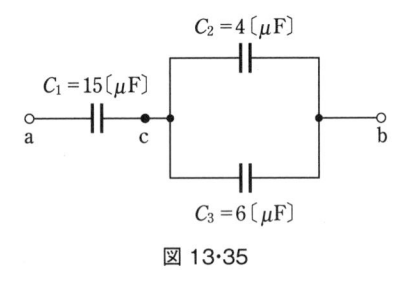

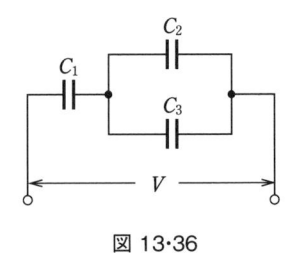

図 13·35　　図 13·36

8. 図 13·36 のように C_1，C_2，C_3 のコンデンサを接続し，$C_1=0.25\,\mu\mathrm{F}$，$C_2=0.1\,\mu\mathrm{F}$ のとき $V=120\,\mathrm{V}$ の電圧を供給したところ，C_1 の電圧が $45\,\mathrm{V}$ になった．このときの C_3 の静電容量および蓄えられた電荷はいくらか．

9. 金属平行板に $1\,000\,\mathrm{V}$ の電圧を加えたら，$5\times10^{-3}\,\mathrm{C}$ の電荷が蓄えられた．この金属平行板の静電容量はいくらか．また，このとき金属平行板に蓄えられる静電エネルギーはいくらか．

10. $2\,\mu\mathrm{F}$ のコンデンサに $1\,000\,\mathrm{V}$ の電圧を加えたとき，蓄えられる静電エネルギーはいくらか．

問と章末問題の解答

第 1 章

● 問

問1・1 1 C の電気量は $0.624×10^{19}$ 個の電子の過不足によって現れる．

1 C : $0.624×10^{19}$ 個 = 2 C : x 個

内項の積と外項の積は等しいから，$x = 0.624×10^{19}×2 = 1.248×10^{19}$ 個

問1・2 式(1・1)より，
$$I = \frac{Q}{t} = \frac{60}{4} = 15 \,[\text{A}]$$

問1・3 式(1・2)より，$Q = It = 2.5×(20×60) = 3\,000\,[\text{C}]$

問1・4 AB 間の電位差 = A の電位 − B の電位 = 90 − 30 = 60 [V]

● 章末問題

1. (「1・2 電気と物質」を参照) 普通の状態の物質は，電子と陽子の数が全く等しく，性質が反対な等しい量の電気が吸引しあって固く結合しているため，外部に電気的性質が現れない（このような状態を中性という）．

2. (「1・3 電荷の発生」を参照) ① 正　② 負

3. 式(1・1)より，
$$I = \frac{Q}{t} = \frac{27}{3} = 9 \,[\text{A}]$$

4. 式(1・2)より，$Q = It = 3×(30×60) = 5\,400\,[\text{C}]$

5. (「1・6 電流の作用」を参照) ○発熱作用　○磁気作用　○化学作用

6. (「1・7 電位と電位差」および 例題1・4 を参照) 同じ正電荷をもっていても，その導体間で電位が異なって，電位差を生じれば電流は流れる（電位の高い方から低い方へ流れる）．

第 2 章

● 問

問 2・1 表 2・1 を参考にして考える．

(1) $30 \,[\Omega] = x \times 10^{-3}$ ∴ $x = \dfrac{30}{10^{-3}} = 30\,000 \,[\mathrm{m}\Omega]$

(2) $45 \,[\mathrm{M}\Omega] = 45 \times 10^{6} = 45\,000\,000 \,[\Omega]$

(3) $9 \,[\mathrm{k}\Omega] = 9 \times 10^{3} = 9\,000 \,[\Omega]$

(4) $2.4 \,[\mathrm{m}\Omega] = 2.4 \times 10^{-3} = 0.0024 \,[\Omega]$

問 2・2 オームの法則より，$I = \dfrac{V}{R} = \dfrac{120}{25} = 4.8 \,[\mathrm{A}]$

問 2・3 オームの法則より（接頭語に注意して式に代入），

$V = IR = 1 \times 10^{-3} \times 500 \times 10^{3} = 500 \,[\mathrm{V}]$

問 2・4 式(2・1) より，

$R = \dfrac{1}{G} = \dfrac{1}{0.5} = 2 \,[\Omega]$

オームの法則より，

$V = IR = 30 \times 2 = 60 \,[\mathrm{V}]$

問 2・5 式(2・9) より，回路の合成抵抗 R_0 は，

$R_0 = 2 + 3 + 5 = 10 \,[\Omega]$

回路に流れる全電流 I は，オームの法則より，

$I = \dfrac{V}{R_0} = \dfrac{20}{10} = 2 \,[\mathrm{A}]$

各抵抗に流れる電流は等しいので，

$2 \,[\Omega]$ の抵抗の端子電圧　$V_1 = 2 \times 2 = 4 \,[\mathrm{V}]$

$3 \,[\Omega]$ の抵抗の端子電圧　$V_2 = 2 \times 3 = 6 \,[\mathrm{V}]$

$5 \,[\Omega]$ の抵抗の端子電圧　$V_3 = 2 \times 5 = 10 \,[\mathrm{V}]$

問 2・6 解図 1 より，$4 \,[\Omega]$ の抵抗に流れる電流は全電流 I に等しい．

$I = \dfrac{V}{R} = \dfrac{12}{4} = 3 \,[\mathrm{A}]$

この電流は $6 \,[\Omega]$ の抵抗にも流れるの

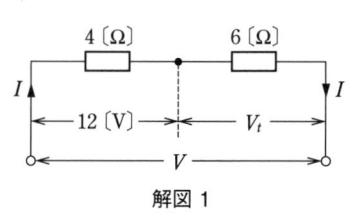

解図 1

で，6〔Ω〕の抵抗の端子電圧 V_t は，
$$V_t = IR = 3 \times 6 = 18 \text{〔V〕}$$
よって全電圧 V は，$V = 12 + V_t = 12 + 18 = 30 \text{〔V〕}$

問 2・7 式(2・16)より，合成抵抗 R_0 は，$R_1 = 10\text{〔Ω〕}$，$R_2 = 15\text{〔Ω〕}$，$R_3 = 30\text{〔Ω〕}$ とすると，
$$R_0 = \frac{1}{\frac{1}{R_1} + \frac{1}{R_2} + \frac{1}{R_3}} = \frac{1}{\frac{1}{10} + \frac{1}{15} + \frac{1}{30}} = 5 \text{〔Ω〕}$$

問 2・8 解図2より，各抵抗の端子電圧は電源電圧に等しくなるので，
$$I_1 = \frac{V}{R} = \frac{48}{4} = 12\text{〔A〕}, \quad I_2 = \frac{V}{R} = \frac{48}{6} = 8\text{〔A〕}$$
また，全電流 I は，$I = I_1 + I_2 = 12 + 8 = 20\text{〔A〕}$

解図 2

問 2・9 並列接続部分の合成抵抗 R_p は，式(2・18)より，
$$R_p = \frac{6 \times 4}{6 + 4} = \frac{24}{10} = 2.4\text{〔Ω〕}$$
全体の合成抵抗 R_0 は，
$$R_0 = 2.6 + R_p = 2.6 + 2.4 = 5\text{〔Ω〕}$$
回路に流れる全電流 I は，
$$I = \frac{50}{R_0} = \frac{50}{5} = 10\text{〔A〕}$$
よって，2.6〔Ω〕に流れる電流は 10〔A〕．

6〔Ω〕に流れる電流 I_1 は，式(2・23)より，$I_1 = \frac{4}{6+4} \times I = \frac{4}{10} \times 10 = 4\text{〔A〕}$

4〔Ω〕に流れる電流 I_2 は，式(2・23)より，$I_2 = \frac{6}{6+4} \times I = \frac{6}{10} \times 10 = 6\text{〔A〕}$

問 2・10 解図3より，電線の電圧降下 V_l は，
$$V_l = 2Ir = 2 \times 10 \times 0.5 = 10\text{〔V〕}$$
よって，負荷電圧 V_t は，
$$V_t = V - V_l = 100 - 10 = 90\text{〔V〕}$$

解図 3

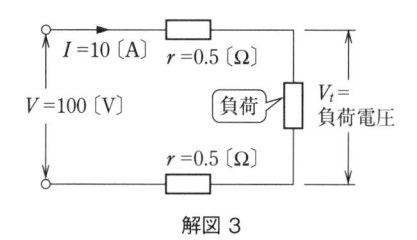

問 2・11 電池の内部降下は，

$$内部降下 = Ir = 0.2 \times 0.5 = 0.1 \,[\text{V}]$$

$$\therefore \ V_{ab} = 起電力 - 内部降下 = 1.5 - 0.1 = 1.4 \,[\text{V}]$$

● 章末問題 ─────────────────────────

1. オームの法則より，

$$R = \frac{V}{I} = \frac{100}{25} = 4 \,[\Omega]$$

2. オームの法則より，

$$I = \frac{V}{R} = \frac{1.5}{0.02} = 75 \,[\text{A}]$$

3. オームの法則より（接頭語に注意して式に代入），

$$V = IR = 0.85 \times 10^{-3} \times 0.4 \times 10^{6} = 340 \,[\text{V}]$$

4. $R_1 = 5 \,[\Omega]$, $R_2 = 3 \,[\Omega]$, $R_3 = 7 \,[\Omega]$ とすると，回路の合成抵抗 R_0 は式(2・9)より，

$$R_0 = R_1 + R_2 + R_3 = 5 + 3 + 7 = 15 \,[\Omega]$$

よって，回路に流れる電流 I は，

$$I = \frac{V}{R_0} = \frac{150}{15} = 10 \,[\text{A}]$$

5. $R_1 = 6 \,[\Omega]$, $R_2 = 10 \,[\Omega]$, $R_3 = 15 \,[\Omega]$ とすると，回路の合成抵抗 R_0 は式(2・16)より，

$$R_0 = \frac{1}{\frac{1}{R_1} + \frac{1}{R_2} + \frac{1}{R_3}} = \frac{1}{\frac{1}{6} + \frac{1}{10} + \frac{1}{15}} = 3 \,[\Omega]$$

よって，回路に流れる全電流 I は，

$$I = \frac{V}{R_0} = \frac{60}{3} = 20 \,[\text{A}]$$

6. 回路全体に流れる電流は，

$$I = \frac{24}{0.2 + 0.2 + 0.4 + 4} = 5 \,[\text{A}]$$

ab 間の電圧 V は，式(2・32)より，

$$V = E - Ir = 24 - (5 \times 0.4) = 22 \,[\text{V}] \quad (E：起電力，r：内部抵抗)$$

bc 間の電圧 V_{bc} は，

$$V_{bc} = I \times 4 = 5 \times 4 = 20 \,[\text{V}]$$

7. 起電力を E，内部抵抗を r とすると，式(2・32)より，

$1.4 = E - 2r$ ……………………………………………………………①

$1.1 = E - 3r$ ……………………………………………………………②

式①，②の連立方程式を解けばよい．

式①－式②，

$\quad 1.4 = E - 2r$
$\underline{-)1.1 = E - 3r}$
$\quad 0.3 = r$ ……………………………………………………③

式③を式①に代入，

$1.4 = E - (2 \times 0.3)$

$1.4 = E - 0.6$

$1.4 + 0.6 = E$

$2.0 = E$ ∴ 起電力は 2.0[V]，内部抵抗は 0.3[Ω]

8. 最大目盛 150[V] を最大 600[V] まで測定範囲を広げる．

$$倍率器の倍率 = \frac{600}{150} = 4 \text{ 倍}$$

よって，式(2・35)より，

$$\left(1 + \frac{R}{r_v}\right) = 4$$

$$1 + \frac{R}{12 \times 10^3} = 4$$

$$\frac{R}{12 \times 10^3} = 4 - 1$$

$$\frac{R}{12 \times 10^3} = 3 \quad ∴ \quad R = 3 \times 12 \times 10^3 = 36 \times 10^3 = 36 \text{[kΩ]}$$

9. 最大目盛 50[mA] を最大 150[A] まで測定範囲を広げる．

$$分流器の倍率 = \frac{150}{50 \times 10^{-3}} = 3\,000 \text{ 倍}$$

よって式(2・40)より，

$$\left(1 + \frac{r_a}{R}\right) = 3\,000$$

$$1 + \frac{10}{R} = 3\,000$$

$$\frac{10}{R} = 3\,000 - 1$$

$$\frac{10}{R} = 2\,999$$

$$\frac{1}{R} = \frac{2\,999}{10} \qquad \therefore \quad R = \frac{10}{2\,999} \fallingdotseq 3.33 \times 10^{-3} = 3.33\,[\mathrm{m\Omega}]$$

第3章

● 問

問3・1 図3・3より閉路をたどる向きを adcba としたとき，たどる向きと起電力の向きが一到するものは正，反対方向を負とすると，全起電力 E は，
$$E = (-15) + 10 + (-30) + 20 + (-25) = -40\,[\mathrm{V}]$$

問3・2 図3・5より閉路をたどる向きを adcba としたとき，たどる向きと同じ方向の電流は，I_2，I_4，反対方向の電流は I_1，I_3 である。よって電圧降下 V は，
$$V = (-I_1 R_1) + I_2 R_2 + (-I_3 R_3) + I_4 R_4 = -I_1 R_1 + I_2 R_2 - I_3 R_3 + I_4 R_4$$

問3・3 図3・12より分岐点 b においてキルヒホッフの第1法則を適用すると，
$$I_3 = I_1 + I_2 \quad \cdots\cdots ①$$

図3・12の閉路①においてキルヒホッフの第2法則を適用すると，
$$0.2 I_1 - 0.1 I_2 = 4 - 1.9$$
$$0.2 I_1 - 0.1 I_2 = 2.1 \quad \cdots\cdots ②$$

図3・12の閉路②においてキルヒホッフの第2法則を適用すると，
$$0.1 I_2 + 0.8 I_3 = 1.9 \quad \cdots\cdots ③$$

式①を式③に代入，
$$0.1 I_2 + 0.8 (I_1 + I_2) = 1.9$$
$$0.1 I_2 + 0.8 I_1 + 0.8 I_2 = 1.9$$
$$0.8 I_1 + 0.9 I_2 = 1.9 \quad \cdots\cdots ③'$$

式②と式③′を連立方程式で解く。
$$\begin{cases} 0.2 I_1 - 0.1 I_2 = 2.1 & \cdots\cdots ② \\ 0.8 I_1 + 0.9 I_2 = 1.9 & \cdots\cdots ③' \end{cases}$$

式②×4−式③′，

$$0.8I_1 - 0.4I_2 = 8.4$$
$$\underline{-)\,0.8I_1 + 0.9I_2 = 1.9}$$
$$-1.3I_2 = 6.5 \qquad \therefore\ I_2 = -5\,[\mathrm{A}] \quad\cdots\cdots④$$

式②に式④を代入，

$$0.2I_1 - 0.1I_2 = 2.1$$
$$0.2I_1 - 0.1 \times (-5) = 2.1$$
$$0.2I_1 + 0.5 = 2.1$$
$$0.2I_1 = 2.1 - 0.5$$
$$0.2I_1 = 1.6 \qquad \therefore\ I_1 = 8\,[\mathrm{A}] \quad\cdots\cdots⑤$$

式①に式④，式⑤を代入，

$$I_3 = I_1 + I_2 = 8 + (-5) = 3\,[\mathrm{A}]$$

よって $I_1 = 8\,[\mathrm{A}]$，$I_2 = -5\,[\mathrm{A}]$，$I_3 = 3\,[\mathrm{A}]$ となり，同じ結果が得られる（電流の値が負の場合は仮定した電流の向きと実際に流れる向きが逆であることを意味する）．

問 3・4 式(3・17)より，

$$I = \frac{nE}{nr + R} \qquad \text{この式を } R \text{ について変形する．}$$

両辺に $(nr + R)$ をかける．

$$(nr + R)I = nE$$
$$nrI + RI = nE$$
$$RI = nE - nrI$$
$$\therefore\ R = \frac{nE - nrI}{I} = \frac{nE}{I} - nr = \frac{12 \times 8}{2} - 12 \times 0.15 = 46.2\,[\Omega]$$

問 3・5 図 3・26 の未知抵抗 X を含む並列接続の部分の合成抵抗を R_p とすると，

$$R_p = \frac{6X}{6 + X}\,[\Omega] \quad \text{（和分の積）}$$

ブリッジの平衡条件より（検流計の振れが 0 である），

$$10 \times 100 = 400 \times R_p$$
$$1\,000 = 400 R_p \qquad \therefore\ R_p = 2.5$$

したがって，

問と章末問題の解答

$$\frac{6X}{6+X} = 2.5$$

$$6X = 2.5(6+X)$$

$$6X = 15 + 2.5X$$

$$6X - 2.5X = 15$$

$$3.5X = 15 \quad \therefore \quad X \fallingdotseq 4.29 \ [\Omega]$$

● 章末問題

1. 解図4のように閉路をたどる向き，流れる電流を仮定する．

   分岐点bにおいてキルヒホッフの第1法則を適用すると，

   $$I_3 = I_1 + I_2 \quad \cdots\cdots\cdots ①$$

   解図4の閉路①においてキルヒホッフの第2法則を適用すると

   $$I_1 R_1 - I_2 R_2 = -E_1 + E_2$$

   $$10I_1 - 2I_2 = -6 + 4$$

   $$10I_1 - 2I_2 = -2 \quad \cdots\cdots ②$$

   解図4

   解図4の閉路②においてキルヒホッフの第2法則を適用すると，

   $$I_2 R_2 + I_3 R_3 = -E_2 + E_3$$

   $$2I_2 + 5I_3 = -4 + 2$$

   $$2I_2 + 5I_3 = -2 \quad \cdots\cdots ③$$

   式①を式③に代入．

   $$2I_2 + 5(I_1 + I_2) = -2$$

   $$2I_2 + 5I_1 + 5I_2 = -2$$

   $$5I_1 + 7I_2 = -2 \quad \cdots\cdots ③'$$

   式②と式③'を連立方程式で解く．

   $$\begin{cases} 10I_1 - 2I_2 = -2 \quad \cdots\cdots ② \\ 5I_1 + 7I_2 = -2 \quad \cdots\cdots ③' \end{cases}$$

式②－式③′×2

$\quad 10I_1 - 2I_2 = -2$
$\quad \underline{-)\,10I_1 + 14I_2 = -4}$
$\quad\quad\quad\ -16I_2 = 2 \qquad \therefore\ I_2 = -\dfrac{2}{16} = -0.125\,[\mathrm{A}] \cdots\cdots\cdots\cdots\cdots$ ④

式④を式②に代入．

$10I_1 - 2I_2 = -2$
$10I_1 - 2\times(-0.125) = -2$
$10I_1 + 0.25 = -2$
$10I_1 = -2 - 0.25$
$10I_1 = -2.25 \qquad \therefore\ I_1 = -\dfrac{2.25}{10} = -0.225\,[\mathrm{A}] \cdots\cdots\cdots\cdots\cdots$ ⑤

式①に式④と式⑤を代入．

$I_3 = I_1 + I_2 = (-0.225) + (-0.125) = -0.35\,[\mathrm{A}]$

よって，$I_1 = -0.225\,[\mathrm{A}]$，$I_2 = -0.125\,[\mathrm{A}]$，$I_3 = -0.35\,[\mathrm{A}]$

2. （1）（「3・5 ホイートストンブリッジ」を参照）

① 振れ　② 平衡　③ 対辺　④ 積

（2）（「3・4 電池の接続法」（4）起電力の異なる電池の並列接続 を参照）

⑤ 循環電流

3. （1）ブリッジは平衡しているので，式(3・28)より，

$R_1 R_2 = R_3 R$

$R = \dfrac{R_1 R_2}{R_3} = \dfrac{4\times 10^3 \times 4\times 10^3}{2\times 10^3} = 8\,000 = 8\times 10^3\,[\Omega] = 8\,[\mathrm{k\Omega}]$

（2）R_4 には電流は流れないので，解図5のように考えて合成抵抗 R_{ab} を計算すればよい．

$R_{ab} = \dfrac{(R_1 + R_3)(R_2 + R)}{(R_1 + R_3) + (R_2 + R)}$ （和分の積）

$\quad = \dfrac{(4\times 10^3 + 2\times 10^3)(4\times 10^3 + 8\times 10^3)}{(4\times 10^3 + 2\times 10^3) + (4\times 10^3 + 8\times 10^3)}$

$\quad = \dfrac{6\times 10^3 \times 12\times 10^3}{6\times 10^3 + 12\times 10^3} = \dfrac{72\times 10^3}{18\times 10^3} = 4\times 10^3\,[\Omega]$

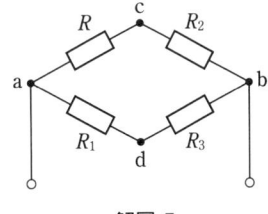

$\quad\quad\quad\quad\quad = 4\,[\mathrm{k\Omega}]$

解図5

4. 式(3・17)より，$I = \dfrac{nE}{nr + R}$ の式を R について変形する．

両辺に $(nr+R)$ をかける．

$(nr+R)I = nE$

$nrI + RI = nE$

$RI = nE - nrI$

$R = \dfrac{(nE - nrI)}{I} = \dfrac{nE}{I} - nr$

よって，

$R = \dfrac{nE}{I} - nr = \dfrac{10 \times 1.5}{1.5} - 10 \times 0.5 = 10 - 5 = 5 \,[\Omega]$

5. 式 (3・20) より，

$I = \dfrac{E}{\dfrac{r}{N} + R} = \dfrac{1.4}{\dfrac{1}{5} + 0.2} = \dfrac{1.4}{0.4} = 3.5 \,[\mathrm{A}]$

6. 式 (3・21) より，$I = \dfrac{nE}{\dfrac{nr}{N} + R}$ の式を r について変形すればよい．

両辺に $\left(\dfrac{nr}{N} + R\right)$ をかける．

$\left(\dfrac{nr}{N} + R\right)I = nE$

$\dfrac{nrI}{N} + RI = nE$

$\dfrac{nrI}{N} = nE - RI$

$nrI = (nE - RI)N$

$r = \dfrac{(nE - RI)N}{nI}$

よって，$r = \dfrac{(6 \times 2 - 7.82 \times 1.5) \times 5}{6 \times 1.5} = 0.15 \,[\Omega]$

7. 図 3・34 はブリッジ回路である．さらに，

ab 間の抵抗×dc 間の抵抗＝bc 間の抵抗×ad 間の抵抗

であるから，b 点と d 点は同電位となり，bd 間には電流は流れない．したがって，解図 6 のようになる．

合成抵抗 R_0 は，

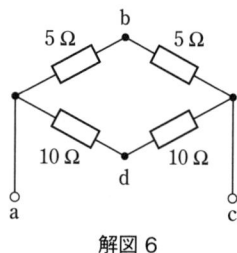

解図 6

$$R_0 = \frac{(10+10)(5+5)}{(10+10)+(5+5)} = \frac{20 \times 10}{30} = \frac{200}{30} \fallingdotseq 6.67 \,[\Omega]$$

8. ブリッジが平衡しているので，

$$PX = QR \qquad \therefore \quad X = \frac{Q}{P}R \,[\Omega]$$

I_1 の値は並列回路の分流を考えると，

$$I_1 = \frac{(P+R)}{(P+R)+(Q+X)} I \qquad \therefore \quad \frac{I_1}{I} = \frac{P+R}{P+Q+R+X}$$

9. 解図7のように I_1, I_2 を定め，I_1 を求めればよい．

閉路①においてキルヒホッフの第2法則を適用すると，

$$100I_1 - 20I_2 = 2 \quad \cdots\cdots\cdots ①$$

閉路②においてキルヒホッフの第2法則を適用すると，

$$20I_2 + 80(I_1 + I_2) = -4$$
$$20I_2 + 80I_1 + 80I_2 = -4$$
$$80I_1 + 100I_2 = -4 \quad \cdots\cdots\cdots ②$$

解図7

式①と式②を連立方程式で解く．

$$\begin{cases} 100I_1 - 20I_2 = 2 & \cdots\cdots\cdots\cdots\cdots ① \\ 80I_1 + 100I_2 = -4 & \cdots\cdots\cdots\cdots\cdots ② \end{cases}$$

式①×5＋式②

$$\begin{array}{r} 500I_1 - 100I_2 = 10 \\ +) 80I_1 + 100I_2 = -4 \\ \hline 580I_1 = 6 \end{array}$$

$$I_1 = \frac{6}{580} \fallingdotseq 0.01034 = 10.34 \times 10^{-3} \,[\text{A}] = 10.34 \,[\text{mA}]$$

第4章

● 問

問 4・1 式 (4・4) より，

$$P = I^2 R = 5^2 \times 20 = 500 \,[\text{W}]$$

問と章末問題の解答

問 4・2 式(4・3)より，
$$I = \frac{P}{V} = \frac{80}{100} = 0.8 \text{[A]}$$

問 4・3 式(4・3)より，
$$P = VI = 50 \times 2.5 = 125 \text{[W]}$$

問 4・4 式(4・8)より，
$$W = VIt = 100 \times 0.2 \times \frac{10}{60} \fallingdotseq 3.33 \text{[W·h]}$$

問 4・5 式(4・5)より，
$$P = \frac{V^2}{R} = \frac{100^2}{25} = 400 \text{[W]}$$

式(4・8)より，
$$W = VIt = Pt$$
$$W = Pt = 400 \times (5 \times 60 \times 60) = 7\,200\,000 = 7.2 \times 10^6 \text{[J]}$$
$$W = Pt = 400 \times 5 = 2\,000 \text{[W·h]} = 2 \times 10^3 \text{[W·h]} = 2 \text{[kW·h]}$$

問 4・6 回路の合成抵抗 R_0 を求めて電力 P を計算する．式(2・17)より，
$$R_0 = \frac{R}{n} = \frac{120}{6} = 20 \text{[Ω]} \quad (R：1個の抵抗値，n：並列接続する抵抗の数)$$

回路の電力 P は，式(4・5)より，
$$P = \frac{V^2}{R_0} = \frac{100^2}{20} = 500 \text{[W]}$$

したがって電力量 W は，式(4・8)より，
$$W = Pt = 500 \times (2 \times 60 \times 60) = 3\,600\,000 = 3.6 \times 10^6 \text{[J]}$$

問 4・7 式(4・15)より，
$$効率 = \frac{出力}{出力 + 総損失} = \frac{10 \times 10^3}{10 \times 10^3 + 1.2 \times 10^3} \fallingdotseq 0.893$$

百分率で表すと，式(4・15)′より，
$$効率 = \frac{出力}{出力 + 総損失} \times 100 = 0.893 \times 100 = 89.3 \text{[％]}$$

問 4・8 式(4・19)より，
$$H = I^2Rt = 5^2 \times 40 \times 20 = 20\,000 \text{[J]}$$

式(4・20)より，

308

$$H = 0.239 I^2 Rt = 0.239 \times 5^2 \times 40 \times 20 = 4\,780\,[\text{cal}] = 4.78\,[\text{kcal}]$$

問 4・9 式(4・19)より,

$$H = I^2 Rt \quad \cdots\cdots \text{ 熱量は電流の2乗に比例するので,}\ I\ \text{が2倍になると熱量は4倍になる.}$$

● 章末問題 ─────────────────────────────

1. 式(4・5)より,

$$P = \frac{V^2}{R} \qquad \therefore\quad R = \frac{V^2}{P} = \frac{100^2}{600} \fallingdotseq 16.67\,[\Omega]$$

2. 式(4・5)より,

$$P = \frac{V^2}{R} = \frac{100^2}{20} = 500\,[\text{W}]$$

3. まず電気アイロンの抵抗を求める. 式(4・5)より,

$$P = \frac{V^2}{R} \qquad \therefore\quad R = \frac{V^2}{P} = \frac{100^2}{350} \fallingdotseq 28.57\,[\Omega]$$

式(4・5)より,

$$P = \frac{V^2}{R} = \frac{80^2}{28.57} \fallingdotseq 224\,[\text{W}]$$

4. 式(4・4)より,

$$P = I^2 R \quad \cdots\cdots\ R\ \text{が一定であれば電力}\ P\ \text{は電流}\ I\ \text{の2乗に比例する.}$$
$$\text{よって, 電流が3倍になれば消費電力は9倍になる.}$$

5. 式(4・5)より,

$$P = \frac{V^2}{R} \qquad \therefore\quad R = \frac{V^2}{P}$$

$100\,[\text{V}] - 2\,[\text{kW}]$ の電熱器の抵抗 R_{100} は,

$$R_{100} = \frac{V^2}{P} = \frac{100^2}{2 \times 10^3} = 5\,[\Omega]$$

$200\,[\text{V}] - 2\,[\text{kW}]$ の電熱器の抵抗 R_{200} は,

$$R_{200} = \frac{V^2}{P} = \frac{200^2}{2 \times 10^3} = 20\,[\Omega]$$

$\therefore\ R_{100} < R_{200} \qquad 200\,[\text{V}] - 2\,[\text{kW}]$ の電熱器の抵抗の方が大きい.

6. 式(4・8)より,

$$W = VIt = I^2 Rt = 5^2 \times 20 \times (15 \times 60) = 450\,000 = 450 \times 10^3\,[\text{W} \cdot \text{s}]$$

問と章末問題の解答

$$W = VIt = I^2Rt = 5^2 \times 20 \times \frac{15}{60} = 125 \text{ [W·h]}$$

7. それぞれの電力量を計算し，合計を求めればよい．式(4・8)より，

　　電灯5灯分の電力量 W_1 は，　　　$W_1 = nPt = 5 \times 60 \times 9 = 2\,700 \text{ [W·h]}$

　　蛍光灯6灯分の電力量 W_2 は，　　$W_2 = nPt = 6 \times 40 \times 9 = 2\,160 \text{ [W·h]}$

　　テレビ1台分の電力量 W_3 は，　　$W_3 = nPt = 1 \times 200 \times 5 = 1\,000 \text{ [W·h]}$

　　電気掃除機1台分の電力量 W_4 は，$W_4 = nPt = 1 \times 350 \times \frac{40}{60} \fallingdotseq 233 \text{ [W·h]}$

　　電気洗濯機1台分の電力量 W_5 は，$W_5 = nPt = 1 \times 250 \times \frac{30}{60} = 125 \text{ [W·h]}$

　　　　　　　　　　　　　　　　　　　　　　(n：機器の台数)

　　よって全体の電力量 W は，

$$W = W_1 + W_2 + W_3 + W_4 + W_5 = 2\,700 + 2\,160 + 1\,000 + 233 + 125 = 6\,218 \text{ [W·h]}$$

8. 解図8の回路に流れる電流 I は，

$$I = \frac{E}{r+R} = \frac{2.2}{0.1+1} = 2 \text{ [A]}$$

　供給電力（入力）

$$P_0 = EI = 2.2 \times 2 = 4.4 \text{ [W]}$$

　負荷の端子電圧

$$V = E - Ir = 2.2 - (2 \times 0.1) = 2 \text{ [V]}$$

　負荷の消費電力（出力）

$$P = VI = 2 \times 2 = 4 \text{ [W]}$$

　よって効率 η は，式(4・17)より，

$$\eta = \frac{P}{P_0} \times 100 = \frac{4}{4.4} \times 100 \fallingdotseq 90.9 \text{ [\%]}$$

解図8

9. (「4・8 熱電気現象」(1)ゼーベック効果 を参照)

　① 接続点　② 温度　③ (熱)起電力　④ 熱

10. (「4・8 熱電気現象」(2)ペルチェ効果 を参照)

　① 2種類　② 接続点　③ 発生　④ 吸収　(③と④は逆でもよい)

第5章

● 問

問 5・1 銅線の断面積 S は,

$$S = \frac{\pi d^2}{4} = \frac{\pi \times (1 \times 10^{-3})^2}{4} \fallingdotseq 0.785 \times 10^{-6} \,[\text{m}^2]$$

式(5・2)より,

$$R = \rho \frac{l}{S} = 1.673 \times 10^{-8} \times \frac{10}{0.785 \times 10^{-6}} \fallingdotseq 0.213 \,[\Omega]$$

問 5・2 硬アルミニウム線の導電率 σ は,式(5・4)より,

$$\sigma = \frac{1}{\rho} = \frac{1}{2.82 \times 10^{-8}} \fallingdotseq 35.46 \times 10^6 \,[\text{S/m}]$$

%導電率は,式(5・5)より,

$$\%導電率 = \frac{その物質の導電率}{標準軟銅の導電率} \times 100 \,[\%]$$

標準軟銅の導電率 σ_0 は,表5・1 より,

$$\sigma_0 = \frac{1}{標準軟銅の抵抗率} = \frac{1}{1.7241 \times 10^{-8}} \fallingdotseq 58 \times 10^6 \,[\text{S}\cdot\text{m}]$$

したがって,

$$\%導電率 = \frac{\sigma}{\sigma_0} \times 100 = \frac{35.46 \times 10^6}{58 \times 10^6} \times 100 \fallingdotseq 61.14 \,[\%]$$

問 5・3 式(5・11)より,

$$R_T = R_t \{1 + \alpha_t (T - t)\}$$

$$\therefore R_{40} = R_0 \{1 + \alpha_0 (40 - 0)\} = 30 \{1 + 0.0043 (40 - 0)\} = 35.16 \,[\Omega]$$

問 5・4 漏れ電流 I_l は,式(5・17)より,

$$I_l = \frac{V}{R_i} = \frac{3\,300}{1.5 \times 10^6} = 0.0022 = 2.2 \times 10^{-3} \,[\text{A}] = 2.2 \,[\text{mA}]$$

● 章末問題

1. 単位の換算を考えればよい.表2・1より,

   $[\mu\Omega] = 10^{-6} \,[\Omega]$, $[\text{cm}] = 10^{-2} \,[\text{m}]$

   $1.12 \,[\mu\Omega\cdot\text{cm}] = 1.12 \times 10^{-6} \times 10^{-2} \,[\Omega\cdot\text{m}] = 1.12 \times 10^{-8} \,[\Omega\cdot\text{m}]$

2. (「5・1 電気抵抗と抵抗率」を参照)　① 比例　② 反比例　③ 2

311

問と章末問題の解答

3. 抵抗率の単位を $[\Omega \cdot m]$ に換算する．
$$\rho = 108\,[\mu\Omega \cdot cm] = 108 \times 10^{-6} \times 10^{-2}\,[\Omega \cdot m] = 108 \times 10^{-8}\,[\Omega \cdot m]$$

ニクロム線の断面積 S は，
$$S = \frac{\pi d^2}{4} = \frac{\pi \times (0.5 \times 10^{-3})^2}{4} \fallingdotseq 0.196 \times 10^{-6}\,[m^2]$$

ニクロム線の長さ l は式(5・2)より，
$$l = \frac{RS}{\rho} = \frac{20 \times 0.196 \times 10^{-6}}{108 \times 10^{-8}} \fallingdotseq 3.63\,[m]$$

4. 断面積 S の単位を $[m^2]$ に換算，
$$S = 64 \times 10^{-4}\,[m^2]$$

レールの抵抗率 ρ は式(5・2)より，
$$\rho = \frac{RS}{l} = \frac{0.316 \times 10^{-3} \times 64 \times 10^{-4}}{10} = 202.24 \times 10^{-9}\,[\Omega \cdot m]$$

5. 式(5・2)より，
$$R = \rho \frac{l}{S}$$

ここで $S = \frac{\pi d^2}{4}$（円の断面積を求める式）を代入すると，
$$R = \rho \frac{l}{\frac{\pi d^2}{4}} = \frac{4\rho l}{\pi d^2}$$

であるから，抵抗は長さ l に比例して直径の2乗 d^2 に反比例する．

直径 d は $8\,[mm]$ → $2\,[mm]$ で $\frac{1}{4}$ 倍

長さ l は $1\,000\,[m]$ → $500\,[m]$ で $\frac{1}{2}$ 倍

よって抵抗 R' は，
$$R' = 0.3536 \times \frac{1}{2} \times 4^2 = 2.8288\,[\Omega]$$

6. $20\,[°C]$ のときの巻線の α_{20} を求める．式(5・14)より，
$$\alpha_T = \frac{1}{234.5 + T} \quad \therefore \quad \alpha_{20} = \frac{1}{234.5 + 20} \fallingdotseq 3.93 \times 10^{-3}$$

巻線の温度上昇は式(5・15)より，

$$T - t = \frac{R_T - R_t}{\alpha_t R_t} = \frac{0.72 - 0.64}{3.93 \times 10^{-3} \times 0.64} \fallingdotseq 31.8 \, [{}^\circ\text{C}]$$

巻線の温度は,

$$T = 31.8 + t = 31.8 + 20 = 51.8 \, [{}^\circ\text{C}]$$

第6章

● 問

問6・1 流した電流 I は,式(6・3)より,

$$w = KIt \quad \therefore \quad I = \frac{w}{Kt} \, [\text{A}]$$

表6・2より,銀の電気化学当量 $K = 1.1180 \times 10^{-3} \, [\text{g/C}]$. したがって,

$$I = \frac{20}{1.1180 \times 10^{-3} \times (1 \times 60 \times 60)} \fallingdotseq 4.97 \, [\text{A}]$$

問6・2 蓄電池の容量を求める式は,

容量 $[\text{Ah}] =$ 電流 $[\text{A}] \times$ 時間 $[\text{h}] = 3.5 \times 10 = 35 \, [\text{Ah}]$

● 章末問題

1. (「6・1 イオンと電流の化学作用」(1)イオン を参照) 硫酸は水容液中では次のように電離している.

$$\text{H}_2\text{SO}_4 \longrightarrow 2\text{H}^+ + \text{SO}_4^{2-}$$

2. (「6・2 ファラデーの電気分解の法則」を参照) ① 電気量 ② 電気化学当量 ③ ファラデー (①と②は逆でもよい)

3. (「6・3 電気分解の応用」を参照) ○電気めっき ○電鋳法 ○電気研磨 ○金属の電解精錬 ○金属溶融塩の精錬など

4. (「6・4 電池」を参照) ① 化学 ② 電気

5. 式(6・3)より,

$$I = \frac{w}{Kt} = \frac{350}{0.3293 \times 10^{-3} \times (24 \times 60 \times 60)} \fallingdotseq 12.3 \, [\text{A}]$$

第7章

● 問

問 7・1 式(7・5)より,

$$F = 6.33 \times 10^4 \times \frac{m_1 m_2}{r^2} = 6.33 \times 10^4 \times \frac{5 \times 10^{-4} \times (-3 \times 10^{-3})}{(2.5 \times 10^{-2})^2} = -151.92 \text{ [N]}$$

$$\frac{\text{問 7・1 の磁気力}}{\text{例題 7・1 の磁気力}} = \frac{-151.92}{-37.98} = 4 \text{ 倍}$$

問 7・2 式(7・5)より,$m = m_1 = m_2$ とすると,

$$F = 6.33 \times 10^4 \frac{m^2}{r^2} \qquad \therefore \quad m = \sqrt{\frac{Fr^2}{6.33 \times 10^4}} = \sqrt{\frac{6.33 \times 10^4 \times 1^2}{6.33 \times 10^4}} = 1 \text{ [Wb]}$$

問 7・3 式(7・8)より,

$$H = 6.33 \times 10^4 \times \frac{m}{r^2} = 6.33 \times 10^4 \times \frac{0.5}{1^2} = 31\,650 \text{ [A/m]} = 31.65 \times 10^3 \text{ [A/m]}$$

問 7・4 磁束は N 極から出て S 極に入るので,

a と c の磁極は磁束が入っているので　S 極

b と d の磁極は磁束が出ているので　N 極

問 7・5 式(7・23)および式(7・26)より,

$$B = \mu H = \mu_0 \mu_r H = 4\pi \times 10^{-7} \times 1\,200 \times 1\,000 \fallingdotseq 1.51 \text{ [T]}$$

● 章末問題

1. 式(7・5)より,

$$F = 6.33 \times 10^4 \times \frac{m_1 m_2}{r^2} = 6.33 \times 10^4 \times \frac{3 \times 10^{-3} \times (-2 \times 10^{-3})}{(20 \times 10^{-2})^2} = -9.495 \text{ [N]}$$

2. 式(7・6)より,

$$F = 6.33 \times 10^4 \times \frac{m_1 m_2}{\mu_r r^2} = 6.33 \times 10^4 \times \frac{2 \times 10^{-2} \times 4 \times 10^{-3}}{20 \times (5 \times 10^{-2})^2} = 101.28 \text{ [N]}$$

3. (「7・1 磁石の性質」,「7・3 磁極の強さと磁気力に関するクーロンの法則」を参照)

① 反発力　② 吸引力　③ 反比例　④ 比例　⑤ クーロン

4. 式(7・9)より,

$$F = mH \qquad \therefore \quad H = \frac{F}{m} = \frac{3}{1.5 \times 10^{-3}} = 2\,000 \text{ [A/m]}$$

5. 式(7・13)より，
$$T = mHl\sin\theta = 5\times 10^{-3}\times 8\,000\times 12\times 10^{-2}\times \sin 30° = 2.4\,[\text{N·m}]$$

6. 式(7・18)より，
$$B = \mu_0 H = 4\pi\times 10^{-7}\times 4\,500 ≒ 5.65\times 10^{-3}\,[\text{T}]$$

7. 式(7・23)および式(7・26)より，
$$B = \mu H = \mu_0\mu_r H = 4\pi\times 10^{-7}\times 1\,000\times 800 ≒ 1\,[\text{T}]$$

8. 鉄心中の磁束密度 B は，式(7・17)より，
$$B = \frac{\Phi}{S} = \frac{3.6\times 10^{-3}}{30\times 10^{-4}} = 1.2\,[\text{T}]$$

   磁界の強さ H は，式(7・23)より，
   $$B = \mu H \quad (\text{ただし}\ \mu = \mu_0\mu_r)$$
   $$\therefore\ H = \frac{B}{\mu} = \frac{B}{\mu_0\mu_r} = \frac{1.2}{4\pi\times 10^{-7}\times 1\,200} ≒ 795.77\,[\text{A/m}]$$

9. 透磁率 μ は，式(7・23)より，
   $$B = \mu H \qquad \therefore\ \mu = \frac{B}{H} = \frac{0.8}{2\,000} = 0.0004 = 0.4\times 10^{-3}\,[\text{H/m}]$$

   比透磁率 μ_r は，式(7・26)より，
   $$\mu = \mu_0\mu_r \qquad \therefore\ \mu_r = \frac{\mu}{\mu_0} = \frac{0.4\times 10^{-3}}{4\pi\times 10^{-7}} ≒ 318.31\,[\text{H/m}]$$

   磁化率 χ は，式(7・25)より，
   $$\mu_r = 1 + \frac{\chi}{\mu_0}$$
   $$\mu_r - 1 = \frac{\chi}{\mu_0}$$
   $$\mu_0(\mu_r - 1) = \chi$$
   よって，$\chi = \mu_0(\mu_r - 1) = 4\pi\times 10^{-7}\times (318.31 - 1) ≒ 0.399\times 10^{-3}\,[\text{H/m}]$

10. （「7・4 磁界と磁界の強さ」，「7・6 磁力線密度と磁界の強さ」を参照）
    ① 単位正磁極　② 磁界の大きさ　③ 磁界の方向　④ 密度

11. 解図9でP点に$+1\,[\text{wb}]$をおき，$+m\,[\text{wb}]$による磁界の強さを H_1，$-m\,[\text{wb}]$ による磁界の強さを H_2 とすると，式(7・8)より，
$$H_1 = 6.33\times 10^4\times\frac{m}{r^2}\,[\text{A/m}]\quad,\quad H_2 = 6.33\times 10^4\times\frac{-m}{r^2}\,[\text{A/m}]$$

合成した磁界の強さ H_0 は，

$$H_0 = 2H_1 \cos\theta \quad \left(\text{ここで} \cos\theta = \frac{l}{2r}\right)$$

$$= 2 \times 6.33 \times 10^4 \times \frac{m}{r^2} \times \frac{l}{2r}$$

$$= 6.33 \times 10^4 \frac{ml}{r^3} \text{ [A/m]}$$

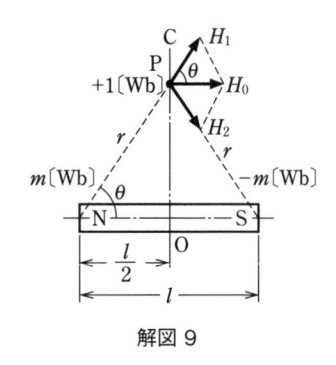

解図 9

第 8 章

● 問

問 8・1 右ねじの法則，右手の法則を利用して解く．

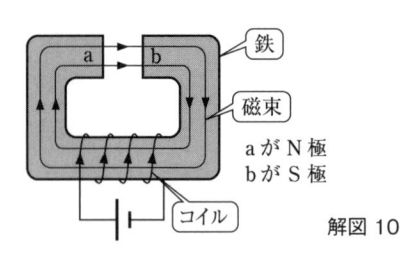

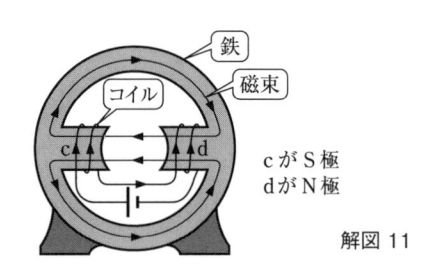

aがN極
bがS極

解図 10

cがS極
dがN極

解図 11

問 8・2 式(8・10) より，

$$H_N = \frac{INr^2}{2(r^2+a^2)^{\frac{3}{2}}} = \frac{2 \times 20 \times (5 \times 10^{-2})^2}{2\{(5 \times 10^{-2})^2 + (5 \times 10^{-2})^2\}^{\frac{3}{2}}} = \frac{2 \times 20 \times 0.05^2}{2(\sqrt{0.05^2+0.05^2})^3}$$

$$\fallingdotseq 141.42 \text{ [A/m]}$$

問 8・3 式(8・3) より，

$$H = \frac{I}{2r} = \frac{2}{2 \times 0.2} = 5 \text{ [A/m]}$$

問 8・4 式(8・19) より，

$$H = \frac{I}{2\pi r} \quad \therefore \quad I = 2\pi rH = 2\pi \times 0.1 \times 50 \fallingdotseq 31.42 \text{ [A]}$$

問 8・5 式(8・25) より，

問と章末問題の解答

$H = nH$ （n：1 [m] 当たりの巻数）

$$n = \frac{H}{I} = \frac{1\,500}{10} = 150 \text{ [回]}$$

よって 1 [cm] 当たりの巻数 n' は，

$n' = 150 \div 100 = 1.5$ 回

問 8・6 式(8・28)より，

$$H = \frac{NI}{2\pi R} \quad \therefore \quad I = \frac{2\pi RH}{N} = \frac{2\pi \times (15 \times 10^{-2}) \times 450}{450} \fallingdotseq 0.942 \text{ [A]}$$

● 章末問題

1. 右ねじの法則を適用すると，上がS極，右がS極，下がN極，左がN極になるので接続は誤りである．

2. 右手の法則より，

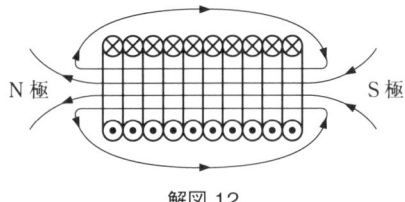

解図 12

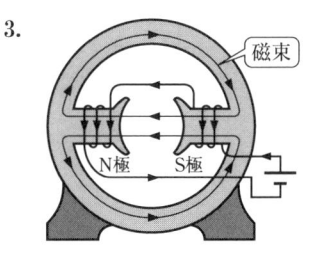

3.

解図 13

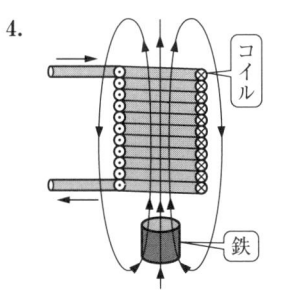

4.

解図 14

5. 式(8・4)より，

$$H = \frac{NI}{2r} \quad \therefore \quad I = \frac{2rH}{N} = \frac{2 \times 10 \times 10^{-2} \times 600}{15} = 8 \text{ [A]}$$

6. 式(8・10)より，

317

問と章末問題の解答

$$H = \frac{INr^2}{2(r^2+a^2)^{\frac{3}{2}}} = \frac{8 \times 15 \times (10 \times 10^{-2})^2}{2\{(10 \times 10^{-2})^2 + (5 \times 10^{-2})^2\}^{\frac{3}{2}}} = \frac{8 \times 15 \times 0.1^2}{2(\sqrt{0.1^2 + 0.05^2})^3}$$
$$\fallingdotseq 429.33 \, [\text{A/m}]$$

7. 式(8・19)より,

$$H = \frac{I}{2\pi r} = \frac{150}{2\pi \times 10 \times 10^{-2}} \fallingdotseq 238.73 \, [\text{A/m}]$$

8. 式(8.25)より,

$$H = nI = \frac{200}{25 \times 10^{-2}} \times 3 = 2\,400 \, [\text{A/m}] \quad (n:1\,[\text{m}]\,\text{当たりの巻数})$$

9. 式(8.28)より,

$$H = \frac{NI}{2\pi R} = \frac{1\,500 \times 0.5}{2\pi \times 15 \times 10^{-2}} \fallingdotseq 795.77 \, [\text{A/m}]$$

第9章

● 問

問 9・1 磁気回路の磁気抵抗 R_m は,式(9・7)より,

$$R_m = \frac{l}{\mu S} = \frac{1}{12.56 \times 10^{-5} \times 25 \times 10^{-4}} \fallingdotseq 3.185 \times 10^6 \, [\text{H}^{-1}]$$

磁気回路の起磁力 F_m は,式(9・6)より,

$$F_m = NI = 200 \times 10 = 2\,000 \, [\text{A}]$$

磁気回路のオームの法則から磁束 Φ は,式(9・5)より,

$$\Phi = \frac{F_m}{R_m} = \frac{2\,000}{3.185 \times 10^6} \fallingdotseq 0.628 \times 10^{-3} \, [\text{Wb}]$$

問 9・2 磁気回路の合成磁気抵抗 R_{m0} は,図9・19(b)を参考にして,

$$R_{m0} = R_{m1} + \frac{R_{m2}R_{m3}}{R_{m2}+R_{m3}} = \frac{R_{m1}(R_{m2}+R_{m3})}{R_{m2}+R_{m3}} + \frac{R_{m2}R_{m3}}{R_{m2}+R_{m3}}$$
$$= \frac{R_{m1}R_{m2} + R_{m1}R_{m3} + R_{m2}R_{m3}}{R_{m2}+R_{m3}} \, [\text{H}^{-1}]$$

磁気回路のオームの法則より,各磁気抵抗に通る磁束 Φ を求める.
R_{m1} に通る磁束 Φ_1 は,

$$\Phi_1 = \frac{F_m}{R_{m0}} = \frac{(R_{m2}+R_{m3})F_m}{R_{m1}R_{m2} + R_{m1}R_{m3} + R_{m2}R_{m3}} \, [\text{Wb}]$$

R_{m2} に通る磁束 Φ_2 は，

$$\Phi_2 = \Phi_1 \times \frac{R_{m3}}{R_{m2}+R_{m3}} = \frac{(R_{m2}+R_{m3})F_m}{R_{m1}R_{m2}+R_{m1}R_{m3}+R_{m2}R_{m3}} \times \frac{R_{m3}}{R_{m2}+R_{m3}}$$

$$= \frac{R_{m3} \cdot F_m}{R_{m1}R_{m2}+R_{m1}R_{m3}+R_{m2}R_{m3}} \text{ (Wb)}$$

R_{m3} に通る磁束 Φ_3 は，

$$\Phi_3 = \Phi_1 \times \frac{R_{m2}}{R_{m2}+R_{m3}} = \frac{(R_{m2}+R_{m3})F_m}{R_{m1}R_{m2}+R_{m1}R_{m3}+R_{m2}R_{m3}} \times \frac{R_{m2}}{R_{m2}+R_{m3}}$$

$$= \frac{R_{m2} \cdot F_m}{R_{m1}R_{m2}+R_{m1}R_{m3}+R_{m2}R_{m3}} \text{ (Wb)}$$

● 章末問題

1. ヒステリシス損は，式(9・1)より，

    $P_h = \eta f B_m^{1.6}$ (W)

    η と B_m が一定の場合は周波数 f に比例する．よって，

    $P_h = 500 \times \dfrac{60}{50} = 600$ (W)

2. (「9・4 磁気回路におけるオームの法則」表9・2参照)

    ① 磁束　② 起磁力　③ 磁気抵抗

3. 起磁力 F_m は，式(9・6)より，

    $F_m = NI = 200 \times 5 = 1\,000$ (A)

4. 磁気抵抗 R_m は，式(9・5)より，

    $\Phi = \dfrac{F_m}{R_m}$ ∴ $R_m = \dfrac{F_m}{\Phi} = \dfrac{200}{2 \times 10^{-6}} = 100 \times 10^6$ (H^{-1})

5. 磁気抵抗 R_m は，式(9・7)より，

    $R_m = \dfrac{l}{\mu S} = \dfrac{40 \times 10^{-2}}{5 \times 10^{-3} \times 4 \times 10^{-4}} = 200 \times 10^3$ (H^{-1})

6. ギャップのないときの磁気抵抗 R_m は，

    $R_m = \dfrac{l}{\mu S}$

    ギャップのあるときの磁気抵抗 $R_m{'}$ は，

    $R_m{'} = \dfrac{l-l_g}{\mu S} + \dfrac{l_g}{\mu_0 S}$

よって，

$$\frac{R_m'}{R_m}=\frac{\frac{l-l_g}{\mu S}+\frac{l_g}{\mu_0 S}}{\frac{l}{\mu S}}=\frac{l-l_g+\frac{\mu l_g}{\mu_0}}{l}=\frac{l-l_g}{l}+\frac{\mu l_g}{\mu_0 l}=1-\frac{l_g}{l}+\frac{\mu}{\mu_0}\cdot\frac{l_g}{l}$$

$$=1+\left(\frac{\mu}{\mu_0}-1\right)\frac{l_g}{l}$$

7. 鉄心中の磁束 Φ は，式(7・17) より，

$$B=\frac{\Phi}{S} \quad \therefore \quad \Phi=BS=1.02\times 5\times 10^{-4}=0.51\times 10^{-3} \text{ [Wb]}$$

鉄心の磁気抵抗 R_m は，式(9・7) より，

$$R_m=\frac{l}{\mu S}=\frac{l}{\mu_0 \mu_r S}=\frac{100\times 10^{-2}}{4\pi\times 10^{-7}\times 1\,200\times 5\times 10^{-4}}\fallingdotseq 1.326\times 10^6 \text{ [H}^{-1}\text{]}$$

したがって実際に必要とする起磁力 F_m は，式(9・5) より，

$$\Phi=\frac{F_m}{R_m} \quad \therefore \quad F_m=R_m\Phi=1.326\times 10^6\times 0.51\times 10^{-3}=676.26 \text{ [A]}$$

さらに起磁力 F_m は，式(9・6) より，

$$F_m=NI$$

したがって，コイルに流す電流 I は，

$$I=\frac{F_m}{N}=\frac{676.26}{170}=3.98 \text{ [A]}$$

《別解》 式(7・17)と磁気回路のオームの法則より，

$$B=\frac{\Phi}{S}$$

$$\Phi=BS=\frac{F_m}{R_m}=\frac{NI}{R_m}=\frac{NI}{\frac{l}{\mu S}}=\frac{NI\mu S}{l}=\frac{NI\mu_0\mu_r S}{l} \quad (\text{ただし } \mu=\mu_0\mu_r)$$

よって，

$$I=\frac{l\Phi}{\mu_0\mu_r NS}=\frac{Bl}{\mu_0\mu_r N}=\frac{1.02\times 100\times 10^{-2}}{4\pi\times 10^{-7}\times 1\,200\times 170}\fallingdotseq 3.98 \text{ [A]}$$

8. ギャップが入った場合の磁気抵抗 R_m は，ギャップを l_g とすると，

$$R_m=\frac{l-l_g}{\mu S}+\frac{l_g}{\mu_0 S}=\frac{l-l_g}{\mu_0\mu_r S}+\frac{l_g}{\mu_0 S} \quad (\text{ただし } \mu=\mu_0\mu_r)$$

$$=\frac{100\times 10^{-2}-0.25\times 10^{-2}}{4\pi\times 10^{-7}\times 1\,200\times 5\times 10^{-4}}+\frac{0.25\times 10^{-2}}{4\pi\times 10^{-7}\times 5\times 10^{-4}}$$

$$\fallingdotseq 1.323\times 10^6+3.979\times 10^6=5.302\times 10^6 \text{ [H}^{-1}\text{]}$$

鉄心中を通す磁束は，前問より $\Phi=0.51\times10^{-3}$ [Wb]．したがって実際に必要とする起磁力 F_m は，式(9・5)より，

$$\Phi=\frac{F_m}{R_m} \quad \therefore \quad F_m=R_m\Phi=5.302\times10^6\times0.51\times10^{-3}=2\,704.02\,[A]$$

さらに起磁力 F_m は，式(9・6)より，

$$F_m=NI$$

したがってコイルに流す電流 I は，

$$I=\frac{F_m}{N}=\frac{2\,704.02}{170}=15.906\,[A] \quad (\text{前問より } N=170)$$

前問の電流 I は 3.98 [A]，ギャップがある場合の電流 I は 15.906 [A]，

よって，$\dfrac{15.906}{3.98}\fallingdotseq 4$ 倍となる．

9. 式(7・17)と磁気回路のオームの法則より，

$$B=\frac{\Phi}{S} \quad \therefore \quad \Phi=BS=\frac{F_m}{R_m}=\frac{NI}{\dfrac{l}{\mu S}}=\frac{NI\mu S}{l}$$

よって，

$$I=\frac{l\Phi}{N\mu S}=\frac{lB}{N\mu} \quad\cdots\cdots\cdots\cdots\cdots\cdots\cdots\cdots\cdots\cdots\cdots\cdots\cdots\cdots\cdots\cdots\cdots\cdots\cdots①$$

ここで平均の磁路の長さ l を求める．

$$l=2\pi\left(r+\frac{d}{2}\right)=2\pi r+\pi d=\pi(2r+d)$$

l を式①に代入．

$$I=\frac{\pi(2r+d)B}{N\mu}\,[A]$$

10. 図9・21の a の部分の磁束密度 B_a は，

$$B_a=\frac{\Phi}{S}=\frac{0.0168}{120\times10^{-4}}=1.4\,[T]$$

これに対する磁化力 H_a は，図9・3より，

$$H_a=2\times10^3\,[A/m]$$

また，b と c の磁路の長さは等しいので，磁気抵抗 R_{mb} と R_{mc} は断面積に反比例する．

問と章末問題の解答

$$R_{mb}:R_{mc}=\frac{1}{100}:\frac{1}{50}=1:2$$

になる．したがって，bおよびcに通る磁束をΦ_b, Φ_c，磁束密度をB_b, B_cとすると，

$$\Phi_b=0.0168\times\frac{R_{mc}}{R_{mb}+R_{mc}}=0.0168\times\frac{2}{1+2}=0.0112\,[\text{Wb}]$$

$$\Phi_c=\Phi-\Phi_b=0.0168-0.0112=0.0056\,[\text{Wb}]$$

$$B_b=\frac{\Phi_b}{S}=\frac{0.0112}{100\times10^{-4}}=1.12\,[\text{T}]$$

$$B_c=\frac{\Phi_c}{S}=\frac{0.0056}{50\times10^{-4}}=1.12\,[\text{T}]$$

(ただしSは，それぞれの磁路の断面積とする．)

この磁束密度に対する磁化力H_bおよびH_cは，表9・3より，

$$H_b=H_c\fallingdotseq 0.25\times10^3\,[\text{A/m}]$$

であるから，

$$F_m=H_a l_a+H_b l_b \quad (\text{あるいは}\ H_c l_c)$$
$$=2\times10^3\times25\times10^{-2}+0.25\times10^3\times75\times10^{-2}=500+187.5=687.5\,[\text{A}]$$

第10章

● 問

問10・1 フレミングの左手の法則より，

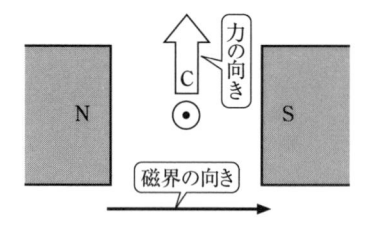

解図15

問10・2 電磁力Fは，式(10・8)より，

磁界と直角方向の場合，

$$F=BIl\sin\theta=1.2\times2\times40\times10^{-2}\times\sin90°=1.2\times2\times40\times10^{-2}\times1=0.96\,[\text{N}]$$

磁界と 45〔°〕の方向の場合，

$$F = BIl \sin \theta = 1.2 \times 2 \times 40 \times 10^{-2} \sin 45° = 1.2 \times 2 \times 40 \times 10^{-2} \times \frac{1}{\sqrt{2}}$$
$$\fallingdotseq 0.679 \text{〔N〕}$$

問 10・3 電線の長さ l は，式(10・8)より，

$$F = BIl \sin \theta$$

$$l = \frac{F}{BI \sin \theta} = \frac{0.3}{1.5 \times 4 \times \sin 30°} = \frac{0.3}{1.5 \times 4 \times 0.5} = 0.1 \text{〔m〕}$$

問 10・4 トルク T は，式(10・10)′ より，

$$T' = NBIld \cos \theta = 300 \times 0.3 \times 1 \times 45 \times 10^{-2} \times 20 \times 10^{-2} \times \cos 60°$$
$$= 300 \times 0.3 \times 1 \times 45 \times 10^{-2} \times 20 \times 10^{-2} \times 0.5 = 4.05 \text{〔N・m〕}$$

問 10・5 流した電流 I は，式(10・10)より，

$$F = BIld \cos \theta$$

$$I = \frac{F}{Bld \cos \theta} = \frac{0.5}{1.5 \times 50 \times 10^{-2} \times 50 \times 10^{-2} \times \cos 45°}$$
$$= \frac{0.5}{1.5 \times 50 \times 10^{-2} \times 50 \times 10^{-2} \times \frac{1}{\sqrt{2}}} \fallingdotseq 1.89 \text{〔A〕}$$

問 10・6 導体相互間の距離 r は，式(10・17)より，

$$F = 2 \times \frac{I_a I_b}{r} \times 10^{-7} \quad \therefore \quad r = \frac{2 \times I_a I_b \times 10^{-7}}{F} = \frac{2 \times 50 \times 50 \times 10^{-7}}{0.01} = 0.05 \text{〔m〕}$$

● 章末問題 ─────────────────────────────

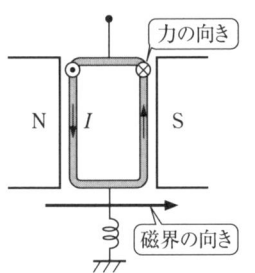

1. フレミングの左手の法則より，

解図 16

2. フレミングの左手の法則より，

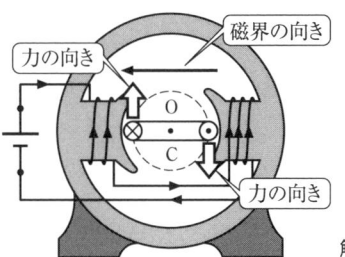

解図 17

問と章末問題の解答

3. フレミングの左手の法則より，導体には解図18(a)の矢印のように力 F が働くが，導体は動かないのでその反作用として F' の力が生じる．

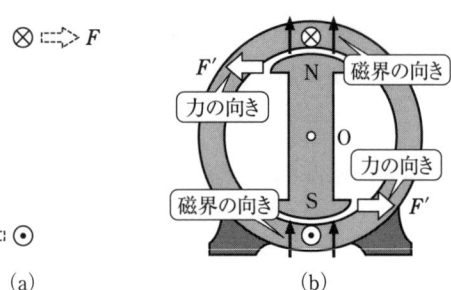

解図 18

4. 電磁力 F は，式(10・8)より，

$F = BIl \sin \theta$ （ただし $B = \mu_0 H$）
$= \mu_0 HIl \sin \theta = 4\pi \times 10^{-7} \times 5\,000 \times 10 \times 30 \times 10^{-2} \times \sin 90°$
$= 4\pi \times 10^{-7} \times 5\,000 \times 10 \times 30 \times 10^{-2} \times 1 ≒ 0.0188 \,[\text{N}]$

5. コイルに働くトルク T は，式(10・10)より，

$T = BIld \cos \theta = \mu_0 HIld \cos \theta$
$= 4\pi \times 10^{-7} \times 4\,000 \times 20 \times 30 \times 10^{-2} \times 20 \times 10^{-2} \times \cos 0°$
$= 4\pi \times 10^{-7} \times 4\,000 \times 20 \times 30 \times 10^{-2} \times 20 \times 10^{-2} \times 1 ≒ 6.03 \times 10^{-3} \,[\text{N·m}]$

6. （「10・4 電流相互間に働く力」，「10・5 平行な直線電流相互間に働く力」を参照）
① 電流力　② 電流の相乗積　③ 電線の間隔

7. 電流力 F は，式(10・17)より，

$F = 2 \times \dfrac{I_a I_b}{r} \times 10^{-7} = 2 \times \dfrac{100 \times 100}{5 \times 10^{-2}} \times 10^{-7} = 0.04 \,[\text{N/m}]$

8. 解図19より，a，b，cの各導体には電流力 F により互いに吸引力を生ずる．式(10・17)より，

$F = 2 \times \dfrac{I_a I_b}{r} \times 10^{-7}$
$= 2 \times \dfrac{100 \times 100}{0.5} \times 10^{-7}$
$= 4 \times 10^{-3} \,[\text{N/m}]$

この場合，導体に加わる力の合成 F_0 は，

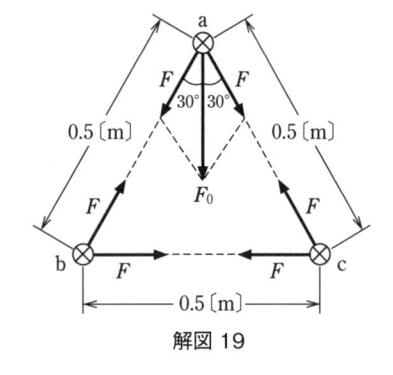

解図 19

$$F_0 = 2F\cos 30° = 2\times 4\times 10^{-3}\times \cos 30° = 2\times 4\times 10^{-3}\times \frac{\sqrt{3}}{2} ≒ 6.93\times 10^{-3}\,[\text{N/m}]$$

9. 機械的動力 P は，式(10・23)より，

$$P = I\frac{\Delta\Phi}{\Delta t} = 20\times \frac{0.03}{0.2} = 3\,[\text{W}]$$

第11章

● 問

問 11・1 磁石をコイルに近づけると，解図20のようにコイルと鎖交する．磁束が増し，反作用磁束をつくるため，b から a に向かう起電力が生じる（レンツの法則）．

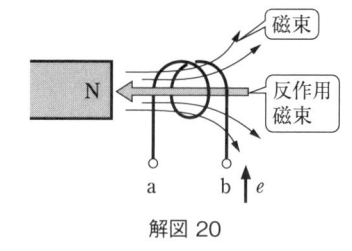

解図 20

問 11・2 スイッチ K を閉じたときは解図21により，a→b の方向に誘導電流を流すように起電力を生じる．スイッチ K を開いたときは解図22により，b→a の方向に誘導電流を流すように起電力を生じる．

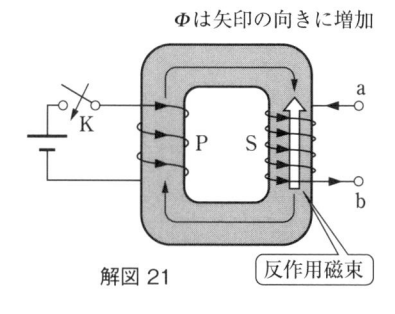

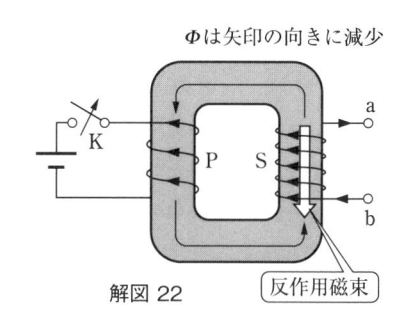

解図 21　　　解図 22

問 11・3 a→b の方向．

問**11・4** フレミングの右手の法則より,

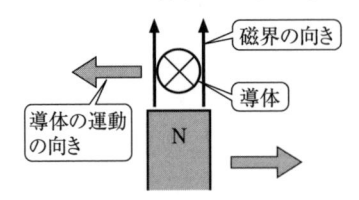

解図 23

問**11・5** 磁束の変化 $\varDelta \Phi$ は,

$$\varDelta \Phi = 0.15 - 0.2 = -0.05 \text{ [Wb]}$$

誘導起電力 e は式(11・3)より,

$$e = -N\frac{\varDelta \Phi}{\varDelta t} = -30 \times \frac{-0.05}{0.2} = 7.5 \text{ [V]}$$

問**11・6** 誘導起電力 e は,式(11・3)より,

$$e = -N\frac{\varDelta \Phi}{\varDelta t} = -1 \times \frac{6}{0.3} = -20 \text{ [V]}$$

問**11・7** 1次回路の電流 I は,式(11・13)より,

$$M = \frac{N_2 \Phi_m}{I} \quad \therefore \quad I = \frac{N_2 \Phi_m}{M} = \frac{50 \times 3 \times 10^{-3}}{100 \times 10^{-3}} = 1.5 \text{ [A]}$$

問**11・8** 自己誘導起電力 e は,式(11・18)より,

$$e = -L\frac{\varDelta I}{\varDelta t} = -3 \times \frac{0-5}{0.5-0.2} = 50 \text{ [V]}$$

問**11・9** 相互インダクタンス M は,式(11・42)′より,

$$L_0 = L_1 + L_2 \pm 2M$$

$$0.985 = 0.4 + 0.225 \pm 2M$$

$$0.985 = 0.625 \pm 2M$$

このとき相互インダクタンスは,和動結合でないと成立しない.よって,

$$0.985 = 0.625 + 2M$$

$$2M = 0.985 - 0.625 \quad \therefore \quad M = \frac{0.985 - 0.625}{2} = 0.18 \text{ [H]}$$

問**11・10** 蓄えられた電磁エネルギー W は,式(11・44)より,

$$W = \frac{1}{2}LI^2 = \frac{1}{2} \times 100 \times 10^{-3} \times 0.5^2 = 0.0125 = 12.5 \times 10^{-3} \text{ [J]}$$

● 章末問題

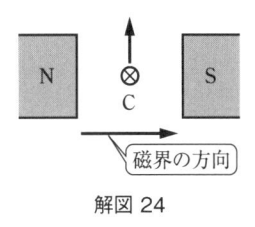

1. フレミングの右手の法則より，

解図 24

2. フレミングの右手の法則より，

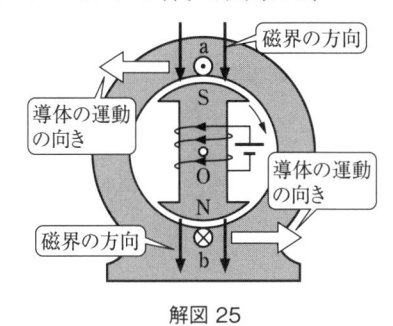

解図 25

3. 誘導起電力 e は，式(11・3)より，

$$e = -N\frac{\Delta\Phi}{\Delta t} = -100 \times \frac{0.01 - 0.05}{0.01} = 400 \,[\text{V}]$$

4. 誘導起電力 e は，式(11・8)より，

$$e = Blv\sin\theta = 2 \times 50 \times 10^{-2} \times 100 \times \sin 30° = 2 \times 50 \times 10^{-2} \times 100 \times 0.5 = 50 \,[\text{V}]$$

5. 自己誘導起電力 e は，式(11・18)より，

$$e = -L\frac{\Delta I}{\Delta t} = -25 \times 10^{-3} \times \frac{300}{0.02} = -375 \,[\text{V}]$$

6. 自己インダクタンス L は，式(11・18)より，

$$e = -L\frac{\Delta I}{\Delta t}$$

大きさのみ考えると，

$$L = e\frac{\Delta t}{\Delta I} = 45 \times \frac{1}{120} = 0.375 \,[\text{H}]$$

相互インダクタンス M は，式(11・14)より，

$$e = -M\frac{\Delta I}{\Delta t}$$

大きさのみ考えると，

$$M = e\frac{\Delta t}{\Delta I} = 15 \times \frac{1}{120} = 0.125 \,[\text{H}]$$

7. 磁束 Φ は，式(11・17)より，

$$L = \frac{N\Phi}{I} \quad \therefore \quad \Phi = \frac{LI}{N} = \frac{15 \times 10^{-3} \times 10}{100} = 0.0015 = 1.5 \times 10^{-3} \,[\text{Wb}]$$

8. 全体のインダクタンス L_0 は，式(11・42)' より，

$$L_0 = L_1 + L_2 \pm 2M = 10 \times 10^{-3} + 25 \times 10^{-3} + 2 \times 15 \times 10^{-3} = 65 \times 10^{-3} \text{[H]}$$
$$= 65 \text{[mH]}$$

結合係数 k は，式(11・39) より，

$$k = \frac{M}{\sqrt{L_1 L_2}} = \frac{15 \times 10^{-3}}{\sqrt{10 \times 10^{-3} \times 25 \times 10^{-3}}} \fallingdotseq 0.949$$

9. 環状鉄心の自己インダクタンス L は，式(11・32) より，

$$L = \frac{N^2}{R_m} = \frac{N^2}{\dfrac{l}{\mu S}} = \frac{\mu S N^2}{l} = \frac{\mu_0 \mu_r S N^2}{l} \quad (\text{ただし } \mu = \mu_0 \mu_r)$$

$$= \frac{4\pi \times 10^{-7} \times 1\,000 \times 30 \times 10^{-4} \times 300^2}{60 \times 10^{-2}} \fallingdotseq 0.565 \text{[H]}$$

蓄えられる電磁エネルギー W は，式(11・44) より，

$$W = \frac{1}{2} L I^2 = \frac{1}{2} \times 0.565 \times 2^2 = 1.13 \text{[J]}$$

第12章

● 問

問12・1 静電力 F は，式(12・2) より，

$$F = 9 \times 10^9 \times \frac{Q_1 Q_2}{r^2} = 9 \times 10^9 \times \frac{(-0.2 \times 10^{-6}) \times 0.5 \times 10^{-6}}{1^2}$$
$$= -0.0009 = -0.9 \times 10^{-3} \text{[N]}$$

F の値が負なので吸引力．

問12・2 電界の強さ E は，式(12・6) より（空気中なので $\varepsilon_r = 1$），

$$E = 9 \times 10^9 \times \frac{Q}{\varepsilon_r r^2} = 9 \times 10^9 \times \frac{2 \times 10^{-6}}{1 \times (20 \times 10^{-2})^2} = 45\,000 = 450 \times 10^3 \text{[V/m]}$$

問12・3 電界の強さ E は，式(12・21) より（空気中なので $\varepsilon_r = 1$），

$$D = \varepsilon E = \varepsilon_0 \varepsilon_r E \quad (\text{ただし } \varepsilon = \varepsilon_0 \varepsilon_r)$$

$$E = \frac{D}{\varepsilon_0 \varepsilon_r} = \frac{0.6 \times 10^{-6}}{8.854 \times 10^{-12}} \fallingdotseq 67\,766 = 67.766 \times 10^3 \text{[V/m]}$$

問12・4 電位 V_a は，式(12・36) より（空気中なので $\varepsilon_r = 1$），

$$V_a = 9 \times 10^9 \times \frac{Q}{\varepsilon_r r} = 9 \times 10^9 \times \frac{0.1 \times 10^{-6}}{1 \times (30 \times 10^{-2})} = 3\,000 \text{ [V]}$$

電位 V_b は,式(12・36)より(空気中なので $\varepsilon_r = 1$),

$$V_b = 9 \times 10^9 \times \frac{Q}{\varepsilon_r r} = 9 \times 10^9 \times \frac{0.1 \times 10^{-6}}{1 \times (60 \times 10^{-2})} = 1\,500 \text{ [V]}$$

したがって電位差 $(V_a - V_b)$ は,

$$V_a - V_b = 3\,000 - 1\,500 = 1\,500 \text{ [V]}$$

問 12・5 電位の傾き g は,式(12・46)より,

$$g = \frac{V}{l} = \frac{250}{1 \times 10^{-2}} = 20\,500 = 25 \times 10^3 \text{ [V/m]}$$

電束密度 D は,式(12・21)より,

$$D = \varepsilon E = \varepsilon_0 \varepsilon_r E \quad (\text{ただし } \varepsilon = \varepsilon_0 \varepsilon_r)$$

また電位の傾きは,電界の強さ E に等しいので(空気中なので $\varepsilon_r = 1$),

$$D = \varepsilon_0 \varepsilon_r E = 8.854 \times 10^{-12} \times 1 \times 25 \times 10^3 \fallingdotseq 0.221 \times 10^{-6} \text{ [C/m}^2\text{]}$$

● 章末問題 ─────────────────────

1. 静電力 F は,式(12・2)より,

$$F = 9 \times 10^9 \times \frac{Q_1 Q_2}{r^2} = 9 \times 10^9 \times \frac{0.1 \times 10^{-6} \times 0.2 \times 10^{-6}}{(5 \times 10^{-2})^2} = 0.072 \text{ [N]}$$

2. 電界の強さ E は,式(12・8)より,

$$F = EQ \quad \therefore \quad E = \frac{F}{Q} = \frac{10^{-4}}{0.01 \times 10^{-6}} = 1\,000 = 10 \times 10^3 \text{ [V/m]}$$

3. 電界の強さ E は,式(12・6)より(大気中なので $\varepsilon_r = 1$),

$$E = 9 \times 10^9 \times \frac{Q}{\varepsilon_r r^2} = 9 \times 10^9 \times \frac{0.5 \times 10^{-6}}{1 \times 1^2} = 4\,500 \text{ [V/m]}$$

4. 電界の強さ E は,式(12・6)より,

$$E = 9 \times 10^9 \times \frac{Q}{\varepsilon_r r^2} = 9 \times 10^9 \times \frac{5 \times 10^{-6}}{3 \times (50 \times 10^{-2})^2} = 60\,000 = 60 \times 10^3 \text{ [V/m]}$$

5. P 点に $+1$ [C] をおくと解図 26 のようになる.解図 26 中の電界の強さ E_1 は式(12・6)より(空気中なので $\varepsilon_r = 1$,$r = AP = BP = 20\sqrt{2} \times 10^{-2}$ [m]),

$$E_1 = 9 \times 10^9 \frac{Q}{\varepsilon_r r^2} = 9 \times 10^9 \times \frac{0.1 \times 10^{-6}}{1 \times (20\sqrt{2} \times 10^{-2})^2} = 11\,250 = 11.25 \times 10^3 \text{ [V/m]}$$

解図 26 中の電界の強さ E_2 は，式(12・6)より，

$$E_2 = 9 \times 10^9 \times \frac{Q}{\varepsilon_r r^2}$$

$$= 9 \times 10^9 \times \frac{-0.2 \times 10^{-6}}{1 \times (20\sqrt{2} \times 10^{-2})^2}$$

$$= -22\,500 = -22.5 \times 10^3 \text{ [V/m]}$$

解図 26

したがって合成した電界の強さ E_0 は，ピタゴラスの定理より，

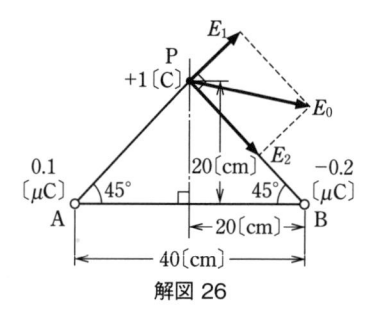

$$E_0 = \sqrt{E_1^2 + E_2^2} = \sqrt{(11.25 \times 10^3)^2 + (-22.5 \times 10^3)^2} \fallingdotseq 25\,156 \text{ [N]}$$

$$= 25.156 \times 10^3 \text{ [N]}$$

電位 V は，式(12・36)から $0.1\,[\mu C]$ および $-0.2\,[\mu C]$ による電位の値をそれぞれ加えればよい（空気中なので $\varepsilon_r = 1$）．

$$V = 9 \times 10^9 \times \frac{Q}{\varepsilon_r r}$$

$$V_{0.1} = 9 \times 10^9 \times \frac{0.1 \times 10^{-6}}{1 \times 20\sqrt{2} \times 10^{-2}} \fallingdotseq 3\,182 \text{ [V]}$$

$$V_{-0.2} = 9 \times 10^9 \times \frac{-0.2 \times 10^{-6}}{1 \times 20\sqrt{2} \times 10^{-2}} \fallingdotseq -6\,364 \text{ [V]}$$

∴ $V = V_{0.1} + V_{-0.2} = 3\,182 + (-6\,364) = -3\,182 = -3.182 \times 10^3 \text{ [V]}$

6. 導体球の電位 V は，式(12・38)より（真空中なので $\varepsilon_r = 1$），

$$V = \frac{Q}{4\pi\varepsilon r} = 9 \times 10^9 \times \frac{Q}{\varepsilon_r r} = 9 \times 10^9 \times \frac{1 \times 10^{-6}}{1 \times (10 \times 10^{-2})} = 90\,000 \text{ [V]}$$

7. 全電束 $\Psi = 0.01 \times 10^{-6}\,[C]$．したがって電束密度 D は，式(12・21)より，

$$D = \frac{\Psi}{S} = \frac{0.01 \times 10^{-6}}{20 \times 10^{-4}} = 5 \times 10^{-6}\,[C/m^2]$$

極板間の電圧 V は，式(12・44)および式(12・21)より（空気中なので $\varepsilon_r = 1$），

$$V = El = \frac{D}{\varepsilon}l = \frac{D}{\varepsilon_0 \varepsilon_r}l = \frac{5 \times 10^{-6}}{8.854 \times 10^{-12} \times 1} \times 3 \times 10^{-3} \fallingdotseq 1\,694 \text{ [V]}$$

（ただし $\varepsilon = \varepsilon_0 \varepsilon_r$）

8. 電界の強さ E は，式(12・8)より，

$$F = EQ \qquad \therefore \quad E = \frac{F}{Q} = \frac{0.5}{50 \times 10^{-6}} = 10\,000 \text{ [V/m]}$$

供給電圧 V は，式(12・44)より，

$$V = El = 10\,000 \times 5 \times 10^{-2} = 500 \text{ [V]}$$

第 13 章

● 問

問 13・1 静電容量 C は，式(13・4)より，

$$C = \frac{Q}{V} = \frac{50 \times 10^{-6}}{100} = 0.5 \times 10^{-6} \text{ [F]} = 0.5 \text{ [}\mu\text{F]}$$

問 13・2 金属平行板の静電容量 C は，式(13・11)より，

$$C = 8.854 \times 10^{-12} \times \frac{\varepsilon_r S}{l} = 8.854 \times 10^{-12} \times \frac{4 \times (500 \times 10^{-4})}{1 \times 10^{-3}} \fallingdotseq 1.77 \times 10^{-9} \text{ [F]}$$
$$= 1.77 \times 10^{-3} \text{ [}\mu\text{F]}$$

問 13・3 $C_1 = 0.1$ [μF], $C_2 = 0.2$ [μF], $C_3 = 0.3$ [μF] とすると，合成静電容量 C_t は，式(13・35)より，

$$C_t = C_1 + C_2 + C_3 = (0.1 + 0.2 + 0.3) \times 10^{-6} = 0.6 \times 10^{-6} \text{ [F]} = 0.6 \text{ [}\mu\text{F]}$$

蓄えられる電荷 Q は，式(13・4)より，

$$C_t = \frac{Q}{V} \quad \therefore \quad Q = C_t V = 0.6 \times 10^{-6} \times 500 = 300 \times 10^{-6} \text{ [C]}$$

問 13・4 $C_1 = 4$ [μF], $C_2 = 6$ [μF] とすると，合成静電容量 C_t は，式(13・38)より，

$$C_t = \frac{1}{\frac{1}{C_1} + \frac{1}{C_2}} = \frac{1}{\frac{1}{4 \times 10^{-6}} + \frac{1}{6 \times 10^{-6}}} = \frac{1}{\frac{5}{12 \times 10^{-6}}} = 2.4 \times 10^{-6} \text{ [F]} = 2.4 \text{ [}\mu\text{F]}$$

《別解》 式(13・42)より，

$$C_t = \frac{C_1 C_2}{C_1 + C_2} = \frac{4 \times 10^{-6} \times 6 \times 10^{-6}}{4 \times 10^{-6} + 6 \times 10^{-6}} = 2.4 \times 10^{-6} \text{ [F]} = 2.4 \text{ [}\mu\text{F]}$$

問 13・5 コンデンサの静電容量 C は，式(13・4)より，

$$C = \frac{Q}{V} = \frac{10 \times 10^{-3}}{30} \fallingdotseq 333.3 \times 10^{-6} \text{ [F]} = 333.3 \text{ [}\mu\text{F]}$$

コンデンサに蓄えられるエネルギー W は，式(13・50)より，

$$W = \frac{1}{2} QV = \frac{1}{2} \times 10 \times 10^{-3} \times 30 = 0.15 \text{ [J]}$$

または式(13・51)より，

問と章末問題の解答

$$W = \frac{1}{2}CV^2 = \frac{1}{2} \times 333.3 \times 10^{-6} \times 30^2 \fallingdotseq 0.15 \text{ (J)} = \frac{Q^2}{2C} = \frac{(10 \times 10^{-3})^2}{2 \times 333.3 \times 10^{-6}}$$
$$\fallingdotseq 0.15 \text{ (J)}$$

● 章末問題

1. 静電容量 C は，式(13・4)より，

$$C = \frac{Q}{V} = \frac{2 \times 10^{-6}}{100} = 0.02 \times 10^{-6} \text{ (F)} = 0.02 \text{ }(\mu\text{F})$$

2. 図13・33の斜線部の面積 S は，

$$S = \frac{60}{360} \times \{\pi(10 \times 10^{-2})^2 - \pi(1 \times 10^{-2})^2\} = \frac{1}{6} \times (31.42 \times 10^{-3} - 0.3141 \times 10^{-3})$$
$$\fallingdotseq 5.184 \times 10^{-3} \text{ (m}^2\text{)}$$

静電容量 C は，式(13・11)より（空気中なので $\varepsilon_r = 1$），

$$C = 8.854 \times 10^{-12} \times \frac{\varepsilon_r S}{l} = 8.854 \times 10^{-12} \times \frac{1 \times 5.184 \times 10^{-3}}{0.5 \times 10^{-3}}$$
$$\fallingdotseq 91.8 \times 10^{-12} \text{ (F)} = 91.8 \text{ (pF)}$$

3. 静電容量 C は，式(13・15)より，

$$C = \frac{Q}{V} = \frac{S}{\frac{l_1}{\varepsilon_1} + \frac{l_2}{\varepsilon_2}} = \frac{S}{\frac{l_1}{\varepsilon_0 \varepsilon_{r1}} + \frac{l_2}{\varepsilon_0 \varepsilon_{r2}}} = \frac{\varepsilon_0 S}{\frac{l_1}{\varepsilon_{r1}} + \frac{l_2}{\varepsilon_{r2}}} = \frac{8.854 \times 10^{-12} \times 10 \times 10^{-4}}{\frac{0.5 \times 10^{-3}}{3} + \frac{1 \times 10^{-3}}{5}}$$
$$\fallingdotseq 24.15 \times 10^{-12} \text{ (F)} = 24.15 \text{ (pF)}$$

4. $C_1 = 2 \text{ }(\mu\text{F})$，$C_2 = 3 \text{ }(\mu\text{F})$ とすると，並列の場合の合成静電容量 C_t は，式(13・35)より，

$$C_t = C_1 + C_2 = (2 + 3) \times 10^{-6} = 5 \times 10^{-6} \text{ (F)} = 5 \text{ }(\mu\text{F})$$

直列の場合の合成静電容量 C_t は，式(13・40)より，

$$C_t = \frac{1}{\frac{1}{C_1} + \frac{1}{C_2}} = \frac{1}{\frac{1}{2 \times 10^{-6}} + \frac{1}{3 \times 10^{-6}}} = \frac{1}{\frac{5}{6 \times 10^{-6}}} = 1.2 \times 10^{-6} \text{ (F)} = 1.2 \text{ }(\mu\text{F})$$

または，式(13・42)より，

$$C_t = \frac{C_1 C_2}{C_1 + C_2} = \frac{2 \times 10^{-6} \times 3 \times 10^{-6}}{2 \times 10^{-6} + 3 \times 10^{-6}} = \frac{6 \times 10^{-12}}{5 \times 10^{-6}} = 1.2 \times 10^{-6} \text{ (F)} = 1.2 \text{ }(\mu\text{F})$$

5. 解図27より，コンデンサ $C_1 = 0.15 \text{ }(\mu\text{F})$ に蓄えられる電荷 Q_1 は，式(13・4)より，

$$C_1 = \frac{Q_1}{V_1}$$

$$Q_1 = C_1 V_1 = 0.15 \times 10^{-6} \times 75$$
$$= 11.25 \times 10^{-6} \text{ [C]}$$

ここでコンデンサの直列接続の場合は，各コンデンサに蓄えられる電荷は等しい（静電誘導）ので，

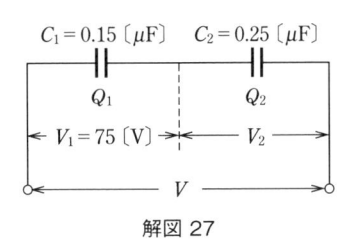

$$Q_1 = Q_2 = 11.25 \times 10^{-6} \text{ [C]}$$

解図 27

コンデンサ C_2 に供給された電圧 V_2 は，式(13・4)より，

$$C_2 = \frac{Q_2}{V_2} \quad \therefore \quad V_2 = \frac{Q_2}{C_2} = \frac{11.25 \times 10^{-6}}{0.25 \times 10^{-6}} = 45 \text{ [V]}$$

したがって供給電圧（電源電圧）V は，各コンデンサの端子電圧 V_1 と V_2 を加えればよい．

$$V = V_1 + V_2 = 75 + 45 = 120 \text{ [V]}$$

6. 並列接続の場合の合成静電容量 C_t は，式(13・35)より，

$$C_t = C_1 + C_2$$
$$10 \times 10^{-6} = C_1 + C_2 \quad \therefore \quad C_2 = 10 \times 10^{-6} - C_1 \quad \cdots\cdots\cdots\text{①}$$

直列接続の場合の合成静電容量 C_t は，式(13・42)より，

$$C_t = \frac{C_1 C_2}{C_1 + C_2} \quad \therefore \quad 2.4 \times 10^{-6} = \frac{C_1 C_2}{C_1 + C_2} \quad \cdots\cdots\cdots\text{②}$$

式①を式②に代入．

$$2.4 \times 10^{-6} = \frac{C_1(10 \times 10^{-6} - C_1)}{C_1 + (10 \times 10^{-6} - C_1)}$$

$$2.4 \times 10^{-6} = \frac{10 \times 10^{-6} C_1 - C_1^2}{10 \times 10^{-6}}$$

$$24 \times 10^{-12} = 10 \times 10^{-6} C_1 - C_1^2$$

$$C_1^2 - 10 \times 10^{-6} C_1 + 24 \times 10^{-12} = 0$$

$$(C_1 - 6 \times 10^{-6})(C_1 - 4 \times 10^{-6}) = 0 \quad \therefore \quad C_1 = 6 \times 10^{-6} \text{ [F]}, \ 4 \times 10^{-6} \text{ [F]}$$

したがって式①より，

$C_1 = 6 \times 10^{-6}$ [F] のとき $C_2 = 4 \times 10^{-6}$ [F]

$C_1 = 4 \times 10^{-6}$ [F] のとき $C_2 = 6 \times 10^{-6}$ [F]

7. cb 間の合成静電容量 C' は，式(13・35)より，

$C' = C_2 + C_3 = (4+6) \times 10^{-6} = 10 \times 10^{-6}$ [F]

ab 間の合成静電容量 C_0 は，式(13・42)より，

$$C_0 = \frac{C'C_1}{C'+C_1} = \frac{10 \times 10^{-6} \times 15 \times 10^{-6}}{10 \times 10^{6} + 15 \times 10^{-6}} = 6 \times 10^{-6} \text{ [F]} = 6 \text{ [}\mu\text{F]}$$

ab 間に $V=125$ [V] を加えたとき，合成静電容量 C_0 に蓄えられる電荷 Q は，式(13・4)より，

$$C_0 = \frac{Q}{V} \quad \therefore \quad Q = C_0 V = 6 \times 10^{-6} \times 125 = 0.75 \times 10^{-3} \text{ [C]}$$

この電荷 Q は，直列に接続されたコンデンサには等しく蓄えられるので，Q_1 に蓄えられる電荷は，

$$Q_1 = Q = 0.75 \times 10^{-3} \text{ [C]}$$

次に C_2 と C_3 は並列に接続されているので，各コンデンサに蓄えられる電荷は静電容量に比例する．したがって C_2，C_3 に蓄えられる電荷 Q_2，Q_3 は，

$$Q_2 = Q \times \frac{4}{10} = 0.75 \times 10^{-3} \times \frac{4}{10} = 0.3 \times 10^{-3} \text{ [C]}$$

$$Q_3 = Q \times \frac{6}{10} = 0.75 \times 10^{-3} \times \frac{6}{10} = 0.45 \times 10^{-3} \text{ [C]}$$

次に，C_1 の電圧 V_1 は，式(13・4)より，

$$C_1 = \frac{Q_1}{V_1} \quad \therefore \quad V_1 = \frac{Q_1}{C_1} = \frac{0.75 \times 10^{-3}}{15 \times 10^{-6}} = 50 \text{ [V]}$$

また，C_2 および C_2 の電圧 V_2 は，

$$V_2 = V - V_1 = 125 - 50 = 75 \text{ [V]}$$

8. 図13・36を解図28のような等価回路にする．

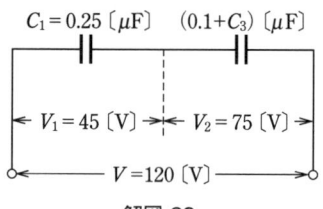

```
      C₁=0.25 [μF]    (0.1+C₃) [μF]
   o───┤├─────────┊─────────┤├───o
       ←  V₁=45 [V] → ← V₂=75 [V] →
   o─────────── V=120 [V] ───────o
```

解図 28

コンデンサにかかる端子電圧は静電容量に反比例する．式(13・41)より，

$$V_1 : V_2 = \frac{1}{C_1} : \frac{1}{C_3 + 0.1} \quad \therefore \quad 45 : 75 = \frac{1}{0.25} : \frac{1}{C_3 + 0.1}$$

内項の積と外項の積は等しいので，

$$\frac{75}{0.25}=\frac{45}{C_3+0.1}$$

$$75(C_3+0.1)=45\times0.25$$

$$75C_3+7.5=11.25$$

$$C_3=\frac{11.25-7.5}{75}=0.05 \,[\mu\mathrm{F}]$$

また，C_3 に蓄えられる電荷 Q_3 は，式(13・4)より，

$$C_3=\frac{Q_3}{V_2}$$

$$Q_3=C_3V_2=0.05\times10^{-6}\times75=3.75\times10^{-6}\,[\mathrm{C}]=3.75\,[\mu\mathrm{C}]$$

9. 蓄えられた静電エネルギー W は，式(13・50)より，

$$W=\frac{1}{2}QV=\frac{1}{2}\times5\times10^{-3}\times1\,000=2.5\,[\mathrm{J}]$$

10. 蓄えられた静電エネルギー W は，式(13・51)より，

$$W=\frac{1}{2}CV^2=\frac{1}{2}\times2\times10^{-6}\times1\,000^2=1\,[\mathrm{J}]$$

索　引

■英数字

10時間放電率 …………………………105
1グラム当量 ……………………………94
1ファラデー ……………………………94
AC ………………………………7, 203
$B\text{-}H$ 曲線 …………………………155
DC ………………………………7, 203
n形半導体 ………………………………90
N極 ……………………………………108
pn接合 …………………………………103
pn接合面 ………………………………103
p形半導体 ………………………………90
S極 ……………………………………108

■あ行

アーク放電 ……………………………294
圧電逆効果 ……………………………289
圧電効果 ………………………………289
圧電正効果 ……………………………289
網目 ……………………………………36
アラゴの円板 …………………………229
暗電流 …………………………………291
アンペア …………………………………6
アンペア時 ……………………………105
アンペアの周回路の法則 ……………144
アンペア毎ウェーバ …………………163
アンペア毎メートル …………………113

イオン化傾向 …………………………97
一次回路 ………………………………207
一次巻線 ………………………………225
一次電池 …………………………97, 100
陰イオン …………………………………91

ウェーバ ………………………………110
ウェーバー ……………………………123
うず電流 ………………………………227
うず電流制動 …………………………229
うず電流損 ……………………………228

影像電荷 ………………………………254

オーム …………………………………14
オームの法則 …………………………16
オームメートル …………………………75
温度係数 …………………………………79

■か行

外部抵抗 …………………………………30
回路 ………………………………………13
回路網 ……………………………………36
ガウスの定理 …………………………244
活物質 ……………………………………99
過電流遮断器 ……………………………70
過渡現象 ………………………………283
可変コンデンサ ………………………276
カロリー …………………………………68
巻数比 …………………………………226

起磁力 …………………………………163
起電力 ……………………………………12

索　引

キャパシタ	274
キャパシタンス	262
キャリア	90
キュリー温度	156
強磁性体	109
局部作用	99
許容電流	69
キルヒホッフの第1法則	39
キルヒホッフの第2法則	41
キルヒホッフの法則	36
キロワット時	63
クーロン	5
クーロン毎平方メートル	243
クォーク	3
グラム毎クーロン	94
グロー放電	293
結合係数	217
減極剤	99
原子核	2
コイル	134
合成抵抗	20
拘束電荷	236
光電効果	103
効率	65
交流	7, 203
交流起電力	203
交流電流	203
固定コンデンサ	276
固有抵抗	74
コロナ放電	293
コンダクタンス	15
コンデンサ	274

■さ行

サイクル	204
最大値	203
最大透磁率	155
鎖交	199
鎖交数	199
差動結合	218
残留磁気	158
磁位	163
磁位降下	163
磁位差	163
ジーメンス	16
ジーメンス毎メートル	75
磁化	107
磁界	112
磁界の縦効果	187
磁界の強さ	112
磁界の方向	113
磁化曲線	155
磁化の強さ	123
磁化率	126
磁化力	126
磁気	107
磁気回路	161
磁気回路におけるオームの法則	163
磁気作用	107
磁気シールド	129
磁気しゃへい	129
磁気双極子	118
磁気抵抗	163
磁気抵抗率	163
磁気ヒステリシス	157
磁気ひずみ	160
磁気変態	156
磁気変態点	156
磁気飽和	155
磁気飽和曲線	155
磁気モーメント	119
磁気漏れ係数	169

索　引

磁気誘導 …………………………108	真性半導体 ……………………………90
磁極 ………………………………107	真電荷 ………………………………272
磁極の強さ ………………………109	
磁極密度 …………………………123	水平分力 ……………………………120
磁気力 ………………………107,108	スピン ………………………………138
磁気力に関するクーロンの法則 ……110	スリップリング ……………………204
磁区 ………………………………139	
自己インダクタンス ……………209	正極 …………………………………108
自己減磁力 ………………………127	正極活物質 …………………………99
自己放電 ……………………………99	正弦波交流 …………………………203
自己誘導 …………………………209	成層鉄心 ……………………………228
自己誘導起電力 …………………209	正電荷 …………………………………1
自己誘導係数 ……………………209	静電気 ………………………………233
磁軸 ………………………………107	静電シールド ………………………260
磁石 ………………………………107	静電しゃへい ………………………260
磁性体 ……………………………109	静電誘導 ……………………………236
磁束 ………………………………123	静電容量 ……………………………262
磁束鎖交数 ………………………199	静電力 ………………………………233
磁束の表皮効果 …………………231	静電力に関するクーロンの法則 ……233
磁束密度 …………………………125	整流 …………………………………206
磁場 ………………………………112	整流子 ………………………………205
充電 ………………………………101	ゼーベック効果 ………………………71
自由電荷 …………………………236	絶縁耐力 ……………………………291
自由電子 ……………………………3	絶縁抵抗 ………………………………86
充電電流 …………………………285	絶縁破壊 ……………………………291
周波数 ……………………………204	絶縁破壊電圧 ………………………291
ジュール ……………………………60	絶縁破壊の強さ ……………………291
ジュール熱 …………………………67	絶縁物 …………………………………8
ジュールの法則 ……………………67	接触抵抗 ………………………………88
出力 …………………………………65	接触電位差 …………………………99
循環電流 ……………………………51	接地 ……………………………………89
瞬時値 ……………………………203	接地抵抗 ………………………………89
常磁性体 …………………………109	接地電極 ………………………………89
消費電力 ……………………………61	接地板 …………………………………89
初期透磁率 ………………………155	
磁力線 ……………………………116	相互インダクタンス ………………207
磁路 ………………………………161	相互誘導 ……………………………206
真空の誘電率 ……………………234	相互誘導起電力 ……………………207

索　引

相互誘導係数 …………………207	電位の傾き …………………256
ソレノイド …………………135	電荷 ……………………………1
損失電力 ………………………65	電解 ……………………………93
	電界 …………………………236
■た行	電解液 …………………………92
帯電 ……………………………1	電解質 …………………………91
太陽電池 ……………………102	電解精錬法 ……………………97
縦効果 ………………………290	電界の大きさ ………………237
端子電圧 ………………………31	電界の強さ …………………237
短絡 ……………………………70	電界の方向 …………………237
	電気影像法 …………………254
蓄電器 ………………………274	電気回路 ………………………13
蓄電池 ………………………101	電気化学当量 …………………94
地磁気の三要素 ……………120	電気研磨 ………………………96
中間金属の法則 ………………72	電気効率 ………………………65
中性 ……………………………3	電気双極子 …………………271
中性子 …………………………3	電気抵抗 ………………………14
超伝導 …………………………89	電気分解 ………………………93
直並列接続 ………………18,47	電気分極 ……………………271
直流 …………………………7,203	電気めっき ……………………96
直流起電力 …………………203	電気量 …………………………5
直流電流 ……………………203	電気力線 ……………………239
直列接続 …………………18,47	電源 ……………………………12
	電子 ……………………………2
抵抗 ……………………………14	電磁石 ………………………135
抵抗温度計 ……………………83	電磁誘導 ……………………194
抵抗材料 ………………………84	電磁誘導に関するファラデーの法則 ……194
抵抗損 …………………………65	電磁力 ………………………176
抵抗率 …………………………74	電束 …………………………242
テスラ ………………………125	電束密度 ……………………243
鉄損 …………………………228	電池 ……………………………97
電圧 ………………………10,251	電鋳法 …………………………96
電圧計 …………………………31	伝導電流 ……………………285
電圧降下 ………………………28	電離 ……………………………92
電圧降下法 ……………………53	電流計 …………………………31
電位 ……………………………10	電流断続器 …………………226
電位差 ……………………10,251	電流の連続性 …………………7
電位差計 ………………………56	電流力 ………………………183

339

索　引

電力 ……………………………………61
電力計 …………………………………64
電力量 …………………………………63
電力量計 ………………………………64

等価回路 …………………………20,48
透磁率 ……………………………111,128
導体 ………………………………………8
等電位面 ……………………………252
導電率 …………………………………75
トムソン効果 …………………………72
トルク ………………………………119

■な行

内部降下 ………………………………31
内部抵抗 ………………………………30
長岡係数 ……………………………215

二次回路 ……………………………207
二次巻線 ……………………………225
二次電池 ………………………… 97,101
ニュートン毎ウェーバ ……………113
入力 ……………………………………66

熱起電力 ………………………………70
熱じょう乱 ……………………………79
熱電気現象 ……………………………70
熱電効果 ………………………………70
熱電子 ………………………………294
熱電対 …………………………………71
熱電流 …………………………………70
燃料電池 ……………………………102

■は行

％導電率 ………………………………76
倍率器 …………………………………33
倍率器の倍率 …………………………33
バリコン ……………………………276

半固定コンデンサ …………………276
反磁性体 ……………………………109
半導体 …………………………………9,89

ピエゾ電気効果 ……………………289
ビオ・サバールの法則 ……………139
光起電力効果 ………………………103
光導電効果 …………………………103
比磁化率 ……………………………129
非磁性体 ……………………………109
ヒステリシス係数 …………………159
ヒステリシス損 ……………………158
ヒステリシスループ ………………157
比透磁率 ……………………………128
火花放電 ……………………………292
ヒューズ ………………………………70
比誘電率 ……………………………235
平等磁界 ……………………………118
平等電界 ……………………………255
表皮効果 ……………………………230
ピンチ効果 …………………………186

ファラデー定数 ………………………94
ファラデーの電気分解の法則 ………93
ファラド ……………………………263
ファラド毎メートル ………………234
負荷 ……………………………………13
負極 …………………………………108
負極活物質 ……………………………99
伏角 …………………………………119
不純物半導体 …………………………90
負電荷 …………………………………1
不導体 …………………………………8
負特性 ………………………………295
ブリッジの平衡条件 …………………54
フレミングの左手の法則 …………176
フレミングの右手の法則 …………196
分極 ……………………………………99

索　引

分極作用 ……………………………99
分極電荷 …………………………272
分子磁石 …………………………120
分子磁石説 ………………………120
分流器 ………………………………34
分流器の倍率 ………………………35

平衡 …………………………………54
並列接続 ………………………18,47
閉路 …………………………………36
ベクトル量 ………………………113
ペルチェ効果 ………………………72
ヘルツ ……………………………204
変圧器 ……………………………225
変位電流 …………………………285
偏角 ………………………………119
ヘンリー …………………207,209
ヘンリー毎メートル ……………128

ホイートストンブリッジ …………53
方位角 ……………………………119
放電 …………………………101,290
放電現象 …………………………291
放電率 ……………………………105
ホール効果 ………………………186
ホール定数 ………………………187
ホール電圧 ………………………186
保磁力 ……………………………158
ボルタ効果 …………………………99
ボルタの電池 ………………………98
ボルト ………………………………11
ボルト毎メートル ………………237

■ま行

毎ヘンリー ………………………163
摩擦電気 ……………………………1

右手親指の法則 …………………136
右ねじの法則 ……………………136

漏れ磁束 …………………………168
漏れ電流 ……………………………86

■や行

誘電体 ………………………235,270
誘導起電力 ………………………194
誘導コイル ………………………226
誘導磁界 …………………………285
誘導電流 …………………………194

陽イオン ……………………………91
陽子 …………………………………3
容量 ………………………………262
横効果 ………………………186,290

■ら行

リッツ線 …………………………231
リラクタンス ……………………163
臨界温度 …………………………156

レンツの法則 ……………………194

■わ行

ワット ………………………………61
ワット時 ……………………………63
和動結合 …………………………218

入門 電磁気学

2006 年 3 月 30 日　第 1 版 1 刷発行	ISBN 978-4-501-11290-5 C3054
2021 年 2 月 20 日　第 1 版 6 刷発行	

編　者　東京電機大学
　　　　Ⓒ Tokyo Denki University 2006

発行所　学校法人 東京電機大学　〒120-8551　東京都足立区千住旭町 5 番
　　　　東京電機大学出版局　Tel. 03-5284-5386(営業)　03-5284-5385(編集)
　　　　　　　　　　　　　　Fax. 03-5284-5387　振替口座 00160-5-71715
　　　　　　　　　　　　　　https://www.tdupress.jp/

[JCOPY] <(社)出版者著作権管理機構 委託出版物>
本書の全部または一部を無断で複写複製（コピーおよび電子化を含む）することは，著作権法上での例外を除いて禁じられています。本書からの複製を希望される場合は，そのつど事前に，(社)出版者著作権管理機構の許諾を得てください。
また，本書を代行業者等の第三者に依頼してスキャンやデジタル化をすることはたとえ個人や家庭内での利用であっても，いっさい認められておりません。
［連絡先］Tel. 03-5244-5088, Fax. 03-5244-5089, E-mail：info@jcopy.or.jp

印刷：三美印刷（株）　　製本：渡辺製本（株）　　装丁：高橋壮一
落丁・乱丁本はお取り替えいたします。　　　　　　　　　Printed in Japan